科学出版社"十三五"普通高等教育本科规划教材

植物生理学实验教程

——综合设计实验与开放创新实验

许良政　刘惠娜　编著

科　学　出　版　社
北　京

内 容 简 介

本书系统介绍植物生理学综合设计实验与开放创新实验的理论与技术。全书分为四篇。第一篇为综合设计实验与开放创新实验的基本理论。第二篇为综合设计实验与开放创新实验的基本技术。第三篇为 5 个综合设计实验模块，分别撰写了创新经典导读，以体现创新历程和课程思政。每个综合设计实验模块划分为若干个相互联系的实验单元，并分别给予相应设计提示，着重训练知识整合和系统实践应用能力。第四篇为 2 个开放创新实验，着重训练知识迁移和发散思维能力。附录介绍植物生理学开放创新实验管理规范与常用仪器设备的操作规程或使用方法。

本书适合高校生物科学、植物生产类等专业的植物生理学实验教学使用，同时可供相关专业研究生和科技人员参考使用。

图书在版编目（CIP）数据

植物生理学实验教程：综合设计实验与开放创新实验/许良政，刘惠娜编著. —北京：科学出版社，2022.6
科学出版社"十三五"普通高等教育本科规划教材
ISBN 978-7-03-072577-6

Ⅰ. ①植… Ⅱ. ①许… ②刘… Ⅲ. ①植物生理学－实验－高等学校－教材 Ⅳ. ①Q945-33

中国版本图书馆 CIP 数据核字（2022）第 101159 号

责任编辑：郭勇斌 彭婧煜 / 责任校对：贾娜娜
责任印制：赵 博 / 封面设计：刘 静

科学出版社 出版
北京东黄城根北街 16 号
邮政编码：100717
http://www.sciencep.com

中煤（北京）印务有限公司印刷
科学出版社发行 各地新华书店经销

＊

2022 年 6 月第 一 版 开本：720 × 1000 1/16
2024 年 7 月第四次印刷 印张：19
字数：383 000

定价：98.00 元
（如有印装质量问题，我社负责调换）

前　言

　　植物生理学是生物科学、农学、林学、园艺学、生态学等专业的必修基础课程之一，是一门实验性很强的学科，是农学、林学和园艺学的重要基础，与生物学的其他学科的交叉性很强，甚至融入了自然科学其他学科（数学、物理、化学和地理等）的知识和技术。植物生理学是当今自然科学中最活跃、发展最快的学科之一，大量前沿的植物生理学研究任务要求学生必须具备创新思维和开拓精神。植物生理学的学科特点，决定了植物生理学工作者必须知识面广，实验技能强，对学科的发展方向敏感，即具备扎实的专业素养与创新实践能力。

　　植物生理学实验课作为植物生理学主要的实践教学环节，是对学生进行科学实验能力培养和素质训练及专业技能培养的重要手段。实践证明，综合设计实验与开放创新实验是促进学生知识、能力、素质协调发展的重要环节，是促进学生创新能力形成的必要措施和有效途径。树立创新意识、训练创造性思维、学习创新方法、掌握创新技巧，是培养和提高创新能力的要素。综合设计实验与开放创新实验的开设与改革，对培养学生的创新意识、创新思维、创新技能、创新品格具有重要作用。创新是一个民族进步的灵魂，是国家兴旺发达的不竭动力。科学的本质就是创新，科技发展靠创新，科技的每一次发展都离不开创新，面对突飞猛进的科技发展，创新对于国家、企事业单位和个人的发展都尤为重要。一个国家、一个民族只有不断创新，才能在激烈的国际竞争中始终处于领先地位。一个单位、一个人只有具备创新能力，才能在事业中不断进步和领先。对于个人而言，创新能力的形成需要在学习和实践中不断培养和提高。高等院校的学生要适应社会发展的需要，必须重视创造性学习，努力提高全面素质和综合能力，特别是创新能力。如何促进学生全面素质、综合能力特别是创新能力的提高，是我国当代高等教育改革发展的重大课题。课程实验教学是高等院校学生实践教学的主要途径，对高等院校本科生，无论是毕业后继续深造攻读研究生，还是就业或创业，都极其重要和必要。

　　《植物生理学实验教程——综合设计实验与开放创新实验》从统筹高素质应用型人才培养的全过程着眼，整合实验教学内容，明确实验教学改革及实验项目的主要目标，旨在结合综合性、设计性及创新性实验项目，引导学生进行课程学习和科学研究基本训练，加强学生对教学内容的理解和掌握，提高学生的专业素养。通过系列的综合设计实验与开放创新实验训练，提升学生分析并解决问题的能力，培养学生科研能力和创新能力，实现教学、科研资源与人才培养的有机结合，突破以验证性实验为主的实验教学模式，实现实验教学体系创新和课程教学体系创新的紧密结合。为了增强学生对植物生理学创新历程的理解，激发学生的创新热情、智慧和技能，我们在第三篇"综合设计实验"的五大"综合设计实验"前，撰写了"创新经典导读"，融入了课程思政元素，希望这些尝试能够得到读者肯定和收到预期效果。

需要说明的是，本书的综合设计实验与开放创新实验的"综合"与"创新"是相对教学层面而言，并不能与科学研究的"综合"与"创新"相提并论，书中的"综合设计实验"是基于植物生理学基础实验的综合与设计。因此，本书同样可作为植物生理学常规实验教学的教材使用。再者，本书关于开放创新实验的介绍，只选择了易于开展的几个案例。具体实践中，师生可结合实际情况灵活设计和安排，充分体现开放性、创新性的特点，有效达到训练目的，不要受本书中这部分篇幅相对较少的束缚。

本书参考了前人相关研究的丰富成果，承蒙广东省本科高校教学质量与教学改革工程建设项目"植物生理学精品资源共享课"（粤教高函〔2015〕133 号）、广东省普通高校重点科研平台资助项目（2019GCZX007）、广东省课程思政建设改革示范项目（粤教高函〔2021〕4 号）和嘉应学院教学质量与教学改革工程项目——植物生理学课程思政教研室等资助。山东海能科学仪器有限公司任芳和王本友工程师，特为本书撰写了气相离子迁移谱（GC-IMS）实验技术并提供有关仪器设备的使用方法。嘉应学院计算机学院曾镜源博士协助书中的有关公式输入，生命科学学院赖万年和吕汉清也为本书提供了帮助。科学出版社的领导和编辑给予耐心帮助、真诚理解与大力支持。本书第四章的插图基本引自李合生、王学奎编写的相关教材，在此一并致以衷心的感谢！

当前，虽然新型冠状病毒肺炎（COVID-19）疫情尚未消散，世界经济和社会发展面临挑战。但是，我们相信，正如 1605 年的比利时大瘟疫不能阻止比利时生物学家、化学家海尔蒙特，一边投身救治病患，一边潜心开展科学实验，设计了植物生理学史和化学史，乃至科学史上著名的"盆栽柳枝实验"。还有 14 世纪，欧洲暴发黑死病激发文艺复兴巨匠薄伽丘，以自己的生活体验为基础，写出与但丁的《神曲》并称"人曲"的欧洲文学史上第一部现实主义巨著《十日谈》。更有《十日谈》后三百年的 1665～1666 年，黑死病再次肆虐英国，剑桥大学关闭两年，牛顿因而回到乡下一边抵抗瘟疫，一边独立进行学习研究，为万有引力、微积分、光的分析等重大成就奠定基础。人类在与瘟疫的一次次抗争中，将更加激发追寻自然奥秘、人生真谛和社会真理的勇气与智慧，人类将更加追求进步、崇尚文明。多难兴邦，砥砺前行。欣逢中华民族伟大复兴进程的莘莘学子必将人类科学和人文的薪火，传播得更加燎原和久远！生动谱写人类命运共同体的生态文明和谐美好新篇章！

由于作者水平和经验有限，书中难免有不足之处，恳请读者赐正。

目　录

第二篇　综合设计实验与开放创新实验的基本技术

第三篇　综合设计实验

第四篇 开放创新实验

第 一 篇

综合设计实验
与开放创新实验的基本理论

第 一 章

综合设计实验与开放创新实验理论基础

第一节 综合设计实验与开放创新实验的内涵

综合设计实验与开放创新实验，是相对于传统的验证性、示范性实验的新型实验方式。验证性、示范性实验，在教学中主要训练较单一和经典的知识点或技能。在知识更新越来越快的知识经济、数字经济时代，这种无论是在教学内容还是教学目标和方法上都比较纵向和单一的模式，越来越难以适应教学发展和学生自身成长的需要。知识经济、数字经济时代，科技创新与传播的效率和效益迅猛增长，科技信息传播日益多元化、便捷化，人们获得科技信息日益便利，获取知识和基本技能的难度日益降低。但是，科技信息传播碎片化的趋势日益显著，这就要求人们在学习和实践过程中，更加要善于分析、鉴别和取舍，更加要善于整合、演绎和迁移，从而提高学习和实践的效率并激发创造潜能。正是在这种背景下，综合设计实验与开放创新实验应运而生，并成为教育教学改革和发展的趋势与潮流。

综合设计实验也常被表述为综合性设计实验或综合设计性实验，开放创新实验通常也称之为创新性实验。在教学实践中，上述称谓虽然在侧重点上略有差别，但前一类实验不同表述的共同特征是综合，后一类实验的共同特征是创新。实际上，所有的实验都包含设计的要素，或者说只有先设计实验才能开展实验，实验的过程是对设计的实行、矫正和开拓。实验设计广义的含义可理解为科学研究的一般程序，它包括从问题的提出、假说的形成、变量的选择等一直到结果的分析、论文或报告的写作一系列内容。它给研究者展示如何进行科学研究的概貌，试图解决科学问题的研究全过程。狭义的实验设计特指实施实验处理的一个计划方案以及与计划方案有关的统计分析。

相对于传统的验证性、示范性实验而言，综合性设计实验或综合设计性实验的表述，都突出设计的意图是强调在开展实验时发挥主观能动性，运用综合批判性、归纳性与发散性和演绎性思维，体验植物生理学科学实验的形成过程，进行科学发现的体验性学习，而不仅仅是对知识、实验技能的单一验证和掌握。综合性设计实验与综合设计性实验的表述，如果要说有何区别的话，那么前者更强调实验内容的综合性，而后者则更突出实验过程的设计性。在实际教学中，二者往往相辅相成，为了更加简洁和规范，本书将综合性设计实验或综合设计性实验统称为综合设计实验。综合设计实验是指在学生具有一定知识和技能的基础上，综合应用两个以上知识点、实验原理或实验方法，对实验技能和方法进行综合训练的一种探究性、比较性实验。综合设计实验的综合性体现在实验内容的复合性、实验方法的多元性、实验手段的多样性、实验目标的多维性。通过实验内容、方法、手段的综合运用，达到教学中掌握知识、考虑问题、培养能力、提高素质的综合培养目标。

开放创新实验是指学生在教师指导下，从自己兴趣出发或者按教师推介、选定的研究方向，针对某一或某些选定的研究目标所进行的具有研究、探索性质的实验，是学生早期参加科学研究的一种重要形式。开放创新实验是一种突破时空限制，促进知识、能力、素质综合提高，着力培养创新精神和实践能力的实验教学新模式。"创新"是对广大学生学习潜力的坚信。应该相信每一个学生都是具有一项或几项未经唤醒或发展的天赋才能，因此，要给予学生足够的时空去尝试创新甚至发明创造。创新实验需要一定时间实施和完成，仅靠课内教学学时远远不够，需要在课外进行，需要实验室提供开放的时间、场所和设备等条件，在教学管理上必然具有开放性特点，开放创新实验的名称较好切合这种实验类型的本质。

开放创新实验中的设计性更能体现学生的自主性和创造性，其体现在结合教学和独立于教学的实践探索，如指导教师给出题目，学生自己拟定实验方案、实验步骤，自己选择或者设计仪器设备并独立完成；或者学生自主选题，并独立完成从查阅资料、制定方案到完成实验的全过程，以最大限度发挥学习主动性和创造性。

第二节　综合设计实验的类型与开放创新实验的特点

教育规律表明，用科学方法探索事物的本质和规律，为了某一目的而搜集、分析资料的系统过程，应包括"研究问题、查阅文献、收集资料、分析资料、得出结论"这几个环节。综合设计实验教学把"科学家的研究过程引入到教学过程"，其教学的"设计和探索"具有模拟性、再现性、验证性、启发性、创新性的特征，学习过程和研究过程是统一的。

一、综合设计实验的类型

积极开展植物生理学综合设计实验，进行综合实验能力的训练有其必要性和重要性，不仅有利于学生更好地掌握课程实验技能，而且可为其今后进一步进行研究性学习或更高层次深造打下良好基础。植物生理学有关的综合设计实验大致可分为四类：

第一类：植物材料制备类实验，如叶绿体提取液的制备、原生质体的制备、细胞膜的制备等。

　　第二类：复杂仪器操作类实验，如用"阿贝折射仪"测定含水量、水势；用"红外线 CO_2 气体分析仪"测定呼吸作用或光合作用；用"氧电极"测定光合磷酸化和氧化磷酸化；用"流式细胞仪"测定细胞的活动。随着实验手段的快速发展、新的仪器设备不断出现，这类实验将越来越丰富。

　　第三类：鉴定生物大分子（包括酶）的实验。这些实验都不同程度地需要用到分离、纯化核酸和蛋白质（有时还有其他生物大分子）的手段，并且还要通过一些特殊的化学反应以及仪器（层析仪、电泳仪、各种分光光度仪，甚至还有核酸和蛋白质的分析仪）来分析这些生物大分子。因此，实验时间往往比较长，实验操作难度比较大。随着分子生物学技术的发展，将来会有更多更高级的该类实验。

　　第四类：植物材料培养类实验，大部分属于比较经典的植物生理学实验，如"植物的缺素培养""各类激素对植物生长的作用"等。这类实验往往要对植物材料进行预处理，配制培养液。此外，培养、观察和记录都需要很长一段时间，工作量比较大。虽然实验方法比较经典，但是现代的农业、林业、生态学以及基因工程都离不开这些实验手段。在植物生理学实验课中，应该着重训练和培养这类综合实验能力。

　　另外，还可以有目的地将几个相关的基本实验组合在一起，形成一个较大的综合设计实验。本书的综合设计实验主要就是依照这个思路来安排的，以下的一些组合可供参考。

　　（1）与叶绿素相关的实验组合：将"叶绿素的提取""叶绿素的分离分析（纸层析或柱层析）""叶绿素的理化性质""叶绿素 a、叶绿素 b 的吸收光谱曲线""叶绿素 a、叶绿素 b 含量测定"这几个基本实验串联组合成一个大的综合设计实验。

　　（2）与叶绿体相关的实验组合：将"叶绿体分离提取""叶绿体荧光的显微观察""叶绿体荧光强度测定""叶绿体的希尔反应""叶绿体中 ATP 酶的活性测定"这几个实验串联组合成一个大的综合设计实验。

　　（3）关于"溶液培养"和"矿质营养"等的组合：以小麦（或其他植物）的幼苗作为材料，将"植物的单盐毒害及离子对抗作用""环境因子对植物吐水的影响""植物组织中可溶性糖、可溶性蛋白的测定"等实验组合在一起，设置不同的对比条件：①单盐培养液/混合培养液；②湿润/干旱；③低温/高温。进行培养后观察：①根的生长情况；②吐水情况；③吐水液（或伤流液）的可溶性糖、可溶性蛋白的测定。这样，就可以把这些基本实验（有些原来只是验证性实验）组合成一个很有意义的综合设计实验。

　　（4）将"植物的必需元素""植物的脱分化""愈伤组织的再分化""激素对植

物生长和分化的作用"等内容，通过"植物组织培养"的手段组合成一个大的综合设计实验。"植物组织培养"本身就是一个单独的实验，通过培养基的不同设置、激素的不同配比，设置多个观察记录的指标，可以得到丰富的结果。

（5）种子性状有关实验的组合：如以大麦种子为植物材料，将"种子活力的测定（组织化学法）""种子的过氧化物酶（或其他酶）的活性测定""赤霉素（GA）诱导大麦种子 α-淀粉酶的产生"这几个实验串联组合成一个大的综合设计实验。

（6）种子萌发实验的组合：如将"光质对莴苣种子萌发的影响""GA 对莴苣种子萌发的作用""GA 对莴苣下胚轴伸长的作用（与其他激素作对比）"这几个实验串联组合成一个大的综合设计实验。

在具体的综合设计实验中，组合的内容多少、难易程度，可根据实际情况来安排和实施。

二、开放创新实验的特点

（一）以基本理论和基本实验技能为基础

开放创新实验不是凭空想象出一个实验，而是在一定知识积淀的基础上的创造性活动。因此，需要在学习了一定植物生理学理论知识以后，并且在完成了植物生理学及相关课程如无机及分析化学、有机化学、生物化学等的基础实验，掌握了基本实验技能以后，才可能顺利进行。对此，需要有清醒的认识和明确的遵循准则，否则就是无源之水。同时，也应说明的是，综合设计实验同样以基本理论和基本实验技能为基础，这是开放创新实验和综合设计实验共同的特征。

（二）在实验内容和实验过程中体现开放性

开放创新实验，教师只是对实验的方向和范围给出指导纲要，具体的实验内容和实验所需的器材，实验所运用的方法，实验过程需要的时间，以及实验所需要的场所（有些可能还需要利用室外条件）等实验过程，都具有由学生自主控制的相对自由度。也就是说，实验内容和实验过程都突破了传统实验的局限，因而体现开放性的特点。

（三）不依赖和复制现成的实验具体步骤

开放创新实验是一种创造性活动，不能照搬现成的实验方案，而是应该应用所学过的实验方法，组建一套新的实验方案。这是一种创造性的设计过程。

（四）体现独特新颖的思路和方法

开放创新实验强调显示和训练实践过程的创造性，因此对选题、解题思路、实验方法以及解决问题、分析问题的方法要求有所创新。即使不能全新，也要求有部分创新，具有某方面的独特性或新颖性。

开放创新实验的"创新性"是最大挑战。不过，必须指出的是，作为课程实验的开放创新实验，对"创新性"的要求，自然不必太高，不需要强制达到实验结果能在学术刊物公开发表的程度。主要教学目的是训练学生的创新思维和自主控制、完成实验的能力。

（五）撰写小论文

开放创新实验的最后报告要求以正规论文范式写作，虽然不要求达到发表的水平，但要求领悟和掌握科学论文格式特征与写作规范，懂得什么是"摘要"，什么是"引言"，什么是"材料与方法"，以及如何写"结果"，如何对"结果"进行"分析"和"讨论"，等等。

综合设计实验，类似于一些学校开设的"大实验"，主要是实验内容的综合性，其中的"设计"一般是由教师完成的，所以通常不要求学生写出实验论文。

第三节　综合设计实验与开放创新实验的共同原则

一、创新性原则

无论是综合设计实验还是开放创新实验都不能忽视创新性，所不同的是综合设计实验的"创新性"主要由教师主导完成，而开放创新实验的"创新性"主体是学生。开放创新实验所要求的"创新"，即要求至少用已学过的实验方法来完成一个新型的实验，而不应该用做过的实验来替代。相对于验证性基础实验而言，综合设计实验与开放创新实验不要求也必然无法在每一个环节都创新，但实验对象、实验目的、实验技术的组合等，都要求是新颖而不同于一般的常规基础型实验。譬如，叶绿素的吸收波长是不可能变化的，但是选取什么植物材料、如何选取植物样品、实验的结果想要说明什么问题以及还可以结合哪些其他实验手段，这些都是可以设计、可以综合、可以创新的。

此外，"创新"往往要参考实验指导书上没有做过的实验，或者是参考课程以外的相关实验指导书。但应加强实验的目的性，即加强实验中设计的成分。单纯为应用掌握一个新的实验技术，意义就不是很大。譬如，测定光合作用的强度，可以参考课程以外的方法，但不要只是为做这个方法而去做这个实验。可以设定一个目标——测定光合作用的强度是为了说明植物的何种问题，还是为了说明环境的哪些问题，或是为了说明两种技术之间的内在联系。这样就赋予了某种技术一个价值、一种意义，就有了操作者本身的思想，从而体现和达到创新思维训练的目的。

二、启发性原则

"创新"往往需要进行启发。启发可以有几种类型：一是我们可对学过的知识点多问几个"为什么"，譬如对某个概念、某个定义，为什么要这么下定义，是否还可以用更多的方式去证明，还可以用什么方法修正、充实乃至推翻它，等等。如渗透势，怎样用更多实验来证明，如何用实验更好地理解渗透势的概念。再如同侧运输，除了已有的实验，是否还可以用更多的实验例子证实这个运输规律。二是将知识融会贯通，举一反三。植物生理学内容从知识类型层面上讲，前半部分是人为划分的单从某一方面揭示植物生命活动规律的代谢生理，主要针对的是相对独立的植物单个生命现象及其生命活动规律，如水分、矿质营养、光合作用、呼吸作用、物质运输……后半部分则是着眼于植物的整体，是研究植物整体生长发育过程或生长发育某个阶段的植物生命现象特征及其所蕴含的生命活动规律。前半部分所述的各种单个生理过程的进行，会影响后半部分的植物整体生长并出现相应的生长现象。在基础实验中，单个生理的实验比较多，整体生理的实验比较少。这就给了我们充分施展设计和"创新"实验的空间。即用学过的基本实验的技能、方法，去研究整体生理中的问题，同时也可以论证单个生理中的结论的正确性，并进一步揭示其深层意义。三是实验方法的研究创新。在单个生理的基础实验启发下，在整体生理的问题面前，可以通过借鉴其他学科的实验方法，来解决植物生理方面的有关问题。

三、想象力原则

想象力对于创新非常重要。想象力是创造之源，没有想象力就没有知识的创新、科学的发展，就没有社会的进步。没有想象力的教学，表现在老师就只会照本宣科，表现在学生就只会死啃书本知识、机械地拷贝式掌握知识或方法，实现不了知识的迁移。因此，开展综合设计实验与开放创新实验，都必须充分发挥想象力。

想象力首先产生于对知识的深刻全面理解，对探究知识和发展的渴望，产生于善于问"为什么"。学了植物生理学的理论知识以后，可以对很多知识点问"为什么"，可以对知识本身问"为什么"，也可以对研究方式问"为什么"，然后就是问"怎么样"——如果换个思维方式、换个思维角度会怎么样，如果继续深入下去会怎么样，如果用现代化的手段、方式去研究会怎么样，等等。譬如，习惯认为植物生长离不开土壤，我们不妨就此展开"创新"：难道所有植物的生长都离不开土壤吗？难道自然界就没有不依靠土壤而生长的植物吗？即使必须依赖土壤而生长的植物，一生中所有的阶段都不能离开土壤吗？必须依赖土壤而生长的植物为什么离不开土壤？土壤为其承载的植物提供了什么？植物依赖土壤是单纯依靠土壤，还是只是依靠土壤所能提供的条件？如果能满足土壤所能提供的条件，植物还必须依赖土壤而生长吗？通过这种一系列的想象和反思，综合设计实验和开放创新实验的思路就一定会出现"问渠那得清如许？为有源头活水来"的思如泉涌局面。当然，还要善于将知识与现实生活、现实环境结合起来，善于将知识应用到现实生活、现实环境中去，让知识在实践中接受验证，在实践中得到应用，在实践中得到扩展，在实践中得到创新，从而提高发现问题、分析问题和解决问题的能力。

第 二 章

综合设计实验与开放创新实验的控制要素

第一节　综合设计实验与开放创新实验的设计要领

实验设计是开展实验的前提,设计合理与否直接关乎实验的顺利与否和成败。实验设计是控制综合设计实验与开放创新实验各种风险因素的必要环节。基于课程教学的综合设计实验与开放创新实验,无论学生的"自主性"达到何种程度,都离不开与教师和同学的交流和讨论,并从中受到启发和鼓励,使设计方案能合理运行和达到预期目标。

一、设计的优化策略

学生在设计实验时可能会出现两种情况。一是基础知识学习得很认真,基本理论掌握得很好,基本的实验方法、实验技能很熟练,但是想象力不足,受教材局限和影响,考虑问题往往还是从书本到书本,从理论到理论,实验方法的选用也局限于先前已做过的实验。这时应该放下书本,打开思路,换个思维角度,与教师和同学进行讨论,通过教师引导、师生互相启发,打开想象的空间。二是思维比较活跃,会有很多新想法、新思路,但如果基本知识、基本理论掌握得不够扎实的话,新想法往往无法实现,或者是不科学的或已被前人否定的。教师在教学中,无论是出现哪种情况,都不要随便否定和放弃。首先应该让学生坚持思考,维护其积极性,尽量从中找到"闪光点",即创新的成分,然后进行优化。

(一)肯定性优化

对于有好的思路但没有具体方案或者方案不完整的情况,教师应该首先肯定这个思路,也就是肯定这个选题。然后指导学生进行修正和优化,即如何把好的选题落实到可实施的方案上,包括实验器材、方法、步骤等。例如,可以通过回顾做过的实验报告,参考学习过的实验方法以及实验指导书上的方法。

（二）启发性优化

对于思维停留在书本上、理论上跳不出来的情况，可以引导学生通过多问几个"为什么"来打开想象的窗户，还可以用与人们日常生活关系密切、新闻媒体上大众关心的并且与植物生理学有关的主题来激发学生的兴趣。当然，从书本中、从植物生理学自身发展中也能发掘出问题。总而言之，"问为什么"是一个好办法，"学问"是从"问"开始的。

（三）否定性优化

对于不合理的、不符合"创新性"原则的设计，应该推翻，重新设计。如有的设计方案只是照搬原来学过的知识或做过的实验，这样的设计方案是不合要求的，应该要求其重新设计。另外，对不实际或不科学的"幻想"，则应分析其为什么不合理，为什么不实际，然后寻求正确的设计方法，重新设计。应该鼓励同学间合作、交流和互相借鉴，但实验设计本身必须独立完成。

此外，学生平时应充分争取和利用机会，积极参加科研活动，尽早和尽量多进实验室，主动参加教师的项目和课题研究，并从中找到实验的"创新性"选题，或增强对"创新性"的领悟与实现能力。

二、自主选题的主要类型

自主选题是综合设计实验与开放创新实验的较高要求，如果从选题开始就能独立进行，对锻炼创新和综合能力将大有裨益，将最大限度促进研究性学习。自主选题前，必须明确要进行实验的目的。选好题目是做好综合设计实验和开放创新实验的关键第一步，好的开端是成功的一半。经验表明，选择的题目不要太大，不要定得太空。确定选题的原则是以"解决问题"为出发点，完成选题的过程是"找出要解决的问题"的过程。选题好不好，也在一定程度上反映出对理论知识、实验技能的掌握程度，以及对社会和环境的关心程度、观察能力和综合能力的强弱。一定要重视"选题"这一环节，一定要把握好"选题"这一环节。

选题的范围很广，应该从多层次、多视角进行选题。根据性质，选题大致可分为以下几种类型。

（一）验证原理类实验选题

这一类选题是从教科书上选取某个知识点，参考教科书上介绍的实验例证或实验指导书上的验证性实验，模仿实施。这类实验选题较容易进行，但创新性不强。在进行这类选题时，可对实验进行改进、提升，如在"植物细胞的渗透作用"实验中，可用另一种玻璃器皿代替三角形漏斗；在"水分矿质运输"实验中用一种着色剂代替原来的着色剂。植物材料的改变也是一种形式，可将惯用的植物材料替代为本地有特色或常见的植物材料，或将单一的植物换成几种植物材料；譬如，在"细胞水势测定——小液流法"中，可将植物材料换成两种不同植物种类或同一植物不同生理年龄、不同生态环境的植物组织（叶片），而不是有渗透势差别的溶液；或者对实验方法作相应的改进，如将叶片组织换成肉质根茎组织，这样的实验就显示了与常规实验的不同。再如在"水分（矿质）运输"中用不同浓度的溶液测定运输速度的差别，或者用不同种类植物的茎作材料测定运输速度的差别。这样改变后，就会使问题的提出更具价值，讨论的结果也更有意义。经过这样变动的选题，如果设计得好，也不失为一种好的选题。

（二）生活科学类实验选题

这类选题从生活中寻找问题，根据所学知识试图去解决生活中的问题，范围还是在植物生理学之内。遵循学科发展的规律，从发现问题开始，而解决问题的过程就是学科发展的过程。

生活中可以找出数不尽的课题。其中有些问题虽然在科学上已得到解决，但对学生来说仍是未接触过的，也可以作为课题研究。如："维生素 C 的含量在不同的水果蔬菜中是否一致"，"不同加工方法的水果制品中维生素 C 的含量有什么变化"，"油炸食品为什么不健康"，"植物中脂肪的含量如何证明"，"水果（如苹果、香蕉等）成熟前与成熟后甜度、酸度的变化如何用科学方法表示或证明"，等等。另外，对家中盆栽的花卉也可以做不少研究，如"盆中土壤养分的损失情况"，"花色对 pH 的反应"，"如何测量盆花光合作用、呼吸作用的强弱"，等等。

在确定这类选题时应注意以下几方面：①提出问题与解决问题的方法应同时考虑；②借鉴书本知识，避免错误，但同时注意不要与实验课的实验太雷同；③应从身边较熟悉的事件、大众比较关心的问题中找课题，这样的课题更具意义。

（三）环境科学类实验选题

这类选题与上一类选题类似，需要脱离书本的框架，到更大的范围中寻找课题，这个范围就是环境。当今人类对环境的保护意识日益加强，对"环境与人类的关系"的认识日益加深，其中有很多值得思考、有待解决的问题，意义深远。但是，这一类题目的特点是较为宏观都显得很"大"，必须从大处着眼、小处着手，否则就会空泛而难以把握和实现。学会这样的思考方法，对于将来不管是从事科学研究，还是就业创业都非常有益。要善于分析问题，善于将大问题分解成小问题，学会设计"解决小问题"的实验。这对解决大问题往往大有裨益，甚至可以进一步解决大问题。在实际训练中，如果对这个关系认识得深刻，将这个关系处理好，小问题就会成为亮点，成为研究的突破口。

属于这类题材的例子也有很多，如对水质污染的分析：研究水生植物在不同污染水质中的生长状况（要选择合适的指标）；对被污染环境中的植物生长状况的分析：研究植物对不同外界因子作用的反应，或者受伤害程度（选择合适的植物和合适的检测因子是关键）；探索评价空气质量的指标：讨论评价空气质量的指标的选择，理解这些指标的价值，选择不同植物进行实验和分析对空气质量评价的影响；对植物光合作用的利用：如何利用光合作用，使之在环境科学研究中作为环境监测指标；等等。

（四）技能创新类实验选题

在创新性的设计实验中，实验技能创新也是一项重要的内容，因此可以把实验方法的创新作为选题。对于大学生来说，要进行科研水平的方法创新，可能要求过高。但是，在实验技能的某个方面进行创新是完全可能的，对学过的实验方法在技能上进行改进，也是完全可能的。这无论对学生发挥创造性思维，还是在今后进行高层次的科研，都大有益处。这一类的设计性课题选择，最合适的途径就是把其他学科领域学到的方法应用到植物生理学的实验中来。例如：①对呼吸作用测定方法的改进。学习过"小篮子法"测定呼吸作用后，可以考虑用体积改变的方法测定呼吸作用，即用瓦氏呼吸仪的原理来测定呼吸作用（尽管学生可能还未用过瓦氏呼吸仪），还可以通过学习红外线呼吸仪，了解 CO_2 吸收红外线的性能。②原来的植物生理学实验中，测定生长素（如吲哚乙酸、萘乙酸）的生物活性是用生根法，这个方法很直观。而应用生物化学或者分子生物学的方法，则可以通过蛋白质或特定酶的测定来反映生长素的生物活性。总之，这一类选题很丰富。实践中，尽可能独立完成方法步骤的设计，而且方案可以不止一种。

（五）综合研究类选题

　　这一类选题是以上四类选题的综合，关键是如何选一个有意义、有价值的题目，并且设计一个较科学、较完整的实验步骤。要选好这样的课题，学生应该能对植物生理学知识融会贯通，能积累一定的参考文献资料。问题提得太大，可能找不到合适的实验方法去解决它；问题太小则不能成为一个课题；问题太经典，可能已有较多的研究者做过研究而无法有所突破。以光合作用为例：植物利用太阳光的效率，就是一个太大的题目；植物单位时间积累碳水化合物，题目就太小、太陈旧，因为这个题目内容不多，且有很多人做过，显得价值不大；用某种常用绿化树种在一天中的光合强度的变化来说明一天中什么时间段的空气质量较好，就是一个较合适的研究性选题。再如选择某一种常用绿化树种，在城市不同环境下分析其光合强度的差别，可以说明树木周围环境因子对植物生长的影响，也就间接说明了城市环境污染状况对生活环境的影响，这也是一个较合适的综合研究类选题。

　　总之，选题是综合设计实验与开放创新实验首要的重要环节，选题的过程已给这个实验作了总的设计，也在根本上决定了这个实验的质量和水平。选题的过程也就是学习的过程，需要对理论知识进行梳理分析，也要对相关领域进行了解研究，并要考虑用何种材料、何种方法、何时、如何去完成这个选题。所以，在进行选题时，要有足够的准备时间，并且有明确的思路去查阅足够的参考资料，浏览植物生理学研究者的成果，进而对植物生理学产生浓厚兴趣，使选题能反映出学生对植物生理学的理解和感兴趣的程度。

第二节　综合设计实验与开放创新实验的过程控制

一、实验选题

　　综合设计实验与开放创新实验要以学生自主选题为主，确定实验题目是决定综合设计实验与开放创新实验教学成败的关键环节之一。选题的基本原则是以已掌握的基本知识为基础，解决自己感兴趣的实际问题，突出实践性、综合性与创新性。同时，实验题目不宜过大、过难，要保证实验任务能够在有限的时间内完成，以期在培养严谨的科学态度、科研意识、自己动手解决实际问题的能力的同时，能保持实验的最大热情。

　　初次进行综合设计实验与开放创新实验选题时，在命题上易出现各种问题，要针对问题进行必要的选题调整。

（一）命题时应用知识性的术语，而不是研究性术语

如"马铃薯的储藏""植物的向性运动"等的表述就是这一问题的反映。相应地，可将上述选题名称分别改为"马铃薯储藏的调控因素"与"植物向性运动的特征探究"等。实验者应该明白，准备对哪一知识点提出问题，提出什么问题，用什么手段解决，然后作出实验方案。对一个知识点可以提出多个供研究的问题，也就是说可以有多个不同的选题。但如果对这个知识点根本无法联想到有关问题，那就应该放弃这个选题。

（二）题目太大、太笼统，目的不明确

如"外界环境对种子萌发的影响"。这里，应该指明外界环境是什么具体的因子，应该把外界环境改成选定的几个因子，如温度、水分等；对于种子，应该明确选定的是什么种子。又如"种子保存方式对种子代谢强度的影响"也反映了同样的问题：应确定是什么种子，对其中保存方式最好选出具体的1~2个，如"气体的控制"或"湿度的控制"等；代谢强度实际上是种子活力或种子休眠度的指标，因此题目中不应用"代谢强度"，即使是针对代谢进行研究，也应该明确是什么代谢，用哪些指标表示。

（三）思路不够清晰，问题不够集中

如较多学生喜欢选"维生素 C 含量测定"这一内容。这是一个很好的选题，但是具体内容如何设计就大有讲究。"水果蔬菜中维生素 C 含量的测定比较""番茄、圣女果以及番茄汁维生素 C 含量的比较""果汁与果蔬中的维生素 C 的测定及比较"这些题目就不如下列题目好："几种水果中维生素 C 含量的比较""番茄在烹调过程中维生素 C 损失的研究""鲜橙、橙汁以及橙味饮料中维生素 C 含量的比较"。显然，同样是测定维生素 C 含量，后三个选题的目的比较明确，问题比较集中，这样的实验结果比较能说明问题。在水果之间进行维生素 C 含量的比较，比在水果和蔬菜之间进行维生素 C 含量比较更有可比性，容易得出有价值的结论。由于蔬菜之间维生素 C 含量差别很大，水果之间的维生素 C 含量差别也很大，将什么作为蔬菜的代表，将什么作为水果的代表，是很难确定的。而课程实验不可能将所有的蔬菜和所有的水果来进行比较。

二、选题实施

选题确定了以后，进入实施阶段。分为以下三步：第一步，由实验者自己写出实验方案（预案）；第二步，根据实验方案进行实验操作，并做好记录，实验结束后对原始记录数据进行整理，撰写实验报告，这个过程与平时的基础实验是一样的；第三步，把实验报告的内容进一步分析整理，加上引言和讨论，按论文的格式撰写成小论文。

（一）建立实验方案

1. 设计实验方案

实验方案的内容为：①实验目的；②实验原理；③实验材料；④仪器和药品；⑤实验步骤；⑥结果。这些均可由学生自行设计撰写，可以参考已做过的实验报告以及有关实验指导书。

实验目的：阐明实验预期要获得的结果，包括数据、现象以及从这些数据、现象得出的结论。

实验原理：指实验的理论依据，包括化学反应原理、方程式、生物反应原理、仪器测定的数学、物理、化学原理，计算公式，反应现象尤其是显色反应。

实验材料：主要指实验的植物种类、植株的某个部位。

仪器和药品：是指实验将使用的仪器和药品，如分光光度计（是可见光的还是紫外光的）、天平（是什么规格的）、镊子（什么型号的）等，玻璃仪器只需列出主要的，如凯氏定氮仪、蒸馏装置等，一些常规玻璃器皿（如试管、滴管、培养皿）不一定详细列出；药品应逐种全部列出，不仅要列出药品的商品名，还应有化学名（学名），必要时还应有分子式或相对分子质量、试剂等级，还应写出试剂的配制要求（包括储存形式）。

实验步骤：实验步骤是实验方案中最重要的部分，一般情况下可以参考实验指导书。应该严格按照操作步骤，一步一步地撰写，既不要照抄，也不要省略必要的实验步骤。每一步用何种材料、哪些仪器、什么条件、怎么操作，以及取、弃的部分，都应该表达清楚。实验者自己设计的装置和步骤一定要表达得准确和严密；对于观察的内容、记录的内容、前后步骤的承接，都应该表达得明明白白。

结果：最后应该给"结果"部分留出足够的空间，把预期要得到的"数据""现象"等设计成三线表置于"结果"部分，表格还应该有预留空间，如：①有预想不到的结果（或者数据比较多）；②结果或数据需要计算；③有"现象""性状"

等需要添加。这一步很重要，实验者应该遵照三线表规范，学会设计和制作实验结果中需要的表格，这是科学研究的一种基本技能，也是科学研究客观性、真实性和严密性的保证。

2. 可行性分析

实验方案写完后，要进行方案的可行性分析，这是关系到设计的实验最终能不能获得有效结果的非常关键的环节。如果是初次设计实验，对实验中需要的各种必备条件不一定能考虑周全，应请教师以及实验辅助人员对实验方案进行审核。

（1）检查现有的实验室条件是否能支持这个方案的实施，或者在目前实验室不能支持的情况下能否临时增加这种实验条件；

（2）一定要审查设计方案是否合理，是否可以通过实验的步骤达到实验目的，即在实验步骤上有没有漏缺或错误之处；

（3）审查设计内容是否属于纯逻辑推论的问题，或是通过实验不可以解决的；

（4）设计实验的题目（实验目的）与实验步骤（及解决问题的方法）是否相差甚远。

若出现上述问题，应分别给予指导和修正。出现（3）、（4）种情况的原因主要是目的还不够明了，或者对解决什么问题、如何解决问题不明白。针对这种情况，应对实验方案进行修改或重写。对于（1）、（2）种情况只要稍加指导，解决一些具体的实际问题，整个方案就能成立。这样就可以进入下一个程序。

3. 完善原始实验方案

第一次进行设计性实验方案制作的学生往往会出现下列问题：

（1）有一个好的选题但没有相应的实验实施方案。针对这一种情况，实验者应再学习一下实验方案的要求以及撰写方法，把实验方案写完整。

（2）大部分学生由于没有做过实验的准备工作，对实验的仪器设备的要求没有足够的认识，因此往往缺少对这方面的考虑，表现为实验方案中没有列出仪器设备的要求，或者根本就没有考虑仪器设备的使用条件。针对这样的方案，需要学生到实验室了解一下仪器设备的情况，对方案作该方面的补充。

（3）还有一种经常出现的情况是列出的药品没有配制过程，这也是不完整的。设计性实验需要实验者独立完成，要把药品的配制过程写入方案中。

（4）有的方案缺乏实验原理和实验目的，学生往往在参考实验指导书时，只注意了方法步骤，而没有好好了解实验原理和实验目的。只有清楚自己的设计性实验是要达到什么目的，是要解决什么问题，然后考虑如何达到这个目的，才能撰写好具体的实验步骤、具体的实验方法。

（5）在撰写实验方案的时候，还应该列出一些必需的参数数据，如缓冲液的母液配制表（应取什么 pH）、某些试剂的特殊溶解方法等。

4. 实验方案的确认

设计实验的实验方案经修改后，还应经指导教师把关确认，然后才能进入方案的实施阶段。

（二）实施方案

方案确定以后，经过基本实验训练后，实验者有望比较顺畅实施所需开展的实验。实际上，这个过程也是对基本实验技能掌握程度的一个检验。

具体地讲，应注意以下几个问题。

1. 仪器设备和药品的准备

在进入执行阶段前应确定所需的仪器设备和药品已准备好，仪器已处于良好的运转状态。必须熟悉操作程序！如果需要，还可以做一些仪器设备的准备工作。

2. 实验装置安装和试剂配制

将必要的实验装置（如果需要装置的话）安装好；需要的试剂按要求配制、储备或储藏。

3. 植物材料准备

在植物生理学实验中，植物材料的准备十分重要。实验用的植物材料应该自己准备。例如：种子的萌发、幼苗的准备、植物材料的预处理等。在准备植物材料时，应知道选用植物的生物学背景（所属的科、种，中文学名、拉丁名、生活习性）；明确对选用植物材料的要求，如活体的还是离体的，整体的还是部分的，需要多少数量，苗龄是多少，用几批，什么时候用。这些内容不仅在实验前要了解清楚，实验时要记录清楚，而且在实验报告或论文中也要交代清楚。

4. 实验步骤

实验方案中"实验步骤"比较详细，实施时会相对顺利。但如果实验者是初次进行独立的实验设计和操作，难免会出现遗漏和差错，因此，可以边实验边核对边修正实验步骤，及时将遗漏补上，将差错改正。即使没有差错，有时由于实验中某些条件的改变或环境因子的改变，也需要对实验步骤进行必要的修正。

三、实验对仪器设备的要求

综合设计实验与开放创新实验对仪器设备的要求与一般的植物生理学实验的要求基本一致,包括普通化学实验需要的实验台以及常规的玻璃仪器。除此之外,通常还需要下列仪器设备:

1. 化学分析的仪器设备

如样品或药品称量、溶解、搅拌、加热和定容的仪器,pH测定、酸碱滴定和显色反应的仪器。

2. 植物材料准备和培养的仪器设备

如植物采集箱、采集工具、恒温培养箱、光照培养箱、恒温摇床和植物组织培养室,以及足够的用作液体培养或砂培、土培的容器和相应的通气等器材。

3. 对植物材料进行处理加工的仪器设备

如制备植物切片的设备,包括切片机、显微镜和解剖镜;将植物材料粉碎的装置,包括各种匀浆器;将植物材料组分分离的设备,包括各种离心机和电泳仪。

4. 进行植物生理或形态指标测定的仪器设备

包括一些专门用于测定植物光合作用或呼吸作用的仪器,如叶绿素测定仪、光合作用仪、瓦氏呼吸仪、氧电极、红外吸收仪、分光光度计和色谱分析仪及叶面积测定仪、根系扫描仪等。

5. 进行实验结果分析的仪器设备

如计算机、计数器、计算器以及制图制表的工具。这些工具可部分或全部由学生自备。

6. 较现代的仪器设备

如有条件,可配备用于分子生物学中DNA、RNA、蛋白质的分离分析仪器,原子色谱仪、电镜、红外线CO_2气体分析仪、近红外分光光度计、纳米红外光谱仪等物理化学的高级分析仪器等。

7. 自制的装置和设备

如有可能和需要,可动手制作一些装置与设备,如种子发芽的装置、暗箱,培养植物的装置，实验所需的气体发生装置，单色光产生装置，等等。

　　另外，一些常规的仪器设备，应该根据学生的数量而配备足够的数量；实验时应要求学生自己动手进行仪器和药品的准备，实验教辅人员可从旁进行指导和帮助。

四、综合设计实验与开放创新实验使用的实验技术

　　20 世纪以来，植物生理学发展非常迅速，新的实验技术手段不断涌现，新的实验内容不断增加，新的实验领域不断扩展。当前植物生理学使用的实验技术范围已经相当广泛，主要有：

　　1. 植物制片技术

　　如开展植物水势实验的简易装片技术，进行结构与功能分析的石蜡或徒手切片制片技术。

　　2. 分析化学技术

　　如有关试剂的配制技术，植物中常见无机物和有机物的通用分析技术。

　　3. 组织培养技术

　　包括离体根培养、茎尖培养、花器官培养、胚培养、花粉（小孢子）培养、体细胞培养（悬浮培养）、原生质体培养（悬浮培养、细胞融合）等。

　　4. 组织化学技术

　　包括细胞中各种成分的组织化学定位、细胞中各种酶的鉴定。

　　5. 离心技术

　　包括低速离心（≤8000 r/min）、高速离心（＞10 000 r/min）、冰冻离心、差速离心、密度梯度离心等。

　　6. 酶的分离纯化及活力测定技术

　　有些酶需要提取和纯化，制备酶液（如过氧化物酶、过氧化氢酶等），然后进行测定分析；有些则可通过直接测定植物器官与特定试剂反应生成的特征化合物而进行，如根表 Fe^{3+} 还原酶活性。

　　7. 光学分析技术

　　包括可见光分光光度法、紫外和红外分光光度法、荧光分光光度法、火焰光

度法、原子吸收分光光度法、旋光光度法等。

8. 电泳技术

包括纸电泳、淀粉凝胶平板电泳、醋酸纤维膜电泳、琼脂糖凝胶电泳、聚丙烯酰胺凝胶电泳（SDS-PAGE）、等电聚焦电泳、双向 SDS-PAGE、2D 电泳（等电聚焦＋SDS-PAGE）、免疫电泳等。

9. 层析技术

包括分配层析（纸层析）、吸附柱层析、薄层层析、薄板层析、离子交换层析、亲和层析、高压液相层析、高压气相层析等。

10. 气体分析技术

包括气压分析及红外线 CO_2 分析，如呼吸作用、光合作用的有关测定。

11. 免疫化学技术

常见的有酶标抗体法，如测定植物激素的酶联免疫吸附检测法。

此外，还可结合分子生物学技术。但由于分子生物学技术手段纷繁芜杂，分子生物学也是一门独立的课程，这里不再赘述。

以上这些实验技术的具体操作方法及步骤，本书的下一篇将择重展开阐述，也可参考相关文献资料。

最后，要特别强调的是，综合设计实验和开放创新实验，耗时较长，往往需要利用较多的课外时间，指导教师也不能像常规实验一样伴随学生实验，这就要求学生严格遵守实验室的各项管理规定，严格遵守实验操作规程，严格防范实验安全风险，加强学生间的互相协调与合作。为此，我们提出了"规范操作、积极探究、实事求是、开拓创新"的总体理念和要求。

第三节　综合设计实验与开放创新实验的信息采集与数据处理

一、综合设计实验与开放创新实验的信息采集

综合设计实验与开放创新实验采集实验信息或实验数据时，要真实和全面；在严格遵循科学性的基础上，确保采集的效率和效益。采集时做到由表及里、由简到繁、由整体到局部；从形态到生理；定量、定性相结合；同时，注意衍生（派生）信息的采集，注意图像（相片）的积累，使实验报告形象具体。下面以植物生长发育的观察为例进行说明。

（一）采集原则

便于操作起见，宜按先总后分，即先整体后局部；先外围后内部；先地上后地下的次序进行。譬如：先观察记录整体部分，如植株高矮和质量、叶子的数量、叶面积（或叶片的颜色）、根的长短和疏密；再观察记录局部方面，如地上部分的质量和地下部分的质量。

（二）形象地记录——拍照

照片能客观真实和形象地反映实验现象与结果，应该引起足够重视。但拍照切忌失真、模糊和干扰，因此尤其要注意：拍照不管是拍整体，还是母体或分离的局部（如根、茎、叶、叶相——花、果实、种子等），拍照的角度要正、要平，不论是相机、还是手机的镜头都不能倾斜，以确保逼真；可比性强（把实验组与对照组放在一起拍）；拍照的背景色要能突出植物等实验材料，一般采用黑色或红色背景，背景要平整和洁净。若背景衬托材料是纺织品，纺织品的条纹越细密越好，最好用专业的摄影背景材料，如细密的纯色平绒摄影背景布；拍照的视野要排除杂物等干扰，画面要单纯。这里需要特别说明的是，上述要求是针对在室内对植物材料的拍照而言，如果有必要拍摄实验材料的野外状态，则只要突出主体和真实清晰即可。

（三）形态指标

1. 定性描述

即对实验所显示的特征、性状等进行定性描述。如植物缺素症的定性描述、果实催熟性状的定性描述。值得指出的是，对于一些在培养过程中难以或不便定量测定的现象，如植物不定根诱导实验中不定根的生长状况也可适当定性描述。

2. 定量描述

如叶片和茎节的数量、株高（茎高＋根长）、根体积、总根长、根总表面积、质量（地上部分与地下部分，干重与鲜重）。需要指出的是，定量描述的指标设定要妥当，如笼统地说"不定根长出、不定芽长出、开花、果皮色变的时间"，是不恰当的。因为上述性状准确出现的时间很难界定，实验时只要相对确定能区分不同处理的差异即能说明问题。因此，宜表述为"始见不定根长出、不定芽长出、开花、果皮色变时间"，这样既兼顾了实验者每天定期观察的工作实际，又不失严谨客观。

（四）生理指标

譬如老叶（1～2 片叶）与新叶（从第三片叶开始新长的叶子）的色素含量，光合强度，呼吸强度，蒸腾速率，电导率，根系活力，酶活性，等等。

二、综合设计实验与开放创新实验的数据处理

在植物生理生化定量分析中，实验数据的准确记录、实验数据的统计分析以及正确运用统计方法非常重要。

（一）数据有效数字位数的确定

记录数据时，一般只需保留一位或两位不定数字，具体有效数字位数的确定依赖于实验中所使用设备的精确度。计算结果中过多的无效数值是没有意义的，在多余尾数后进位或弃去时，一般采用"四舍五入"的原则。但有效数字取得太少，也会损失信息。计算所得数字几位有效，取决于做计算所用的原始数字中有效数字的位数。

在乘除法中乘数与被乘数，或除数与被除数有效位数不等时，其积或商的有效位数取决于有效数字位数最少的那一个数据。在加减法中有效数字的位数，则不是看相对的位数，而是看绝对的位数，即由小数点后位数最少的一个数据决定。

在运算过程中，也可以先暂时多保留一位不定数字，得到最终计算结果后，再去掉多余的尾数。所用单位较小，或者数字与所用的单位相比很大，例如，某蛋白质的相对分子质量为 64 500，从测定蛋白质相对分子质量的准确度来看，数字末两位"0"是没有意义的，但它们有表示数字的位数的作用，不能舍去。可以采用 10 的幂次方表示，即写成 6.45×10^4。又如离心力 25 000$\times g$，可表示为 $2.5 \times 10^4 \times g$，以使数值简洁美观。

（二）误差的计算

在待测组分的定量分析中，误差是绝对存在的。由取材误差、仪器误差、试剂误差和操作误差等一些经常性的原因所引起的误差称为系统误差；由一些偶然的外因所引起的误差，称为偶然误差。前者影响分析结果的准确度，后者影响分析结果的精密度。所谓准确度是指观测值与真实值符合的程度，常用误差来表示，

误差分为绝对误差和相对误差。所谓精密度是指几次重复测定值之间的符合程度，显示其重现性状况，常用偏差（绝对偏差和相对偏差）表示。准确度和精密度共同反映测定结果的可靠性。

因此，定量测定中必须善于利用统计学的方法，分析实验结果的正确性，并判断其可靠程度。在对实验结果进行分析时，对同一待测组分所得到的多个实验数据，最简单的办法是计算其算术平均值，但这还不能很好地反映测定结果的可靠性，尚需要计算出绝对偏差或相对偏差。在分析中，如果实验数据不多，则可采用算术平均偏差或相对平均偏差表示精密度即可；但当实验数据较多或分散程度较大时，用标准偏差即均方差 S 或相对标准偏差即变异系数 CV 表示精密度则更可靠。还可以用置信区间表示指定置信度 α 的偏差。具体方法可参考有关专业书籍。

以下利用 Excel 软件，对植物生理学实验数据进行统计分析的说明。

1. 算术平均值

算术平均值抹掉了个体特征值之间的差异，反映整体特征的典型水平，可以作为整体的代表值。算术平均值可以消除偶然因素所形成的差异，揭示客观规律，在数理统计中占有重要地位。但算术平均值容易受极端值的影响，其数值本身对于生物数据的统计意义不大，在此不做详细介绍。

算术平均值的计算公式为

$$\bar{x} = \frac{1}{n}\sum_{i=1}^{n}x_i \quad (n \text{ 为样本数})$$

2. 平均差

平均差指的是所有数值与数列平均数之差的绝对值的算术平均值。平均差越小，各数据向算术平均值越靠拢；反之，则越分道扬镳。平均差的含义简明，易于理解，也容易计算，但不便于做进一步的数学处理，在应用上受到一定的限制。

平均差的计算公式为

$$x_{\text{ad}} = \frac{1}{n}\sum_{i=1}^{n}|x_i - \bar{x}| \quad (n \text{ 为样本数})$$

3. 标准差

标准差是生物数据统计中经常用到的函数。方差是离差平方后的结果，与原来数据的计量单位不一致，意义很不明确。为了使所得到的结果与原来的计量单位一致，需要将方差开方，这就是标准差。标准差反映相对于平均值的离散程度，标准差越小说明该数值相对于平均值的离散程度越低，即越接近平均值；反之，则越偏离平均值。

【应用实例】

测定某植物在上午 11 时的光合速率，测了 2 次，每次有 6 个重复，分析所得数据的标准差。

1）数据输入

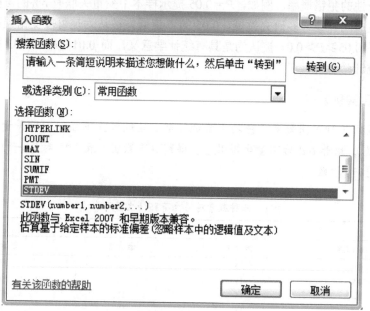

2）函数调用

点击插入函数按钮"*fx*"，在选择类别为"常用函数"中选择"STDEV"。

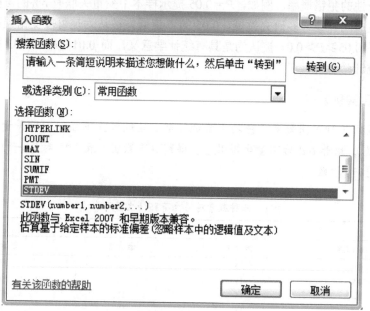

3）分别选择数据区域，计算出标准差

第一组数据的标准差比第二组数据要小，说明第一组数据的离散程度更低。

F9		f_x	
	A	B	C
1	时间	光合速率（μmolco2·m-2·s-2)	
2	11:00AM		2.362	3.135
3	11:00AM		2.593	2.136
4	11:00AM		3.546	0.265
5	11:00AM		1.023	1.369
6	11:00AM		0.681	2.365
7	11:00AM		2.168	5.236
8	11:00AM		2.365	0.698
9		0.970458802	1.673726
10			

4. t 检验

t 检验是用于小样本（样本容量小于 30）的两个平均值差异程度的检验方法。它是用 t 分布理论来推断差异发生的概率，从而判定两个平均数的差异是否显著，结果通常以 P 值表示。

P 值小于 0.05，表示差异有统计学意义，是结果真实程度（能够代表总体）的一种估计方法。专业上，P 值为结果可信程度的一个递减指标，P 值越大，我们越不能认为样本中变量的关联是总体中各变量关联的可靠指标。P 值是指具有总体代表性的犯错概率。例如，$P = 0.05$ 提示样本中变量关联有 5% 的可能是由于偶然性造成的。在许多研究领域，0.05 的 P 值通常被认为是可接受错误的边界水平。结果 $0.05 \geqslant P > 0.01$ 被认为是具有统计学意义，而 $0.01 \geqslant P \geqslant 0.001$ 被认为具有高度统计学意义。

【应用实例】

假设用三种不同激素（植物生长调节剂）处理绿豆下胚轴（用等量水处理，作为对照），培养 6 d 后测量生根数量，得到以下数据（表 1），对每一种激素处理的数据进行 t 检验。

表 1　三种激素对绿豆下胚轴生根的影响

生根数量/根			
对照组（CK）	激素 1	激素 2	激素 3
10	15	12	17
15	11	10	16
14	15	11	17
12	15	17	12
8	16	5	15
7	19	6	16
5	14	9	18

续表

生根数量/根			
对照组（CK）	激素1	激素2	激素3
10	12	6	14
13	10	11	17
11	13	9	13

1）首先在 Excel 表格中输入数据

	A	B	C	D
1	CK	激素1	激素2	激素3
2	10	15	12	17
3	15	11	10	16
4	14	15	11	17
5	12	15	17	12
6	8	16	5	15
7	7	19	8	16
8	5	14	9	18
9	10	12	6	14
10	13	10	11	17
11	11	13	9	13

2）函数调用

点击插入函数按钮"fx"，调出对话框。在选择类别中选取"统计"，再在函数名框中选取"T.TEST"。

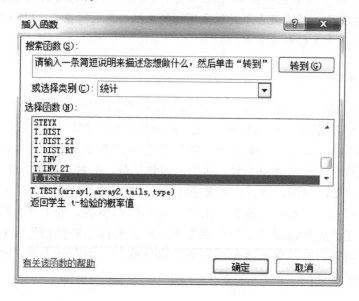

3）在 Excel 的左上角出现 T.TEST 对话框，输入相关信息

选项：Array1 为第一个数据集，Array2 为第二个数据集。数值输入方法是：①选取第一个数据集（对照组的生根数）时，在表格中选取数据后，所选取的区域周围出现闪动的虚线，在 Array1 中出现如 A2：A11 样式的数值选取范围；②选取第二个数据集（激素 1 处理的数据）的方法同上。Tails 指明分布曲线的尾数。如果 Tails = 1，函数 T.TEST 使用单尾分布；如果 Tails = 2，函数 T.TEST 使用双尾分布。Type 为 t 检验的类型。1 是配对 t 检验，2 是方差齐的独立样本 t 检验，3 是方差不齐的独立样本 t 检验。在该实例中我们选 2。

4）得到结果

点 "确定"，计算机即显示 t 检验值为 $P = 0.015004964$，说明 $0.05 \geqslant P > 0.01$，具有统计学意义，说明激素 1 对绿豆下胚轴生根的影响较显著。以同样方法可判断激素 2 和激素 3 的影响水平。

5. 方差分析

通过简单的方差分析（anova），对两个以上样本均值进行相等性假设检验（抽样取自具有相同均值的样本空间）。此方法是对双均值检验（如 t 检验）的扩充。

在生物学实验中，影响某一事物的因素往往是很多的。例如，影响植物生长发育的因素有内因和外因，其中内因包括种、品种、营养、激素水平等，外因包括温度、光照、水分、矿质营养等。每一因素的改变都有可能影响植物的生长和发育，有的因素影响大些，有的影响小些。为了掌握植物生长发育规律，便于更好地服务于生产和生活，就需要找出对植物生长发育影响显著的那些因素。方差分析就是鉴别各因素效应的一种有效方法，被广泛地应用于生产实践中。

在试验中，将要考察的指标称为试验指标；影响试验指标的条件称为因素；因素所处的状态，称为该因素的水平。如果在一项试验中只有一个因素在改变，称为单因素试验；如果多于一个因素在改变，称为多因素试验。它们相应的方差分析分别称为单因素方差分析和多因素方差分析。

在方差分析方面，Excel 提供的分析工具有：单因素方差分析、双因素重复试验方差分析和双因素不重复试验方差分析。

【应用实例】

仍以"三种激素对绿豆下胚轴生根的影响"为例，要在显著性水平 $\alpha = 0.05$ 下检验这些数据的均值有无显著差异。设各总体服从正态分布，且方差相同，进行方差分析，在这里，实验的指标是生根数，激素为因素，不同的 3 种激素就是这个因素的三个不同的水平。假定除激素这一因素外，其余的一切条件都相同，这就是单因素实验。实验的目的是要考察这些激素对促进绿豆下胚轴生根的均值有无显著的差异，即考察激素这一因素对促进生根有无显著影响。这就是一个典型的单因素试验的方差分析问题。

1）函数调用

从工具→分析工具中，调出分析工具菜单（如果在"工具"菜单中没有"数据分析"选项，必须在 Excel 中安装"分析工具库"），点击"方差分析：单因素方差分析"，按"确定"即可调出单因素方差分析对话框。

	A	B	C	D	E	F	G	H
1	CK	激素1	激素2	激素3				
2	10	15	12	17				
3	15	11	10	16				
4	14	15						
5	12	15						
6	8	16						
7	7	19						
8	5	14						
9	10	12						
10	13	10						
11	11	13						
12	p值	0.015005						
13								
14								
15								
16								

方差分析：单因素方差分析

输入
输入区域(I)： $A$2:$D$11
分组方式： ⦿列(C)　○行(R)
□标志位于第一行(L)
a(A)： 0.05

输出选项
⦿输出区域(O)： $A$14
○新工作表组(P)：
○新工作簿(W)

确定　取消　帮助(H)

2）选项

（1）输入区域。在此输入待分析数据区域的单元格引用。该引用必须由两个或两个以上按列或行组织的相邻数据区域组成。

（2）分组方式。需要指出输入区域中的数据是按行还是按列排列。

（3）标志位于第一行 / 列。如果输入区域的第一行中包含标志项，选"标志位于第一行"复选框；如果输入区域的第一列中包含标志项，选"标志位于第一列"复选框；如果输入区域没有标志项，则该复选框不会被选中，Excel 将在输出表中生成适宜的数据标志（各列中第一个数）。

（4）α 在此输入计算 F 统计临界值的检验水准。α 为 I 型错误发生概率的显著性水平（弃真的概率）。

（5）输出区域。在此输入对输出表左上角单元格的引用。当输出表将覆盖已有的数据，或是输出表越过了工作表的边界时，Excel 会自动确定输出区域的大小并显示信息。

（6）新工作表。单击此选项，可在当前工作簿中插入新工作表，并由新工作表的 A1 单元格开始粘贴计算结果。如果需要给新工作表命名，请在右侧的编辑框中键入名称。

（7）新工作簿。单击此选项，可创建一新工作簿，并在新工作簿的新工作表中粘贴计算结果。

	A	B	C	D	E	F	G
1	CK	激素1	激素2	激素3			
2	10	15	12	17			
3	15	11	10	16			
4	14	15	11	17			
5	12	15	17	12			
6	8	16	5	15			
7	7	19	8	16			
8	5	14	9	18			
9	10	12	6	14			
10	13	10	11	17			
11	11	13	9	13			
12	p值	0.015005	0.005978	0.000206			
13							
14	方差分析：单因素方差分析						
15							
16	SUMMARY						
17	组	观测数	求和	平均	方差		
18	列 1	10	105	10.5	10.05556		
19	列 2	10	140	14	6.888889		
20	列 3	10	98	9.8	11.28889		
21	列 4	10	155	15.5	3.833333		
22							
23							
24	方差分析						
25	差异源	SS	df	MS	F	P-value	F crit
26	组间	225.3	3	75.1	9.367983	0.000103	2.866266
27	组内	288.6	36	8.016667			
28							
29	总计	513.9	39				

根据方差分析结果知 $F = 9.367983 > F_{0.05}(10, 12) = 2.866266$，故认为三种激素对绿豆下胚轴生根具有显著的作用。

如果在一项试验中有两个因素改变，而其他因素保持不变，称为双因素试验。双因素试验的方差分析就是观察两个因素的不同水平对研究对象的影响是否有显著性的差异。例如，某林场对果树采用了不同的剪枝方案和施肥方案（表2），观察剪枝和施肥对果树的产量是否有显著影响，两者互相作用是否显著。

表2　剪枝和施肥对果树产量的影响

处理	果树产量/(kg/株)			
	施肥方案1	施肥方案2	施肥方案3	施肥方案4
剪枝方案1	36.6	35.0	32.2	30.8
剪枝方案1	32.2	33.0	31.0	30.2
剪枝方案1	30.3	32.0	29.0	30.9
剪枝方案2	33.5	33.5	29.8	28.3
剪枝方案2	31.8	32.0	28.3	27.5
剪枝方案2	29.2	30.5	27.5	27.8
剪枝方案3	29.1	28.5	29.8	29.5
剪枝方案3	29.8	28.1	28.6	28.5
剪枝方案3	28.2	27.8	28.0	26.5

表2实验指标是果树产量，剪枝和施肥是因素，其中剪枝方案有3个水平，施肥方案有4个水平。实验的目的是要考察在各种因素的各个水平下果树产量有无显著的差异，既要考虑不同的剪枝方案、施肥方案是否对果树产量有显著影响，又要考虑剪枝和施肥两因素各方案的配合对果树产量是否有影响。可重复双因素方差分析结果说明，在显著性水平 $\alpha = 0.05$ 下，剪枝和施肥都对果树产量有显著的影响，但两者的配合对果树产量无显著作用，即剪枝和施肥间无交互作用。

22	总计				
23	观测数	9	9	9	9
24	求和	280.7	280.4	264.2	260
25	平均	31.188889	31.155556	29.355556	28.888889
26	方差	6.9986111	6.6477778	2.2852778	2.3886111
27					
28					
29	方差分析				

30	差异源	SS	df	MS	F	P-value	F crit
31	样本	69.893889	2	34.946944	15.009425	5.915E-05	3.4028261
32	列	38.8075	3	12.935833	5.5558339	0.0048473	3.0087866
33	交互	20.788333	6	3.4647222	1.4880697	0.2244801	2.5081888
34	内部	55.88	24	2.3283333			
35							
36	总计	185.36972	35				

6. 相关与回归分析

"相关"是表示两个变量间是否存在相关关系；相关分析是研究两个变量相互关系是否密切的一种统计方法，用相关系数 r 表示。直线回归分析是定量描述两变量间的直线关系。相关与回归分析说明的问题不同，但互有联系。进行回归分析时，一般先进行相关分析，当相关分析有统计学意义时再求回归方程和回归线才有实际意义，而不能把毫无联系的两个事物或两种现象进行回归分析。

【应用实例】

下面用紫外分光光度法测定蛋白质含量所得数据（表3），即浓度和吸光度进行相关性和回归分析。

表3　紫外分光光度法测定蛋白质含量

标准样品	质量浓度/(mg/mL)	吸光度
1	0.250 0	0.200
2	0.500 0	0.384
3	0.750 0	0.538
4	1.000 0	0.691
5	1.250 0	0.892

1）函数调用

从工具→分析工具中，调出分析工具菜单，点击"回归"，按"确定"可调出回归对话框。

2）选项

（1）X、Y值输入区域：在此分别输入对自变量和因变量数据区域的引用。该区域必须分别由单列数据组成。

（2）标志：如果输入区域的第一行和第一列中包含标志项，请选中此复选框。

（3）置信度：如果需要在汇总输出表中包含附加的置信度信息，请选中此复选框，然后在右侧的编辑框中输入所要使用的置信度。如果为95%，则可省略。

（4）常数为零：强制回归线通过原点。

（5）输出区域：在此输入对输出表左上角单元格的引用。

（6）新工作表：单击此选项，可在当前工作簿中插入新工作表，并由新工作表的A1单元格开始粘贴计算结果。如果需要给新工作表命名，请在右侧的编辑框中键入名称。

（7）新工作簿：创建一新工作簿，并在新工作簿中的新工作表中粘贴计算结果。

（8）残差：以残差输出表的形式查看残差。

（9）标准残差：残差输出表中包含标准残差。残差图：绘制每个自变量及其残差。线性拟合图：为预测值和观察值生成一个图表。正态概率图：绘制正态概率图。按实际要求选择后点"确定"，得到的结果说明浓度和吸光度具有很高的相关性，根据该组数据所得到的回归方程是可靠的。

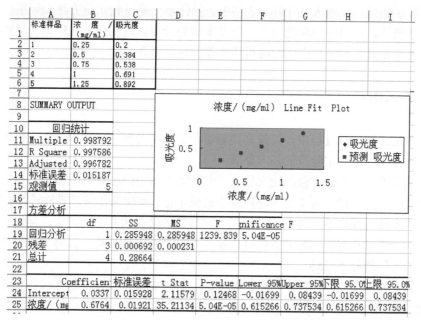

利用 Excel 还可进行相关系数、协方差分析,进行描述统计、指数平滑、双样本方差齐性的 F 检验、傅里叶分析,作直方图,等等。其基本操作与上述分析过程相似,只要数据输入格式正确,一般都可获得精确的结果。掌握上述着重介绍的植物生理学实验过程中经常会用到的几种统计方法,有利于对植物生理学实验中的数据进行有效和科学的处理。

第四节　综合设计实验报告与开放创新实验论文写作

一、实验报告写作

实验报告应包括以下几个方面的内容:①实验目的;②实验原理;③实验材料;④仪器试剂;⑤实验步骤;⑥实验结果;⑦讨论。

实验报告的①~⑤基本与设计方案相同,因此,在此只要完成⑥和⑦这两部分。

实验结束,得到的是实验结果或第一手的实验数据。接下来要对实验结果或数据进行分析,判断重复性是否较好。如果不好,就应该重复实验过程把出现误差的原因找出来,判断是属于系统误差还是偶然误差,并在分析讨论时加以说明。

将实验结果、第一手实验数据或观察的现象,放在第⑥部分,并用最适当的形式表示出来,或填入设计好的表格中。第⑦部分是讨论实验方法和数据的可靠性、准确性,实验中出现的问题,以及实验的价值。这部分是在理论上对实验的价值进行提升,也是对学生们的科学素养的培养提升。

二、论文撰写

在论文写作的过程中,可提高实验者分析问题与解决问题的能力,促进科研素养的提高,达到实验目的的基本要求。

通常把开放创新实验的论文称为“小论文”,是因为:①相对而言,植物生理学教学训练的开放创新实验本身内容不是很丰富,实验工作量总量比较“小”,所耗费的实验时间也不可能太长;②以一次实验的结果撰写的“论文”毕竟还不能与“学士学位论文”相提并论;③这是一次论文写作的训练,为将来撰写“学士学位论文”等打下基础。

作为打基础,“小论文”重点要求是:①把实验的“材料和方法”写好,把实验过程交代清楚,做到既简明扼要,又不遗漏要点;②把实验的“结果和分析"写好，这是论文的核心内容之一；③学会写"摘要"；④学会写"讨论"和引用文献。

写论文与写实验报告是不同的。它们的区别在于，论文应该有"论点"、"论据"和"结论"。因此在完成实验后，在撰写论文之前，应该把自己所做的实验从"立题"、"操作过程"到"结果分析"，认真地进行一番梳理，思考立题是否正确；有什么意义；实验过程是否能得出预先想要的结果；实验的结果能否支持相关论点；实验结果除了支持相关论点，还能不能引申出其他有价值的问题。考虑了这些问题并且都有了明确的答案，就可以进行写作了。

开放创新实验小论文的基本结构包括：题目与作者信息、摘要、关键词、前言或引言、材料与方法、结果与分析、讨论和参考文献。写作要点如下：

1. 题目与作者信息

论文文题应以恰当、简明的词语反映论文最重要的特定内容。题目切忌太泛、太繁。一般使用充分反映论文主题内容的短语，不使用具有主、谓、宾结构的完整语句，不用标点。

中文文题一般不超过 20 个汉字，不设副标题。文题用词应有助于选定关键词和编制题录、索引，不使用非公知公认的缩略语、字符、代号等。

作者信息主要包含实验者的班级、学号和姓名。

2. 摘要

摘要应概述研究的目的、方法、结果和结论，应具有独立性和自含性，即不阅读全文就能获得必要的信息。摘要中有数据、有结论，是一篇完整的短文，可以独立使用和引用。

中文摘要一般 250～400 字，中英文摘要的主要内容应一致。摘要应着重反映新内容和作者特别强调的观点，不必列出本学科已成为常识的内容。摘要一般采用第三人称的写法，不列图表，不引用文献，不加评论和解释。中文摘要中使用英文缩略语时，应于首次使用时注明其中文全称；英文摘要中的缩略语，应于首次使用时将其英文全称注出。

摘要包括的要素有以下几点。①目的：简要说明研究的目的，表明研究的范围和重要性。②方法：简要说明基本设计、使用的材料与方法、如何分组对照、研究范围及精确程度、经何统计学处理。③结果：简要列出主要结果和数据，特别是新发现。叙述要具体、准确。给出具体的检验数值。④结论：简要说明经验、论证取得的正确观点及其理论价值或应用价值。

摘要可以在正文写作之前写好，也可边写正文边写摘要，或者是正文写好后最后写摘要。

注意：这里容易发生的问题是把实验的原理，即为什么要做这个实验的内容写进摘要，语句累赘，反而没有把最重要的内容写进去。

3. 关键词

论文一般要求 3～6 个关键词，应反映全文最主要的内容。中英文关键词要一致，一般均不用缩写（公知公认的矿质元素、植物激素可用简写代号表示）。关键词间用"；"分开，而不用"，"或"、"，最后一个关键词后不带任何标点符号。

4. 前言或引言

引言首先要写清实验依托的知识背景，主要概述研究的背景、目的、研究思路、理论依据等，即给出做这个实验的理由，另外还应包括实验的原理、方法的取舍、前人做的工作的关键内容，有的研究还应说明该研究开始的年月。前言应开门见山，简要、清楚，不要涉及研究中的数据或结论。若未经检索，前言中不可写"国内未曾报道"等字样，也不可自我评价"达到××水平"或"填补××空白"等。比较短的论文可以只用小段文字起前言作用。

注意：这一部分可长可短，但都要简明扼要。常易出现的问题是学生不会组织上述内容而简单带过，或者不会组织文字，表达杂乱；或者叙述了大量与主题关系不大的内容，甚至从参考文献中照抄一段。

5. 材料与方法

设计方案中已有这部分内容，在完成实验基础上稍做修改即可完成。

具体而言即介绍研究材料（包括对照组）的选择、基本情况和来源。对研究所采用的方法及观察指标逐一介绍，属于创造的方法应详细叙述"方法"的细节，以备他人重复。改进的方法应详细叙述改进之处，并以引用文献的方式给出原方法的出处。完全使用他人方法，应以引用文献的方式给出方法的出处。不要描述使用方法的工作原理，应说明统计分析方法及其选择依据。

注意：这一部分容易出现的问题是内容交代不够清楚。

6. 结果与分析

结果与分析是论文的核心和主体部分，是将研究过程中所得的各种资料和数据进行分析、归纳，经过必要的统计学处理，然后用图表结合文字加以表述，表格一律采用具有开放兼容、自明性强和简洁美观的"三线式"。每个数据必须将单位交代清楚。表格的数值通常以"平均值±标准差"的方式表示，方差分析的极显著差异或显著差异一般分别用大写的 ABCDE……或小写的 abcde……表示，按数值由大到小的顺序，分别用上标的方式标注在相关数值的右上角（数值间有统计学差异标不同字母，无则不标注）。曲线图的数值统计学差异用正负误差线标注。柱状图的数值统计学差异则用正误差线标注。

结果的叙述要客观、真实和准确，简洁明了，重点突出，层次分明，不应与讨论内容混淆。若文中设有图表，则正文不需重述其全部数据，只需摘述其主要发现或数据。解说图表结果时，注意语言的生动和丰富性，如"由图（表）X 可知""由图（表）X 可见""图（表）X 表明""图（表）X 显示""图（表）X 揭示""从图（表）X 看出"等可交替使用，而不是"由图（表）X 可知"到底。通常也可在分析中相应位置加括号标注图表序号，如在一段描述后标"（图 X）"或"（表 X）"。

7. 讨论

应着重讨论研究中的新发现及从中得出的结论，包括发现的意义及其限度，以及对进一步研究的启示。若不能导出结论，也可进行必要的讨论，提出建议、设想、改进的意见或需解决的问题，但提出建议、设想、改进的意见或需解决的问题不应涉及太远。应将研究结果与其他有关的研究相联系，并将研究的结论与目的相关联。不必重述已在前言和结果部分详述过的数据或资料。不要过多罗列文献，避免做不成熟的主观推断，最好留有余地。讨论部分一般不列入图表，但中外刊物中也有采用图表的。

讨论部分的撰写对初次写作论文者来说可能比较困难。应该注意表达以下几个方面内容：

（1）分析实验结果或数据，充分阐明实验结果及结论在学术上的价值，应与其他已做的相关研究工作进行比较，讨论该实验在本领域的贡献。

（2）分析实验过程中出现的问题，分析实验结果的可靠性。如果实验有缺陷或失误，如果实验结果有问题或者没有结果，或者结果与预想的不一致，都应该分析原因。原因一般包括：设计出了问题，方法步骤有问题。如果"设计"和"方法步骤"都没有问题，则可以分析是否得出了新的结果或者发现新的问题。

（3）讨论部分除对实验结果进行概述和文献的相关结果纵横比较外，通常还要进一步论述实验结论对学科发展的意义，以及该实验如可继续深入，还能进一步做哪些工作。

顺便指出，有时候要求写结论，结论的写作是对实验结果进行高度简明扼要的概述，其简明程度比摘要还高，通常一百字即可。很多刊物不需要写结论，因为结论的内容通常在摘要部分已得到体现。

8. 参考文献

列举参考文献一是提供论文的依据，二是对原作者的尊重、体现知识的传承，三是给读者提供阅读和思考指引。

　　参考文献置于论文最后部分，一要注意标注格式（不同机构或刊物格式可能不同，譬如作者位数、论文文献的卷期及页码标注方式、排版样式等），中文刊名写全称，外文刊名采用美国国立医学图书馆编印的《医学索引》（*Index Medicus*）中列出的刊名缩写形式，目前也有不少外文期刊的文献也写对应刊物的全称；二要注意是作者直接参考和阅读过、确实与论文有关的，发表于正式出版物上的原始文献，不能随意凑数；三要注意文献序号要与论文中引用文献的序号一一对应，不能张冠李戴。

　　参考文献出现在论文的引言、材料与方法、讨论部分，一般摘要、结果与分析、结论部分标注文献较少。大多数情况下，文献序号视其在论文中出现的先后次序确定，以"[]"加阿拉伯数字的形式（比如"[1]"）上标在论文中参考了该文献的对应处。有些期刊也有不编号，而是以文献作者后加文献年份，譬如以"（张三和李四，2022）"的方式直接标注在文中相关处。不过，以前一种标注方式较为普遍。

　　至于所引用的参考文献的作者，有一些刊物最多只列出三位文献的作者，如果超过就在第三位作者后加"等"表示。但目前国内外很多学术性刊物，要求列出每一篇文献的所有作者。

　　注意事项：①在引用或介绍文献内容时，要如实地反映，切不可加入主观见解、解释或评论。要着重反映新发现、新成果及有关的数据。实验结果要真实，经过生物学统计分析。②全文的文体保持一致，结构要严谨，表达要简明，语义要确切。③采用国家颁布的法定计量单位，正确使用简化汉字及标点符号。④参考文献的录写格式，不同刊物往往有异，投稿时要认真阅读和遵照其征稿说明。⑤外国人名姓在前，名缩写在后。

　　对于初次写作论文的本科生不必要求每一部分都出色完成，但基本格式和要求则应该学会，尤其是"材料和方法"、"结果和分析"和"摘要"必须写好，为将来开展实验类学士学位论文写作打下基础。

三、论文修改

　　论文撰写完成以后要进行修改，这是论文写作很重要的环节。经验表明，撰写完成后稍等些时间再修改，或者同学之间特别是同一实验小组的同学之间交叉修改，修改的效果往往更好。诚然，好论文以好的实验结果和好的写作表达为前提，但某种意义而言，好论文也是改出来的。

　　（1）修改的首要任务是审查论文是否能很好地围绕立题论点进行论述，并且完整得出结论。如果论述的内容与立题论点不符合或者有矛盾，就应该对其中一方甚至两方都进行调整。

（2）检查整个实验过程的方法、步骤（包括材料）是否正确、清楚；实验方案的设计有没有不科学、不完整之处；实验操作过程是否严谨。出现问题应及时修补，可以核对参考文献、核对原始数据，如果出现设计方案上的错误，或者方法步骤上的错误，则要将文章重写，或者要将实验重做。

（3）对"结果分析"和"讨论"应反复推敲，如何表达，如何用词，如何下结论，还要考虑在这里需要运用哪些所学的知识，需要参阅哪些相关的文献资料。这一部分的写作一般需要教师的指导，将知识和学生对知识的领悟体现在论文中。这个过程对实验者来说，是一次真正的提高。这部分虽然在开始撰写时已经反复思考过了，但在修改时仍应该反复推敲。

（4）对文字的修改和对文章的修饰。这个过程包括检查是否正确使用规范的文字；是否使用规范的符号和计量单位；语句是否通顺；文章是否有文采；等等。

应该养成对文章反复修改的习惯。修改的过程是一个提高的过程，可以加深对知识的理解和掌握；可以激发对植物生理学这门课程的兴趣；可以体会科学研究的无穷乐趣。

第 二 篇
综合设计实验
与开放创新实验的基本技术

第 三 章

综合设计实验与开放创新实验
材料与样品处理技术

第一节　植物材料的种类和采取

一、植物材料的种类

植物生理学实验可使用的材料非常丰富,依其来源可划分为天然植物材料(如植物幼苗、根、茎、叶、花等器官或组织等)和人工培养、选育的植物材料（如杂交种、诱导突变种、植物组织培养突变型细胞、愈伤组织等）两大类；依其水分状况、生理状态则可分为新鲜植物材料（如鲜根、鲜茎、鲜叶、鲜果、鲜种、鲜芽等）和干材料（根、茎、叶、花、种子、充分烘干的材料或其粉剂等）两大类。具体可根据实验目的与条件加以选择。

二、植物材料的采取

植物生理生化分析的准确性,很大程度上取决于植物材料的采取是否具有良好的代表性。为了保证植物材料的代表性,还必须注意采取方法科学合理,包括采取的部位、数量、时期等。用于分析的植物材料,称之为样品,采集样品犹如收获,是一件愉快的事,但必须细心、耐心和遵守科学方法与道德准则。从采集样品的不同阶段来分,可将样品分为原始样品、平均样品和分析样品三种类型：从大田或实验地、实验器皿中采取的植物材料,称为原始样品。再按原始样品的种类（如植物的根、茎、叶、花、果实、种子等）分别选出平均样品。再根据分析的目的、要求和样品种类的特征,采用适当的方法,从平均样品中选出供分析用的分析样品。

（一）原始样品的取样法

1. 随机取样

在试验区（或大田）中选择有代表性的取样点,取样点的数目视田块的大小而定。选好取样点后，随机采取一定数量的样株，或在每一个取样点上按规定的面积从中采取样株。

2. 对角线取样

在试验区（或大田）可按对角线选定 5 个取样点，然后在每个取样点上随机取一定数量的样株，或在每个取样点上按规定的面积从中采取样株。

（二）平均样品的采取法

1. 混合取样法

一般颗粒状（如种子等）或已碾磨成粉末状的样品可以采取混合取样法进行。具体的做法为：将供采取样品的材料铺在木板（或玻板、牛皮纸）上成为均匀的一层，按照对角线划分为 4 等份。取两份对角的材料进一步取样，而将另外两份对角的材料淘汰。再把已取中的两份样品充分混合后重复上述方法取样。反复操作，每次均淘汰 50%的样品，直至所取样品达到所要求的数量为止。这种取样的方法称为"四分法"。

一般禾谷类、豆类及油料作物的种子均可采用这个方法采取平均样品。但应注意样品中不要混有不成熟的种子及其他杂物。

2. 按比例取样法

有些作物、果品等材料，在生长不均等的情况下，应将原始样品按不同类型的比例选取平均样品。例如，对甘薯、甜菜、马铃薯等块根、块茎材料选取平均样品时，应按大、中、小不同类型的样品的比例取样，然后再将每一单个样品纵切剖开，每个切取 1/4、1/8 或 1/16，混在一起组成平均样品。

在采取果实的平均样品时，如桃、梨、苹果、柑橘等果实，即使是从同一株果树上取样，也应考虑果枝在树冠上的各个不同方位和部位，以及果实体积的大、中、小和成熟度上的差异，按各相关的比例取样混合成平均样品。

（三）取样注意事项

（1）一般在距田埂或地边一定距离的株上进行取样，或在特定的取样区内取样。取样点的四周不应有缺株的现象。

（2）取样后，按分析的目的分成各部分（如根、茎、叶、果等），然后捆齐，并附上标签，装入纸袋。有些多汁果实取样时，应用锋利不锈钢刀，并注意勿使果汁流失。

（3）对于多汁的瓜、果、蔬菜及幼嫩器官等样品，因含水分较多，容易变质或霉烂，可以在冰箱中冷藏，或进行灭菌处理或烘干以供分析之用。

（4）选取平均样品的数量应当不少于分析样品的两倍。

（5）为了动态地了解供试验用的植物在不同生育期的生理状况，常按植物不同的生育期采取样品进行分析。在植物的不同生育时期先调查植株的生育状况并分为若干类型，计算出各种类型株所占的比例，再按此比例采取相应数目的样株作为平均样品。

第二节 分析样品的前处理和保存

一、种子样品的前处理和保存

一般种子（如禾谷类种子）的平均样品清除杂质后要进行磨碎，如条件许可最好用电动磨粉机，在磨碎样品前后要保持磨粉机（或其他碾磨用具）内部洁净，最初磨出的少量样品可以弃去不要，然后正式磨碎，使样品全部无损地通过80～100 目筛孔的筛子，混合均匀作为分析样品储存于具有磨口玻塞的广口瓶中，并随即贴上标签，注明样品的采取地点、试验处理、采样日期和采样人姓名等。长期保存的样品，在其储存瓶上的标签还需要涂蜡。为了防止样品在储存期间生虫，可在瓶中放置一点樟脑或 2, 4-二氯甲苯。

油料种子（如芝麻、亚麻、花生、蓖麻等）如需要测定其含油量时，不应当用磨粉机磨碎，否则样品中所含的油分吸附在磨粉机上将明显地影响分析的准确性。所以，应将少量油料种子样品放在研钵中磨碎或用切片机切成薄片作为分析样品。

二、茎叶样品的前处理和保存

采回新鲜样品（平均样品）后，先要经过净化、杀青、烘干（或风干）等一系列前处理（pretreatment）。

1. 净化

新鲜样品从田间或试验地取回时，常沾有泥土等杂质，应用柔软湿布擦净，不应用水冲洗。

2. 杀青

为了保持样品化学成分不发生转变和损耗，须及时终止样品中酶的活动，通常将新鲜样品置于 105℃的烘箱中杀青 15～30 min。

3. 烘干

样品经过杀青之后，应立即降低烘箱的温度，维持在 70～80℃，直到样品烘干至恒重为止，一般的样品所需烘干的时间大约为一天，具体是否烘干可以间隔一定时间称重时质量不变为准。烘干时应注意温度不能过高，否则会把样品烤焦。同时要注意烘箱的安全使用，实验室无人看护时，不使用烘箱，以免发生安全事故。

烘干（或风干）的茎叶样品，均要进行磨碎，磨茎叶用的粉碎机与磨种子的磨粉机的结构不同，不宜用磨种子的电动磨粉机来代替。待粉碎或磨碎的样品一定要充分干燥。磨碎后样品的保存方法与种子样品的相同。

此外，在测定植物材料中酶的活性或某些成分（如维生素 C、DNA、RNA 等）的含量时，需要用新鲜样品。取样时注意保鲜，取样后应立即进行待测组分提取；也可采用液氮冷冻后保存于–70℃冰箱中，或经冰冻真空干燥得到干燥制品后存放在 0～4℃冰箱中。在鲜样已进行了匀浆，尚未完成提取、纯化，不能进行分析测定等特殊情况下，也可加入防腐剂（甲苯、苯甲酸），以液态保存在缓冲液中，置于 0～4℃冰箱即可。但保存时间不宜过长。

第三节　待测组分的提取、分离纯化技术

一、待测组分的提取

将上述烘干（风干）粉碎的、冰冻的或新鲜的样品置于一定的溶剂（提取液）中，用电动捣碎机或研钵破碎后，样品混合液内含有各种待测组分。由于待测组分的结构、性质不同，与其他细胞组分的结合强度及在提取液中的溶解程度也有差异，因而不同待测组分的提取液性质、成分和操作条件都有很大差别。

对于像色素、植物激素、氨基酸、可溶性糖及有机酸等小分子物质的提取，首要的是选择适当性质的溶剂。一般而言，极性的（亲水的）待测组分易溶于极性溶剂中，非极性的（亲脂的）待测组分易溶于非极性的有机溶剂中。提取液的 pH 影响待测组分的解离状态及其活性、稳定性，不可忽视。例如，叶绿素可以用 95%乙醇或丙酮溶液提取，脱落酸、赤霉素可用丙酮、甲醇溶液提取，还原糖可用蒸馏水提取，维生素 C 可用 2%草酸溶液提取。两性物质氨基酸在等电点以外的任何 pH 溶液中都是呈解离态，一般可用 10%乙酸提取。为了使待测组分能更快、更充分地从其他细胞组分中分离出来，可以采用电炉加热、煮沸、恒温水浴

保温、剧烈搅拌或振荡等，这样就可以使待测组分最大限度地存在于提取液中，再经过离心或过滤除去残渣，即可得到较理想的粗提液。

对于像核酸、蛋白质及酶等生物大分子的提取，则要相对复杂一些。一般情况下，碱性生物大分子物质易溶于酸性溶剂，酸性生物大分子物质易溶于碱性溶剂。由于不同蛋白质分子中，含有不同比例的极性基团与非极性基团，氨基酸排列顺序有很大差别，因此，提取蛋白质时，要根据蛋白质的结构及溶解性质、等电点等因素配制不同的蛋白质提取液。一般而言，蛋白质提取液以水为主，再加少量酸、碱或盐。这样可以通过少量离子的作用，减少蛋白质分子极性基团之间的静电引力，加强蛋白质与提取液之间的相互作用，从而提高其溶解性。缓冲液的 pH 应选择在偏离等电点的两侧，使蛋白质分子带上净电荷，以提高其溶解度。对于某些与脂质结合得比较牢固的蛋白质复合体或含脂肪族氨基酸较多的蛋白质，疏水性强，则需要在微碱性提取液中加入一定浓度的表面活性剂如十二烷基硫酸钠（sodium dodecyl sulfate，SDS）或高浓度的有机溶剂（如 70%～80%乙醇）。

在提取酶时，一定要在冰浴上或低温室内操作。其提取液应为偏离等电点两侧的 pH 缓冲液，离子强度适中，以维持酶结构的稳定。此外，还应加入适量的巯基乙醇和聚乙烯吡咯烷酮（poplyvinyl pyrrolidone，PVP），以防止酶分子中的巯基氧化和样品中的酚氧化。重金属离子的络合剂乙二胺四乙酸（ethylene diamine tetraacetic acid，EDTA）也是提取液中常用的成分之一，可防止酶变性失活。为防止酶蛋白在分离过程中发生降解，还需加入蛋白酶抑制剂。

对核酸的提取方法有多种。提取 DNA 时，首先将 DNA 核蛋白及其他组分分离出来，再用乙醇、冰冷的稀高氯酸、乙醚或丙酮等除去各种干扰物，再根据 DNA 核蛋白溶于高盐（1～2 mol/L NaCl），难溶于低盐（0.14 mol/L NaCl）溶液，而 RNA 核蛋白则易溶于低盐（0.14 mol/L NaCl）溶液这一原理进行提取的。对 RNA 和 DNA 的分离则是根据 RNA 易被碱解，DNA 易被酸解的性质进行。在提取植物组织中的 DNA 时，常用液氮冻融法改善匀浆效果，缩短匀浆时间，并具有抑制 DNase 活性的效果。匀浆缓冲液中加入溴乙啶，可显著提高 DNA 的纯度和相对分子质量。

二、待测组分的分离纯化

在一般的生理生化分析中，如果待测组分与分析试剂（如显色剂、氧化还原剂）反应的专一性程度高，受其他杂质的干扰少，则不需要进一步纯化（purification）。但在制备性生化实验中，必须采用一系列生离纯化技术，除去粗提取液中的杂质（异类物质和同类物质），以制成高纯品。常用的分离纯化技术有：

盐析技术、透析技术、离心技术、层析技术等。这里重点介绍盐析技术和透析技术，其他技术内容较多，将在本书第四章介绍。

1. 盐析技术

向含有待测组分粗提取液中加入高浓度中性盐达到一定的饱和度，使待测组分沉淀析出的过程称为盐析（salting out）。蛋白质、酶、多糖、核酸等都可应用盐析技术进行沉淀分离。但该技术在蛋白质或酶的分离纯化中应用最广泛，它是一种由提取到分离纯化的衔接技术。其原理是，影响蛋白质或酶分子稳定性的因素一是电荷，二是水膜，当溶液中的中性盐浓度增至一定的程度时，蛋白质分子表面电荷被中和，包围蛋白质分子的水膜被破坏，导致蛋白质分子因溶解度下降，而凝聚析出。

在盐析中使用的中性盐种类很多，如硫酸铵、硫酸镁、氯化钠及乙酸钠等。最常用的中性盐是硫酸铵，它的溶解度大，受温度影响小，不易引起蛋白质变性，价格便宜。在使用硫酸铵进行蛋白质盐析时，要选用纯度较高的或重结晶的硫酸铵。硫酸铵的浓度常用饱和度表示，达到饱和状态时的硫酸铵饱和度为100%。不同的硫酸铵饱和度可用加入固体盐法、加入饱和溶液法及透析平衡法来调节。不同浓度的蛋白质溶液，使用硫酸铵的饱和度范围是有差别的。蛋白质浓度较高时，需硫酸铵量较少；蛋白质浓度较低时，需硫酸铵量较多。在具体进行盐析时，因制备阶段不同，其操作方法有差异。一般在制备早期，保持一定的 pH 和温度，改变离子强度（盐浓度）进行蛋白质的分步分离。在制备后期，分离纯化及结晶阶段，则往往保持一定的离子强度，改变 pH 和温度。为保证实验的重现性好，对盐析的条件如 pH、温度、硫酸铵的纯度和用量都必须严加控制。盐析后放置 0.5～1 h，沉淀完全后，可采用离心法或过滤法进行固液分离。

2. 透析技术

透析（dialysis）是膜分离技术的一种，用于分离大小不同的分子。透析膜只允许小分子通过，而阻止大分子通过。盐析得到的蛋白质沉淀，用缓冲液悬浮，装入透析袋内进行脱盐，可以除去硫酸铵等盐类。具体方法是，把盛有蛋白质溶液的透析袋两端系紧，悬挂在装有缓冲液的三角瓶中，置于磁力搅拌器上，在低温（4℃左右）条件下透析30～36 h。由于透析袋只允许小分子盐类透过，而蛋白质大分子不能逸出膜外，所以经多次更换透析外液，不断降低膜外液中小分子盐类的浓度，即可将混杂于蛋白质大分子中的盐类等杂质透析掉。在透析时，要选用透析速率快，透性界限又明确的透析袋。

三、浓缩与干燥

1. 浓缩

通过对水或溶剂的吸收和透析等方法，使低浓度溶液变为高浓度溶液的过程称为浓缩。浓缩的方法很多，如加热蒸发、加沉淀剂、离子交换法、吸收浓缩法、超滤法、减压浓缩法、膜浓缩法及亲和层析法等。在实验室中最常用的是吸收浓缩法，即通过向溶液中投入吸收剂（如聚乙二醇、聚丙烯酰胺干凝胶等），直接吸收溶液中水分使溶液浓缩。在使用吸收剂时，也可先将生物大分子溶液装入透析袋里，扎紧袋口，外加聚乙二醇覆盖，袋内水分渗出，即被聚乙二醇迅速吸收而浓缩，兼有脱盐效果，通常称之为高渗透析法。其次是超滤法，是指使用一种特制的滤膜对溶液中各种溶质分子进行选择性过滤的方法。应用超滤法，关键在于滤膜的类型、规格的选择。该法除浓缩、脱盐外，还可应用于生物大分子的分离纯化中，如进行多成分提取液的分离时，可先用超滤器分组，再进行柱层析，分离多种待测组分。此外，还常用减压浓缩法对不耐热的生物大分子及生物制品进行浓缩。其原理是通过降低液面上的气体压力使液体沸点降低，加快蒸发。

2. 干燥

干燥就是将潮湿的固体及液体中的水或溶剂清除干净的过程。在生化研究中最常用的干燥方法是真空干燥法（减压干燥法）和冰冻真空干燥法（升华干燥法）。前者适用于不耐高温、易氧化物质的干燥和保存，其真空度愈高，溶液沸点愈低，蒸发愈快；后者适用于蛋白质、酶等要求保持天然构象或生物活性的生物大分子的干燥和保存。在相同压力下，水蒸气压力随温度的降低而下降，因而在低温和高真空度下，水分凝结成固态冰后再升华为气体，并直接被真空泵抽走而得以干燥。

第四节　样品中待测组分的测定

样品中待测组分的测定可采用化学分析、物理分析等方法。而现代的植物生理生化实验则愈来愈多地依赖于仪器分析方法，但待测样品在上机之前，需要经过一些特异处理，提供特异的信号，才能使仪器做出反应。如比色技术、色谱技术等多凭借仪器检测化学变化过程中待测组分与试剂发生反应后颜色的消长，以求得某组分的含量。如茚三酮比色法测定氨基酸含量就是利用氨基酸在酸性条件下与水合茚三酮作用后能产生二酮茚胺的取代盐等蓝紫色化合物，在一定范围内，其颜色的深浅与氨基酸的含量成正比。又如核磁共振技术、火焰光度技术、荧光光谱技术、紫外光谱技术、红外光谱技术和旋光分析技术等则是基于待测组分在特定的物理状态下具有相应的物理特性而进行测试的。其中如荧光分析蛋白质 N 端氨基酸组成的 DNS 法，就是利用荧光试剂 DNS-Cl 与氨基酸在 pH10 左右的碱性条件下作用形成一类称为 DNS 氨基酸的衍生物；这类衍生物在 254 nm 或 365 nm 的紫外光下可发出强烈的黄色荧光，根据其荧光的强弱即可在紫外分析仪上检测 N 端氨基酸的种类。核酸及其衍生物、核苷酸、核苷、嘧啶和嘌呤对紫外光有特征性的强烈吸收，因此，都可以用紫外分光光度计进行定量测定。

在植物生理生化实验技术中，对同一待测组分含量可以采用不同的测定方法。植物组织水势的测定方法有小液流法、折射仪法、压力室法，或用植物水势测定仪直接测定；植物体内硝酸还原酶活力测定的方法有活体法、离体法；植物呼吸速率的测定方法有红外线 CO_2 气体分析仪法、微量呼吸检压计（瓦氏呼吸仪）法、氧电极法、小篮子法（广口瓶法）、气流法等；植物组织中可溶性蛋白质含量测定方法有双缩脲法、福林-酚试剂法、凯氏定氮法、考马斯亮蓝 G-250 染色法及紫外吸收法等；植物组织中核酸含量测定的方法有定磷法、戊糖比色法（苔黑酚法）、二苯胺显色法及紫外分光光度法等。在实际工作中应当根据测试的目的、要求、样品的特点以及实验设备条件，选择合适的方法，制定合理的检测实施方案。

实验过程中及时、准确地做好原始数据的记录是进行实验结果处理和分析的前提，在实验中观察到的现象和数据，应当及时地、准确地记在记录本上，不能随意涂改，科学实验要做到一丝不苟、严谨认真、实事求是。这不仅是做学问而且也是做人的基本准则。

【思考题】

如何做到采取的植物材料具有最大的代表性？

第 四 章

综合设计实验与开放创新实验常用技术

第一节 离 心 技 术

离心技术是根据物质颗粒在一个离心场中的沉降行为而发展起来的。它是分离细胞器和生物大分子物质必备的手段之一，也是测定某些纯品物质部分性质的一种方法。目前这一方法在生物科学，尤其是在植物生理学、生物化学和分子生物学方面的应用十分普遍。

离心机（centrifuge）是实施离心技术的装置。离心机的种类很多，按照使用目的可分为两类，即制备型离心机和分析型离心机。前者主要用于分离生物材料，每次分离样品的容量比较大；后者则主要用于研究纯品大分子物质，包括某些颗粒体如核糖体等物质的性质，每次分析的样品容量很小，根据待测物质在离心场中的行为（可用离心机中的光学系统连续监测），能推断其纯度、形状和相对分子质量等性质。这两类离心机由于用途不同，主要结构也有差异。本节将着重介绍离心技术的基本原理、离心机的主要类型、超速离心技术及其在生理生化方面的应用。

一、基本原理

离心（centrifugation）是利用离心机产生的离心力（centrifugal force）来分离具有不同沉降系数的物质。离心机所产生的离心力，通常用下列方程式计算：

$$F = \omega^2 \cdot r \cdot m \tag{4-1}$$

式中，F 是离心力；ω 是角速度；r 是旋转半径；m 是物质颗粒的质量。离心力常用地力引力的倍数表示，因而被称为相对离心力（F_{CF}）。相对离心力是指在离心场中，作用于颗粒的离心力相当于地球重力的倍数，单位是地球的重力加速度"g"。例如，25 000 g，则表示相对离心力为 25 000。相对离心力可用下列公式计算：

$$F_{CF} = \frac{\omega^2 r}{g} = \frac{\omega^2 r}{980} \tag{4-2}$$

因转头旋转一次等于 2π 弧度,故转头的角速度以每分钟旋转的次数即转速 v_R 表示(单位:r/min),可写成下列公式:

$$\omega = \frac{2\pi \cdot v_R}{60} \tag{4-3}$$

把公式(4-3)分别代入式(4-1)和式(4-2),则离心力和相对离心力各为

$$F = \frac{(2\pi \cdot v_R)^2}{60^2} \cdot r \cdot m = \frac{4\pi^2 \cdot v_R^2}{3600} \cdot r \cdot m \tag{4-4}$$

$$F_{CF} = \frac{(2\pi \cdot v_R / 60)^2 \cdot r}{980} = \frac{4\pi^2 \cdot v_R^2 \cdot r}{3600 \times 980} \tag{4-5}$$

公式(4-5)描述了相对离心力与转速之间的关系。只要给出旋转半径,就可彼此相互换算。但是由于转头的形状及结构的差异,每台离心机的离心管从管口到管底各点分别与旋转中心的距离是不相同的。因此,一般在计算转速、相对离心力以及它们彼此间相互换算时,旋转半径均用 $r_{平均}$ 代替。$r_{平均}$ 的计算方法如下:

$$r_{平均} = \frac{r_{最小} + r_{最大}}{2} \tag{4-6}$$

$r_{最小}$、 $r_{最大}$ 和 $r_{平均}$ 的测量,见图4-1。

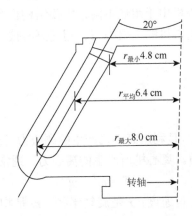

图 4-1 离心机角度转头剖面图

为了使用方便,Dole 和 Contzias 制作了转速 v_R、半径和相对离心力 F_{CF} 的测算图(图4-2),可以方便地测出 v_R 和 F_{CF} 的对应关系。

将离心机转速 v_R 换算为相对离心力(F_{CF})时,首先,在转头半径(r)标尺上取已知的半径;转速标尺上取已知的离心机转速,然后,将这两点连成一条直线,与图中间相对离心力(F_{CF})标尺上的交叉点即为相应的离心力数值。

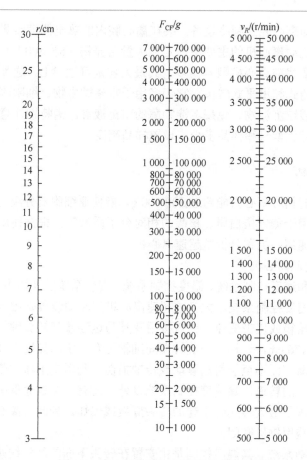

图 4-2　离心机转速与相对离心力的测算图

注意：若已知的转速数值处于转速标尺的右边，则 F_{CF} 应读取相对离心力标尺右边的数值；转速数值处于标尺的左边，则 F_{CF} 读取标尺左边的数值。

二、离心机的类型及主要构造

因离心机的转速不同，可分为普通离心机、高速离心机及超速离心机。

1. 普通离心机

普通离心机是最高转速为 8000 r/min 和最大 F_{CF} 近 6000 g 的离心机。一般可达 4000 r/min，如国产的 80-Ⅰ 型、LXJ-Ⅱ 型等。

2. 高速离心机

高速离心机可以达到 30 000 r/min 的最高转速和 89 000 g 的最大 F_{CF}。这类离心机通常带有冷却离心腔的制冷设备，装在离心腔内的热电偶可监测离心腔的温度。大容量连续流动离心机的主要用途是从大量培养物（5～500 L）中收集酵母及细菌等。低容量冰冻离心机型号甚多，其最大容量可达 3 L。这类离心机有各种内部可变换的角式和甩平式转头，它们多用于收集微生物、细胞碎片、细胞、大的细胞器、硫酸铵沉淀物、免疫沉淀物酶的粗提液等。需特别注意的是，每次离心前，应根据转头型号和样品多少，设置样品高度。

3. 超速离心机

超速离心机的相对离心力能超过 500 000 g，能使亚细胞器分级分离，可用于分离病毒，也可用于测定蛋白质、核酸的相对分子质量等。根据使用目的的不同，又可分制备型超速离心机和分析型超速离心机。

1）制备型超速离心机

主要由驱动和速度控制系统、温度控制系统、真空系统以及转头 4 部分组成。

（1）驱动和速度控制系统。大多数超速离心机的驱动装置是由水冷或风冷电动机通过精密齿轮箱或皮带变速，或直接用变频马达连接到转头轴构成。由于驱动轴的直径仅 0.476 cm，这样，在旋转期间细轴可有一定的弹性弯曲，以便适应转头的轻度不平衡，而不至于引起震动或转轴损伤。利用变阻器和带有旋速计的控制器来选择转头的转速。除速度控制系统以外，还有一个过速保护系统，以防止转速超过转头规定最大转速时引起的转头撕裂或爆炸。为此，离心腔总是用能承受此种爆炸的装甲钢板密闭。

（2）温度控制系统。其温度控制是由安置在转头下面的红外线感受器直接并连续监测转头的温度，以保证更准确、更灵敏地调控温度。

（3）真空系统。当转速超过 40 000 r/min 时，空气与旋转的转轴之间的摩擦生热成为严重的问题。为了消除这种热源，超速离心机一般增添了真空系统。将离心腔密封，并通过两个串联工作的真空泵系统抽成真空。第一个真空泵与一般实验室的机械真空泵相同，它可抽真空到 13.33～6.66 Pa。一旦离心腔内的压力减低到 33.33 Pa 以下，另一真空泵即水冷扩散泵也开始工作。利用这两个泵，可使真空度达到并维持在 0.13～0.26 Pa，在摩擦力降低的情况下，速度才有可能提升到所需的转速。

（4）转头。制备型超速离心机采用的转头有各种各样，一般可分为两大类：角式转头和甩平式转头。角式转头的孔穴与旋转轴心之间的角度在 20°～45°。这类转头的优点是具有较大的容量，速度较高。甩平式转头则由一个转头上悬吊着 6 个自由活动的吊桶（离心管套）构成。当转头静止时，这些吊桶垂直悬挂；当转头在离心力的作用下转速达到 200～800 r/min 时，吊桶即甩平 90°到水平位置。

这种转头主要是为了密度梯度沉降法而设计的。其主要优点是梯度物质可放在保持垂直的离心管中，而离心时管子保持水平。在水平位置沉降到离心管不同区域的样品呈现出横过离心管的带状，而不像角式转头中那样成角度。因此，当从转头中取出离心管时，不会像在角式转头中那样，沉降成分重新定位。这类转头的缺点是形成区带所需的时间较长。

2）分析型超速离心机

分析型超速离心机使用了特殊设计的转头和检测系统，以便连续地监测物质在一个离心场中的沉降过程。

分析型超速离心机的转头是椭圆形的，此转头通过一个有柔性的轴连接到一个高速的驱动装置上。转头在一个冷冻的和真空的腔中旋转。转头上有2～6个装离心杯的小室，离心杯呈扇形，可上下透光。离心机中装有一个光学系统，在整个离心期间都能通过紫外吸收或折射率的变化监测离心杯中沉降着的物质。在预定的时间可以拍摄沉降物质的照片。杯中物质沉降过程中，重颗粒和轻颗粒之间形成的界面就像一个折射的透镜，在检测系统的照相底板上产生了一个"峰"，由于沉降不断进行，界面向前推进，因此峰也移动。从峰移动的速度可以得到物质沉降速度的指标。

分析型超速离心机主要用于生物大分子的相对分子质量测定、估量样品的纯度和检测生物大分子构象的变化等。

三、常用离心技术

利用离心技术分离制备样品时，常用差速离心法和密度梯度离心法。后者又分速率区带离心法和等密度离心法。

（一）差速离心法

差速离心法基于待测物质颗粒的大小、密度不相同，颗粒沉降速度不一样的原理分离待测物质颗粒。例如，不同的细胞器，因其大小和密度不一致，在不同的转速下得到分离。一般方法如下：植物材料，加入一定量的缓冲液，通过研磨或用组织捣碎器捣碎，滤去残渣（细胞壁及未破碎的细胞），滤液中含有各种细胞器，在不同的 F_{CF} 作用下可将细胞器一一分开。主要细胞成分的沉降顺序，一般先是整个细胞和细胞碎片，然后是细胞核、叶绿体、线粒体、溶酶体（或其他微体）、微粒体（平滑的和粗糙的内质网碎片）和核糖体。

图 4-3 概括说明了差速离心的过程。

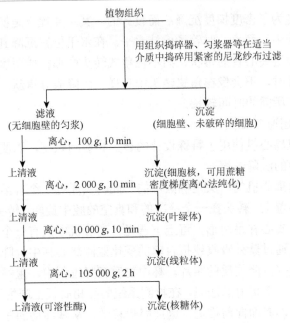

图 4-3　植物细胞组分差速离心一般流程

（二）速率区带离心法

用速率区带离心法分离样品依赖于样品中粒子或高分子的不同大小和沉降速度。如图 4-4 所示，把一层样品溶液铺于一密度梯度介质液柱的顶部，样品在液柱顶部形成一负梯度，不过底部存在着一个陡的正梯度，防止了样品的过早沉降。离心力作用下粒子在梯度介质中呈分离的区带状沉降，每一条区带粒子具有同一沉降速度。根据不同的实验目的可以设计不同的连续或不连续梯度。如进行亚细胞组分分离实验时，常采用不连续蔗糖密度梯度离心法，一般配制的蔗糖梯度是25%、35%、45%、55%（质量分数）。在进行血清、病毒、多核糖体分离实验时，则采用连续蔗糖密度梯度离心法，一般使用密度梯度自动混合器，配制 10%～40%（质量分数）蔗糖梯度。

要使速率区带离心得到成功，样品粒子的密度必须大于梯度液柱中任一点的密度，并且必须在区带到达离心管底部以前停止离心。

（三）等密度离心法

等密度离心法是按粒子浮力密度分离的方法，为此要选择介质的密度梯度，使梯度的密度范围包括所有待分离粒子的密度。样品可以铺在密度梯度液柱上面

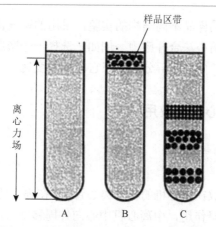

图 4-4　在水平式转头中进行速率区带离心

A. 充满密度梯度溶液的离心管；B. 样品加于梯度顶部；C. 离心力作用下粒子按照它们的质量以不同的速率移动

或均匀分布于密度梯度介质中。离心过程中粒子移至与它本身密度相同的地方形成区带，因此平衡时它们的分离完全是由于它们之间的密度差异，和时间无关（图 4-5）。

等密度梯度实验中最常用的介质是碱金属的盐溶液，如铯盐或铷盐。实验开始时往往是一密度均一的溶液，在离心过程中"自动"形成梯度。形成梯度过程中，原先均匀分布的样品粒子也下沉或上浮至其等密度位置。这种"自生"梯度技术需要长时间离心，例如，DNA 在氯化铯梯度中形成等密度区带需要 36~48 h。特别要指出是，离心时间不会因转速增加而减少，提高转速只能使梯度物质重新分布，区带位置有所改变。

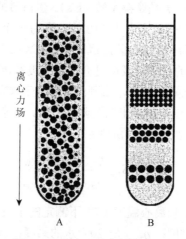

图 4-5　"自生"梯度等密度分离

A. 样品与梯度物质混合的均匀溶液；B. 离心力作用下，梯度物质重新分布，样品区带保留在等密度处

许多需要分离植物样品不同结构的实验，采用的密度梯度离心法常常把速率区带离心法和等密度离心法合并应用。例如，选择一个密度梯度使得样品中一部分沉降到离心管底部，而另一部分停留在它的等密度处。

四、分析型超速离心机的应用

（一）沉降系数的测定

把蛋白质或核酸放在离心机的特殊离心管里，在强大的离心力下，蛋白质（或核酸）分子就发生沉降作用，由离心机中心向外周移动，产生界面。在界面处由于浓度造成的折射率不同，可借助适当的光学系统观察到这种界面的移动。离心机的装置允许在离心转头旋转时，对界面的移动进行观察和拍照。

在离心场里，分子所受到的净离心力（离心力减去浮力）与溶剂的摩擦阻力平衡时，单位离心场强度的沉降速度为定值，称为沉降系数或沉降常数（sedimentation coefficient），简写为 s：

$$s = \frac{1}{\omega^2 x} \cdot \frac{\mathrm{d}x}{\mathrm{d}t} \tag{4-7}$$

$$\frac{\mathrm{d}x}{\mathrm{d}t} = V \frac{\rho_\rho - \rho_m}{f} \omega^2 x$$

式中，x 为界面至旋转中心的距离（cm）；t 为时间（s）；$\mathrm{d}x/\mathrm{d}t$ 为沉降速度；ω 为转头的角速度（°/s）；V 是样品体积（cm³）；ρ_ρ 是大分子的密度（g/cm³）；ρ_m 是溶剂分子的密度（g/cm³）；f 是摩擦系数（g/s）。蛋白质的沉降系数（常用 $S_{20,\mathrm{w}}$ 表示）介于 $1 \times 10^{-13} \sim 200 \times 10^{-13}\,s$，$1 \times 10^{-13}\,s$ 称为一个漂浮单位或斯韦德贝里（Svedberg）单位，也称为一个 S。因此沉降系数 $8 \times 10^{-13}s$ 用 8S 表示。

样品分子（或颗粒）的密度以及所处介质的密度等因子都会影响其沉降速度。因此采用不同条件测定沉降系数时，得到的 S 值是有差异的。所以建立标准化的程序是必要的。另外，经过测定求出的沉降系数值，常常要用下列公式进行校正，以使其转换为以 20℃水为介质时的沉降系数值：

$$S_{20,\mathrm{W}} = S_{T,m} \frac{\eta_{T,m}(\rho_\rho - \rho_{20,\mathrm{W}})}{\eta_{20,\mathrm{W}}(\rho_\rho - \rho_{T,m})} \tag{4-8}$$

式中，$S_{T,m}$ 是在 m 介质中和离心温度（T）下测定的未校正的沉降系数；$\eta_{T,m}$ 是在离心温度下所用介质的黏度；$\eta_{20,\mathrm{W}}$ 是 20℃水的黏度；ρ_ρ 是在溶液中分子或颗粒的密度；$\rho_{T,m}$ 是离心温度下介质的密度；$\rho_{20,\mathrm{W}}$ 是 20℃水的密度。

（二）相对分子质量的测定

在测得沉降系数后，相对分子质量的测定可采用沉降平衡法。

如果同时测得有关形状的参数（如扩散系数），则可按下列斯韦德贝里公式算出蛋白质（或核酸）的相对分子质量：

$$M_r = \frac{RTs}{D(1-\bar{V}\rho)} \tag{4-9}$$

式中，M_r 为相对分子质量；T 为热力学温度；R 是摩尔气体常数[8.31 J/(mol·K)]；s 为沉降系数；ρ 为溶剂（一般用缓冲液）的密度；D 为扩散系数；$\bar{V}$ 为蛋白质（或核酸）的偏微比体积。偏微比体积的定义是：加入 1 g 干物质于无限大体积的溶剂中，溶剂的体积增量。蛋白质溶于水的偏微比体积约为 0.74 mL/g。

在离心过程中，离轴心远的外围高浓度区域的蛋白质分子能向中心低浓度区域发生扩散。沉降和扩散是两个相对立的过程。在转速较低的离心机中，当沉降与扩散互相平衡时，蛋白质分子浓度在离心管中的分布表现为稳定的状态。在稳定状态下观察并测定出离心管中的不同区域的蛋白质浓度，由式（4-10）计算出蛋白质的相对分子质量。这种方法称为沉降平衡法。

$$M_r = \frac{2RT\ln(C_2/C_1)}{\omega^2(1-V\rho)(x_2^2-x_1^2)} \tag{4-10}$$

式中，C_1 和 C_2 是离轴心距离为 x_1 和 x_2 时的蛋白质浓度。

沉降平衡法的优点是不需要知道蛋白质的扩散系数，同时要求速度较低。但是为了达到平衡，需要时间较长。

【思考题】

（1）相对离心力为 30 000 g，转头平均半径为 10 cm，求转速？

（2）离心机有哪几种类型？比较它们的特点和用途。

（3）速率区带离心法和等密度离心法的含义和区别是什么？

第二节　层析技术

有色物质如植物色素在吸附柱上流动后可以排列成一系列有序的、单一组分的集合，这种将混合物分离的方法称为色层分离法或层析（chromatography）。无色物质也可利用吸附柱层析分离。现在该技术已经发展成为纸层析、薄层层析、薄膜层析、亲和层析、凝胶层析、气相层析及高压液相色谱等，本节着重介绍层析原理和几种主要的层析方法及其应用。

一、层析原理及其分类

（一）层析原理

层析技术是利用混合物中各组分物理化学性质的差别（如吸附力、分子形状、分子大小、分子极性、分子亲和力及分配系数等），使各组分以不同程度分布在两相中（其中一相为固定相；另一相流过此固定相，称流动相。流动相又可分为气相和液相），当流动相流过固定相时，各组分以不同速度在固定相中移动而分离，从而达到分离纯化的目的。

分配系数（partition coefficient）通常被用来描述一种化合物在互不相溶的两个溶剂中的分配状况。在一定的温度下达到平衡后，化合物在两种溶剂中浓度的比值是一个常数，用 K 表示：

$$K = \frac{\text{在溶剂A中的浓度}}{\text{在溶剂B中的浓度}}$$

一个化合物的分配不仅可以发生在两种互不相溶的溶剂中，还可以在任意两种互不相溶的相中发生，如固-液相或气-液相等。因此，对于层析来说，分配系数可定义为流动相中的浓度除以固定相中的浓度。如果一种物质在键合硅胶和苯之间的分配系数为 0.5，说明这种物质在硅胶中的浓度是苯中的 0.5 倍。有效分配系数又称分配比，也是用来描述物质在两相中的分配过程的重要常数，其定义是物质在固定相中的质量除以在流动相中的质量。实际上是分配系数乘以两个相的体积比。

层析分离的原理可以用一定质量的化合物在一个装有 5 cm 高固体颗粒的固定相柱上的分配过程为例来描述（图 4-6），固相的周围是移动的液相，每厘米的柱中有 14 mL 的液相。如果 32 μg 的化合物溶在 1 mL 的溶剂中并被加到柱上，由于这 1 mL 的溶剂进入柱而占据了图 4-6 中 A 的位置，同时将有 1 mL 的溶剂离开柱的底部；如果被加进的化合物的有效分配系数是 1，那么它在固相、液相之间的分配是相等的。如果再有 1 mL 的溶剂被加到柱上，那么 A 部分中的溶剂带着 16 μg 的化合物向下移动到 B，留下的 16 μg 在 A 中。在 A 和 B 中化合物发生再分配，使 8 μg 在溶剂中，8 μg 在固相中。再加入 1 mL 溶剂到柱上取代 A 中的溶剂到 B 中，并把 B 中的溶剂取代到 C，得到第三阶段中的化合物分配的情况，再加入 1 mL 的溶剂，产生了在第四阶段中所表示的情况，再加入 1 mL 的量便成了第五阶段的情况。

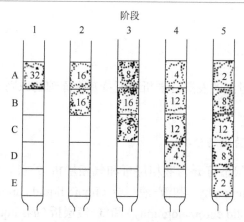

图 4-6 柱层析分离的原理

很明显，经过 5 次平衡后，化合物被分配在整个柱中，但是最高的浓度是在柱的中部，如果化合物的有效分配系数大于 1，那么 50%以上的化合物在每次平衡后仍留在固相中，浓度的高峰在柱的中部以上；对于一个有效分配系数小于 1 的化合物，在柱内移动速度快，浓度的高峰在柱的中部以下。

柱上发生的平衡次数越多，在柱的某一位置上的化合物的浓度就越高，因此有两个重要因素影响着一个混合物分离的图形，一个化合物通过柱展开的速度取决于它的有效分配系数，在柱上化合物的峰度取决于已发生的平衡的次数或者说是柱的理论塔板数（来源于工业上分馏塔的塔板数）。实际上，在一个柱上平衡是连续发生的，因为溶剂连续不断地被加入，在一根正常工作的柱中发生着数千次的平衡，平衡次数越多，柱的分离效率便越高，图 4-7 中表示的理论塔板数对一个有效分配系数为 1 的溶质分配的影响。

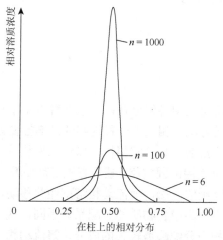

图 4-7 理论塔板数（n）对溶质区带形状的影响

（二）层析分类

经过近一个多世纪的发展，层析在坚持基本原理的原则下发展了多种类型，也有多种分类方法。

1. 按两相所处的状态分类

按两相所处的状态可分为液相层析和气相层析 2 类。前者包括液-固层析（liquid solid chromatography）和液-液层析（liquid liquid chromatography），后者包括气-固层析（gas solid chromatography）和气-液层析（gas liquid chromatography）。

2. 按层析过程的机制分类

按层析过程的机制分类可分为分配层析（partition chromatography）、吸附层析（adsorption chromatography）、凝胶层析（gel chromatography）、离子交换层析（ion exchange chromatography）、亲和层析（affinity chromatography）、逆流色谱法（counter current chromatography）6 类。

3. 按操作形式不同分类

按操作形式可分为柱层析（column chromatography）和平面层析（plane chromatography）。后者包括纸层析（paper chromatography）、薄层层析（thin-layer chromatography）、薄膜层析（thin film chromatography）。

二、几种主要的层析方法

（一）分配层析

1. 基本原理

分配层析是利用混合物中各组分在两种或两种以上溶剂中的分配系数不同而分离混合物中各组分的方法，相当于一种连续的溶剂抽提方法。

纸层析是应用最广泛的一种分配层析，以滤纸为载体，滤纸上吸附着水（约含 20%～22%），是经常使用的固定相。某些有机溶剂如醇、酚等为常用的流动相。把欲分离的物质加在滤纸的一端，使流动相溶剂经此移动，这样待分离物就在两相发生分配现象。由于样品中各物质的分配系数不同，就逐渐在纸上分别集中于不同的部位。在固定相中分配趋势较大的成分，随流动相移动较慢；反之，在流动相中分配趋势较大的成分，移动就较快。物质在纸上的移动速率可以用 R_f 表示。物质在一定溶剂中的分配系数是一定的，移动速率（R_f）也恒定，因此，可以根据 R_f 来鉴定被分离的物质。

$$R_f = \frac{原点中心至层析点中心的距离}{原点中心至溶剂前缘的距离}$$

R_f 由两个因素决定：物质在两相间的分配系数及两相的体积比。由于在同一实验条件下，两相体积比为一常数，所以 R_f 主要取决于分配系数 K。因此，凡能影响分配系数的因素，均能影响 R_f。这些因素主要有：

（1）物质结构与极性。在纸层析中，极性物质易进入固定相，极性大的物质其 R_f 较小。

（2）层析溶剂。选择溶剂时应考虑被分离物质在溶剂系统中的 R_f 需要在 0.05～0.85。常见的纸层析溶剂系统见表 4-1。

表 4-1　一些纸层析溶剂系统的例子

化合物	溶剂系统（体积比）
氨基酸	正丁醇/乙酸/水（40/10/50）
	正丁醇/吡啶/水（33/33/33）
	甲醇/吡啶/水（25/12/63）
单糖或二糖	正丁醇/吡啶/水（50/28/22）
叶绿素和类胡萝卜素	丙醇/石油醚（4/96）
	氯仿/石油醚（4/96）

（3）pH。pH 可影响物质的解离及流动相中的含水量。pH 增加或降低，都会使极性物质 R_f 增加。当分离两性物质时，可用酸碱两相层析，能获得较好效果。

（4）温度。温度可影响分配系数，还影响溶剂组成及纤维素的水合作用。因此，分离在恒温下为宜。

（5）滤纸。多用新华层析滤纸。新华层析滤纸有 1 到 6 号之分，前 3 号定性用，后 3 号定量用。1 号和 4 号、2 号和 5 号、3 号和 6 号又分别为快、中、慢 3 种速度。

（6）展开方式。上行展开的 R_f 较小，下行的 R_f 较大。

2. 纸层析操作方法

纸层析基本操作方法有两类，即垂直型和水平型。垂直型是将纸悬起，使流动相向上或向下扩散。水平型是将圆形滤纸置于水平位置，溶剂由中间向四周扩散。常见的叶绿体色素分离既可用垂直型，也可用水平型。

但是，由于垂直型操作简便和易于控制条件，使用较广。此类方法操作如下：

按分离物质的多寡，将滤纸截成长条，在某一端离边缘 2~4 cm 处点样，待干后，将点样端边缘与溶液接触，在密闭的玻璃缸内展开（图4-8）。

垂直型纸层析按样品随流动相的展开次数或点样方向，又可分为单向层析和双向层析。其中，样品随着流动相在滤纸上进行一次展开，称为单向层析。如样品成分较多，而且彼此的 R_f 相近，单向层析分离效果不好，此时可用双向层析。即在长方形或方形滤纸的一角点样，卷成圆筒形，先用第一种溶剂系统展开，展开完毕吹干后转向 90°，再置于另一溶剂系统中，向另一方向进行第二次展开，以使各成分的分离更清晰（图4-9）。

图 4-8　垂直型纸层析

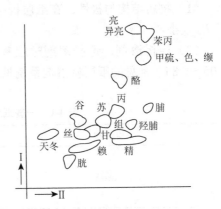

Ⅰ 正丁醇：冰乙酸：水 = 4：1：5（体积比）
Ⅱ 酚：水 = 8：2（质量比）

图 4-9　氨基酸双向纸层析色谱

此外，在纸层析中，通常固定相是含水的，流动相是有机溶剂。但是，有些化合物（如肽、核苷酸、糖类、氨基酸的衍生物等）用有机的固定相和含水的流动相能得到更好地分离。为此，层析纸先用有机相（一般是液体石蜡）浸润。当被分离的化合物加到纸上时，用一种含水溶剂按通常的方法展开，称为反相层析。

当组分随流动相移动一定距离后，由于各组分移动距离不同，最后在固定相上会形成互相分离的斑点。将纸取出，待溶剂挥发后，用显色剂或其他适宜方法可以确定斑点的位置。将测得组分的 R_f 值与已知样品比较，可对样品进行定性分析。在定性分析的基础上，使用如下两种方法可对样品组分进行定量分析（以下方法用于定量分析一般有±5%~10%的误差）：

（1）剪洗法。即分离显色后剪下样品斑点，用适当溶剂洗脱，并用等高处无样点滤纸（面积相同）作对照，比色定量。

（2）扫描法。用薄层扫描仪或光密度计直接测量斑点颜色浓度，根据峰面积，求出含量。

（二）吸附层析

1. 基本原理

某些物质如氧化铝、硅胶等具有吸附其他物质的特性。被吸附物质的分子结构不同，其吸附力的大小也不同，利用这种差异将混合物分离。这种方法的效果还与分离用的溶剂（洗脱剂或展开剂）中的溶解度等因素有关。

2. 吸附剂和洗脱剂的选择

要使吸附层析的结果满意，就要正确处理吸附和解吸矛盾，首先应合理选择和应用吸附剂和洗脱剂。

1）吸附剂

由于所分离物质的复杂性，至今还没发现一种通用的吸附剂。通过实践根据具体情况选择比较理想的吸附剂。通常吸附剂应具有以下基本条件：①吸附剂不溶于样品溶液和洗脱剂；②它与待分离的物质除发生吸附、解吸作用外，不发生其他化学反应；③吸附剂最好是无色或浅色，便于观察；④渗滤的速度要快。

常用的吸附剂是氧化铝、氧化锡、硅胶、碳酸盐、硫酸盐及硅酸盐。分离不稳定的化合物常用淀粉、蔗糖、乳糖等。

2）洗脱剂

用来洗脱吸附柱的液体物质称洗脱剂。可根据分离物中各成分的极性、溶解度和吸附剂的活性来选择洗脱剂，一般极性大的成分用极性大的洗脱剂，极性小的成分用极性小的洗脱剂。洗脱剂极性绝不能比待分离成分的极性更小，因为极性强的物质较易把极性弱的物质从吸附柱上洗脱下来。

3. 吸附层析的方法

根据操作方式的不同，吸附层析常分为吸附柱层析、薄层层析和薄膜层析。

1）吸附柱层析法

吸附柱层析是用一根玻璃管柱，下端铺垫脱脂棉或玻璃棉，管内加吸附剂粉末，用一种溶剂润湿后，即成为吸附柱。然后在柱顶部加入要分离的样品溶液。假如样品内含 A 与 B 两种成分，则两者被吸附在柱上端。样品溶液全部流入吸附柱中之后，接着就加入合适的溶剂洗脱，A 与 B 也就随着溶剂以不同的移动速率向下流动，最后可使 A 与 B 分离。之后对 A 和 B 分别检测。

对非极性的或弱极性的有机物，如胡萝卜素、甘油酯、胆固醇等的分离，用这种方法最为合适。

2）薄层层析法

薄层层析法通常是将吸附剂在玻璃板载体上均匀地铺成薄层，把要分析的样品加到薄层上，然后用合适的溶剂展开，也可达到分离、鉴定的目的。因为层析是在薄层上进行的，故称为薄层层析。其优点是：①设备简单，操作容易；②层析展开时间短，只需数分钟到几小时，即可获得结果；③分离时几乎不受温度的影响；④可采用腐蚀性的显色剂，而且可以在高温下显色；⑤分离效率高。

制备薄层有两种方法：一种是不加黏合剂，将吸附剂干粉如氧化铝、硅胶等直接均匀铺在玻板上，通常称为软板，制作简单方便，但易被吹散；另一种是加黏合剂如水或其他液体，将吸附剂调成糊状再铺板，经干燥后才能使用，通常称硬板，制备较复杂，但易于保存。通常用氧化铝 G（G 表示石膏，即氧化铝中含 5%煅石膏）或硅胶 G 制备硬板，此外可用淀粉或羧甲基纤维素钠做黏合剂制备硬板。

3）薄膜层析法

即直接使用聚酰胺薄膜用于层析。聚酰胺薄膜对极性物质有吸附作用是由于它能和被分离物之间形成氢键。不同物质与聚酰胺形成的氢键有强有弱，当流动相流经薄膜表面时，被分离物质在溶剂和薄膜之间，按分配系数的大小，发生不同速率的吸附和解吸过程。从而使各种物质得到有效的分离。此法可用于酚类、醌类、硝基化合物、核酸碱基、核苷（酸）、杂环化合物、杀虫剂、维生素 B 等多种化合物的分离。

（三）凝胶层析

1. 基本原理

凝胶层析又称分子筛层析、分子排阻层析或凝胶过滤。主要原理是混合物中各种分子的大小及形状不同，通过固定相凝胶时，分子的扩散移动速率各异，使大小不同的分子得到分离和纯化。

凝胶颗粒是多孔性的网络结构。凝胶作为一种层析介质，经过适当的溶剂平衡后，装入层析柱，构成层析床。当含有分子大小不一的混合物样品加在层析床表面时，样品随大量溶剂下行，这时分子较大的物质（阻滞作用小）就沿凝胶颗粒间孔隙随溶剂流动，流程短且移动速度快，先流出层析床；但分子较小的物质（阻滞作用大），其颗粒直径小于凝胶颗粒网状结构的孔径，可渗入凝胶颗粒，流程长且移动速度慢，比分子大的物质迟流出层析床（图 4-10）。

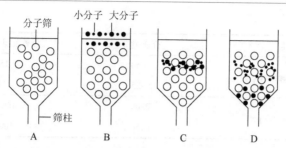

A. 分子筛装入柱内；B. 加入含不同大小分子的物质的溶液；C. 小分子被吸附，大分子从分子筛空隙下移；D. 不同物质分离

图 4-10　凝胶层析基本原理

2. 凝胶层析的优点与缺陷

凝胶层析具有如下的优点：

（1）凝胶层析所用的凝胶为惰性载体，一般不需要洗脱剂。一次装柱后，不需要经过复杂的再生过程，便可重复使用，因此操作简单、快速而且经济。

（2）实验具有高度的可重复性，样品回收几乎可达 100%，如果按比例扩大柱的体积和高度，可进行大量样品的分离纯化。

（3）这是一种极其温和的方法，不易引起生物样品的变性失活。

（4）该方法应用广泛。适用于各种生化物质，如肽类、激素、蛋白质、多糖、核酸的分离分析，且可分离的相对分子质量范围很宽。

然而凝胶层析的方法存在分辨率不高、分离操作较慢等缺点，比如：①凝胶层析是以物质相对分子质量的不同作为分离依据，因此溶质分子相对分子质量的差异仅表现在层析床中的自由扩散的流速的差异上。②由于凝胶颗粒网状结构的孔径是非常有限的，所以可被纯化的物质的相对分子质量范围受到限制。③凝胶结构对某些溶质分子具有吸附作用，例如，芳香族物质及脂蛋白等。

通过使用不同孔径和组成的凝胶，凝胶层析的分离范围相对分子质量可从数百（10^2）到近亿（10^8）。现将常用的凝胶层析分离范围列入表 4-2。

表 4-2　常用的凝胶层析分离范围

凝胶种类	介质规格	分离范围（相对分子质量）
琼脂糖凝胶 Sepharose	2B	50000～15000000
	4B	200000～15000000
	6B	50000～2000000
葡聚糖凝胶 Sephadex	G-200	5000～250000
	G-100	4000～100000

续表

凝胶种类	介质规格	分离范围（相对分子质量）
葡聚糖凝胶 Sephadex	G-50	1500～30000
	G-25	1000～5000
聚丙烯酰胺凝胶 Biogel	P300	100000～400000
	P150	50000～150000

凝胶层析广泛用于生物大分子如蛋白质、核酸等的分离和提纯（包括脱盐、浓缩等），并应用于微量放射性物质的分离。目前使用的商品凝胶，如琼脂糖凝胶可分离的相对分子质量数量级最大达 10^7，故可用以分离相对分子质量较大的核酸与蛋白质。凝胶层析还可用来测定蛋白质的相对分子质量。

（四）离子交换层析

1. 基本原理

离子交换层析是利用离子交换剂对需要分离的各种离子有不同的亲和力，从而使离子在层析柱中移行时分离。离子交换剂具有酸性或碱性基团，分别能与水溶液中阴离子或阳离子进行交换。它的交换过程由 5 个步骤组成：①离子扩散到树脂的表面；②离子通过树脂扩散到交换位置；③在交换位置上进行离子交换；④被交换的离子扩散到树脂的表面；⑤用洗脱剂脱附，被交换的离子扩散到外部溶液中。其原理如图 4-11 所示。

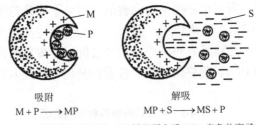

吸附　　　　　　　　　　　解吸
$M + P \longrightarrow MP$　　　　$MP + S \longrightarrow MS + P$

M：离子交换的电荷位置；P：样品蛋白质；S：竞争盐离子

图 4-11　离子交换层析的基本原理

这种交换是定量完成的，因此测定溶液中由离子交换剂上交换下来的离子量，可知样品中原有离子的含量；也可将吸附在离子交换剂上的样品成分用另一洗脱剂洗脱下来，再进行定量。

如有两种以上的成分可以在离子交换剂上被交换，用另一洗脱剂进行洗脱时，亲和力（即静电引力）强的离子移动较慢，而亲和力弱的离子先被洗脱下来，由此可将各成分分开。

2. 离子交换剂及交换反应

目前采用的大多是合成离子交换剂，即离子交换树脂。离子交换树脂是人工合成的高分子化合物，一般呈球状或无定形颗粒状。离子交换树脂分为两大类：分子中具有酸性基团、能交换阳离子的称为阳离子交换树脂；分子中具有碱性基团、能交换阴离子的称为阴离子交换树脂。按其解离性大小，又可分强弱两种。

交换反应举例如下：

$$R-SO_3^--H^+ + M^+X^- \rightleftharpoons R-SO_3^--M^+ + H^+X^-$$

$$R_4 \equiv N^+-OH^- + H^+X^- \rightleftharpoons R_4 \equiv N^+-X^- + H^+OH^-$$

虽然交换反应都是平衡反应，但在层析柱上进行时，由于连续添加新的交换溶剂，平衡不断按正反应方向进行，直至完全。

离子交换层析多采用柱层析的方式进行，即在层析柱中装上处理好的离子交换树脂进行层析。离子交换层析广泛用于蛋白质、核酸以及氨基酸、核苷酸、生物碱等可解离代谢物的分离纯化。

（五）亲和层析

1. 基本原理

在一对可逆结合的生物大分子中，能与载体相偶联上的一方称为配基。亲和层析就是利用生物大分子物质能与相应的配基专一可逆结合的原理进行分离纯化（图4-12）。

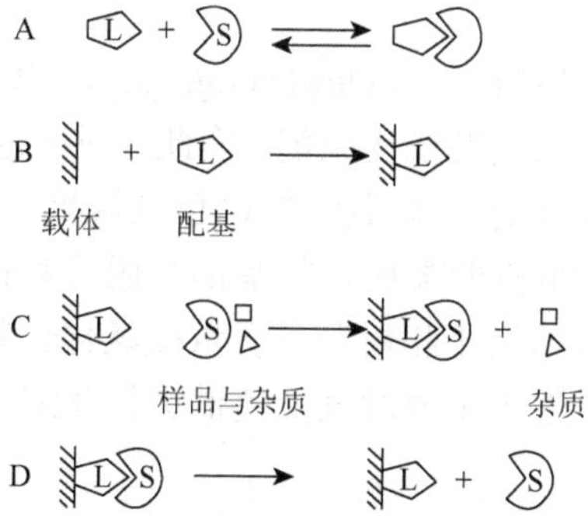

A. 一对可逆结合的生物大分子；B. 载体与配基偶联；C. 亲和吸附；D. 洗脱样品

图 4-12 亲和层析的基本过程

如果将配基共价连接在固相载体上制成吸附系统，则通过层析柱的生物大分子就能以其高亲和力与配基特异结合，使之与其他杂质分离开来，从而达到纯化的目的。由于这是利用生物大分子物质的生物功能进行层析，提纯效果远好于其他层析，有时一步操作就能提纯 100 倍，甚至 1000 倍，回收率高，操作简便，分离也快速。对于含量少且与杂质之间的溶解度、分子大小、电荷分布等理化性质差异很小的物质，更宜使用此种方法进行分离纯化。

此法主要用于各种蛋白质，如酶、抗原或抗体、受体、转运蛋白等的纯化，但必须要有适当的配基以备共价结合在一定的载体上。配基可以是较小的分子，例如，辅酶、辅基和别构酶的效应剂；也可以是大分子，例如，酶的抑制剂和抗体等。

2. 亲和层析方法要点

亲和层析所用的载体要求：①必须是非特异吸附很小的惰性物质；②具有大量能与配基结合的化学基团；③有稀疏网状结构，大小分子物质自由进入；④有较好的化学稳定性，能经受亲和层析时所用的条件；⑤有良好的机械性能，颗粒均匀。常用的有琼脂糖、聚丙烯酰胺凝胶和多孔玻璃珠等。

在亲和层析中，生物大分子的配基要求：①在一定条件下，能与欲分离的生物大分子进行专一性结合，而且亲和力越大越好。②配基与生物大分子结合后在一定条件下又能解离，且不破坏生物大分子的生物活性。③配基上必须含有适当的化学基团，以便通过化学方法与载体相偶联。

亲和层析一般采用柱层析法。亲和吸附常在 4℃下进行，以防止生物大分子热变性失活。

（六）气相色谱

气相色谱也称为气相层析（gas chromatography，GC）。它与一般层析法的区别是用气体代替液体作为展层剂或洗脱剂，因此，同样也有吸附气体层析法（气-固层析法或气固色谱）与分配气体层析法（气-液层析法或气液色谱）。

气固色谱的固定相为固体物质时，样品的洗脱峰易拖尾，峰形难以重现，故应用有限，仅用于少数气体及小相对分子质量碳氢化合物的分析。而气液色谱则优点较多，应用较广泛。以下主要对气液色谱进行介绍。

1. 基本原理

气相色谱与一般柱层析相似，是在柱内进行的。混合物样品随固定流速的载气（即流动相，常用惰性气体）进入层析柱，如果样品是液态或固态，要使之在进入层析柱的刹那间变成气态。层析柱内装有称为担体的颗粒状惰性支持物，其表面为一类具有高沸点的有机化合物（称固定液）均匀地包裹着，使担体表面形成一层很薄的液膜。当样品气体进入层析柱遇到这种固定液时就能溶解在固定液中，它遇热能挥发到载气里去，并随载气的定向流动而向前推进，遇到新的固定液又被吸收。如此交替地吸收和挥发，使样品蒸气在所经过的每一点上都进行着固定相和流动相之间的分配平衡。由于样品中各组分在固定相和流动相的溶解度不同（即分配系数不同），在层析柱内向前移动的速率也不相同。分配系数大的组分，易溶于固定液内，在固定液中停留的时间就长，移动速率也慢；分配系数小的组分不易溶于固定液，移动速率快。经过一段时间后，原来均匀混合的样品组分便彼此分开了，被分离的组分按先后次序被载气带入测定器，在那里把进入的样品浓度转换成电压，经放大后在自动记录仪上记录下来。从进样到每一组分出现层析峰的时间称为保留时间。不同化合物在一定条件下有其特定的保留时间。还可根据峰面积来计算各种化合物的含量，这就是气相色谱法中气液色谱的简单原理。

2. 气相色谱仪部件

气相色谱仪的主要部件是载气瓶、层析柱和检测器 3 部分，其他附件只是为了确保分析结果的稳定性、可靠性，或是自动化分析的辅助装置（图 4-13）。

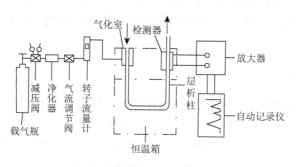

图 4-13　气相色谱仪示意图

3. 气相色谱的应用范围

由于气相色谱灵敏度高，近年来又与红外仪、紫外仪、质谱仪等仪器相结合，从而逐渐为生物化学界所重视。目前常做的项目有：

（1）脂肪酸。用气相色谱分析脂肪酸混合物是成功的。它不仅可以用来分离含有不同碳原子数的脂肪酸，而且也能分离饱和度不同或分支不同的脂肪酸。分离时，往往先将脂肪酸甲酯化，也有直接用脂肪酸进行层析的。脂肪酸层析中常用的固定液有硅酮油、硬脂酸、硅酮酯膏和润滑油等。

（2）固醇化合物。用气相色谱分析甾族激素类化合物已有不少报道，如性激素、肾上腺皮质激素、胆汁酸等。也有报道用气相色谱法测定维生素 D 及维生素 A 衍生物等。

（3）氨基酸。氨基酸在气相层析前必须先转为易挥发的衍生物。如转为氨基酸的甲酯、丁酯、戊酯、N-乙酰戊酯等。目前比较成熟的方法是使氨基酸三甲基硅烷化和三氟乙酰化。层析时，常用的固定液有硅酮橡胶 SE-30 和硅酮聚物 QF-1。

（4）植物激素——乙烯。果实储藏、保鲜和后熟的生理研究中常需测定样品中乙烯含量，几乎都是用气相色谱完成的。

（七）高压液相色谱

1. 高压液相色谱仪

高压液相色谱（high pressure liquid chromatography，HPLC），又称为高效液相色谱（high performance liquid chromatography）。由经典液相柱色谱的基础上增加压力发展而来。按其固定相的性质可分为高压凝胶色谱、疏水性高压液相色谱、反相高压液相色谱、高压离子交换液相色谱、高压亲和液相色谱以及高压聚焦液相色谱等类型。高压液相色谱仪一般由溶剂槽、高压泵、分析柱、进样器、检测器、部分收集器、记录仪及数据处理机等单元组成，有的还有梯度仪和流量测量装置。

2. 高压液相色谱的应用范围

高压液相色谱既有普通液相色谱的功能（可在常温、常压下分离制备水溶性的物质），又有气相色谱的特点（即高压、高速、高分辨率和高灵敏度）。它不仅适用于很多不易挥发、难热分解物质（如金属离子、蛋白质、肽类、氨基酸及其衍生物、核苷、核苷酸、核酸、单糖、寡糖和激素等）的定性和定量分析，而且也适用于上述物质的制备和分离。特别是近年来出现一种与 HPLC 相近的快速蛋白质液相色谱（fast protein liquid chromatography，FPLC），能在惰性条件下，以极快的速度通过成百上千次层析把复杂的混合物分开。如果连续进样，一天内可提纯大量的混合物。

目前，HPLC 在生化研究中已得到广泛应用，主要表现在以下几个方面。

（1）脂肪族低级醇、醛和酮；芳香族醇、醛、酮；芳香环、杂环等可吸收紫外光的醇、醛、酮；大相对分子质量和挥发性低的烃类化合物以及衍生物。

（2）维生素类、固醇化合物。

（3）不需要对样品进行预处理的糖类。如硅胶柱上用甲酸乙酯：甲醇：水（6：2：1）为移动相分离果糖、蔗糖、山梨糖和乳糖。

（4）氨基酸和肽的分离。

（5）生物碱。这是从植物中提取得到的含氮的一类碱性化合物，种类繁多。如吗啡、可待因、海洛因及蒂巴因等，常采用液液分配色谱。

三、层析技术的应用实例

层析已作为一门技术被广泛应用于各个学科。它的应用表现在多个方面，比如，可以对大分子溶液进行浓缩脱盐；可以测定蛋白质的等电点、相对分子质量；进行酶的活性测定等定量分析。但主要表现在对生物大分子混合物进行分离纯化或定性分析。

（一）用吸附柱层析分离纯化胡萝卜素

以石油醚与氧化铝的混悬液作为装柱介质，以含 10%丙酮的石油醚作为洗脱剂。当在该层析系统中加上提取的色素粗提液时，在洗脱剂的带动下各种色素在层析柱中向下移动，不断发生吸附与解吸的过程。由于粗提物中各种色素，如叶绿素 a、叶绿素 b、叶黄素、胡萝卜素等分子结构及极性各不相同，在层析系统中的分配系数亦有差异，故经过一定时间的洗脱，这些色素将在层析柱上分离开，形成多个色环，其中胡萝卜素存在柱的最前端。继续洗脱，用试管收集橙黄色色素。

（二）用亲和层析分离纯化青豌豆凝集素

凝集素是一类特殊的蛋白质，广泛存在于植物中，尤其是存在于豆科植物中，也存在于动物中，对糖有很高的亲和性，其结合方式和酶与其底物、抗原与抗体的结合方式非常相似，由于它能引起血细胞的凝集，曾经称之为植物血细胞凝集素。故可用亲和层析分离纯化凝集素。将从青豌豆中提取的粗蛋白通过 Sephadex G-50 层析柱，凝集素分子上的糖基结合部位与柱上的葡萄糖分子亲和，非共价结合在柱上，当用 0.01 mol/L 磷酸缓冲液（pH7.0）/0.15 mol/L NaCl 洗脱时，除凝集素以外的杂蛋白及其他小分子杂质就被洗脱，然后换用含有 0.2 mol/L 葡萄糖的 0.01 mol/L 磷酸缓冲液（pH7.0）/0.15 mol/L NaCl 再洗脱，并收集洗脱剂，透析除去葡萄糖及盐，就可得到纯化且有活性的凝集素。

（三）凝胶层析测蛋白质相对分子质量

凝胶层析以具有一定孔径的凝胶作为填柱介质。不同相对分子质量的球状蛋白或近似球状蛋白通过凝胶柱时经历不同的路径，其通过层析柱所需的洗脱体积亦有所不同；且洗脱体积与该蛋白质的相对分子质量的负对数值成正相关。通过凝胶层析测一系列标准相对分子质量球蛋白及待测蛋白质的洗脱体积，然后以洗脱体积为横坐标，以蛋白质相对分子质量的负对数值为纵坐标，做一标准曲线，再从标准曲线上由测得的待测蛋白质的洗脱体积求出待测蛋白质的相对分子质量。

（四）用 HPLC 测定维生素

维生素的测定是 HPLC 在农业、食品科学、畜牧业上最为广泛的一个应用方向。由于现代 HPLC 仪集机械工程、微电子技术、计算机技术和信息处理技术于一体。因此，它能准确快速测定果实、食物、饮料、动物饲料和生理体液等样品中的各种水溶性或脂溶性维生素。

此外，用双向纸层析分离和鉴定氨基酸，用通过离子交换层析分析氨基酸组分及含量的专用液相色谱仪（氨基酸分析仪）测定氨基酸，用通过分析测定核酸的降解物核苷和核苷酸或核苷酸衍生物的气相色谱仪来分析核酸，都是层析技术的常见应用。

第三节　红外线 CO_2 气体分析技术

植物体在生命活动过程中，常伴有 CO_2 的释放与吸收。CO_2 量的变化能反映植物生理生化代谢的强弱。常规的化学分析与气体测压技术，虽然能定量测定 CO_2 的吸收或释放，但操作复杂，难以实现自动化，更难实现在整体状态下的测定。为克服上述缺点，自 20 世纪 50 年代以来，利用 CO_2 气体能强烈吸收特定波段红外线的特性，设计制造出红外线 CO_2 气体分析仪，我国在 20 世纪 70 年代后期也制造出专门测定植物的 CO_2 代谢量的红外线 CO_2 气体分析仪（infrared CO_2 gas analyzer，IRGA），21 世纪初还研制生产了 YZQ-100E 多叶室动态光合仪。随着科学技术的发展，仪器的性能不断提高，由固定式发展为便携式，由单台单点检测发展为单台多点检测。目前已广泛应用于植物生理生化、植物生态学及农业科学各个领域。

一、红外线 CO_2 气体分析仪的工作原理

（一）红外线辐射的特点

红外线（infrared）是波长在 0.75～500 μm 的电磁波。红外线辐射按其波长分为 3 种：25～500 μm 为远红外线；2.5～25 μm 为中红外线；0.75～2.5 μm 为近红外线。

受热物体是红外线辐射的极好辐射源。红外线在传播中其辐射能量被物体吸收后易被检测。这一特点就成为设计和制造红外线 CO_2 气体分析仪的依据。

（二）CO_2 气体吸收红外线辐射能的特点

不同气体对红外线的吸收不同。同种原子组成的气体分子如 N_2、H_2、O_2 等均不吸收红外线，只有异种原子组成的气体分子，如 CO、CO_2、CH_4、H_2O 等可以吸收红外线。分子内原子间位置处于不停运动中并发生周期性的变化。在与其频率相同的红外线辐射作用下，偶极子（如 CO_2、CH_4）将发生共振，并吸收红外线辐射的能量。

CO_2 气体吸收红外线辐射能时，其分子结构会由对称型转变为伸缩型或弯曲型。另外，CO_2 气体能吸收红外线四个区段的能量，吸收峰的波长分别在：2.67 μm、2.77 μm、4.26 μm 和 14.986 μm，其吸收率分别为 0.54%、0.31%、23.2% 和 3.1%。峰值为 4.26 μm 的吸收率最高（4.26 μm 为特性波长），在 CO_2 浓度较低时，此波长下，被 CO_2 气体吸收的红外线辐射能与 CO_2 气体的浓度呈线性关系，即红外线经过 CO_2 气体分子时，其辐射能减少，被吸收的红外线辐射能的多少与该气体的吸收系数（K）、气体浓度（C）和气层的厚度（L）有关，并符合朗伯-比尔定律，可用式（4-11）表示：

$$E = E_0 e^{KCL} \tag{4-11}$$

式中，E_0 为入射红外线辐射能；E 为被吸收的红外线辐射能。

一般红外线 CO_2 气体分析仪内设置仅让 4.26 μm 红外线透过的滤光片，其辐射能即为 E_0，只要测得被吸收的红外线辐射能（E）的大小，即可知 CO_2 气体浓度。

检测植物 CO_2 量的方法很多，常用的还有气压法、滴定法及 pH 比色法等，而红外线检测法与这几种方法相比有下列特点：

（1）迅速准确。仪器预热、调试之后，只要将分析仪器与装有植物的同化室

相连，通气后 0.5～1 min 即可测定一个植物样品的 CO_2 代谢量。

（2）方法简便。测定时，只需将植物体（叶片、整株、枝条）放于特制的同化室，将同化室中的 CO_2 引入分析仪即可，无须将植物材料做切片、捣碎、离体等特殊处理。

（3）整体连续。由于不对植物做特殊处理，可保持植株（或材料）的完整与正常的生理状态，其测定结果更具有实践意义。如果把分析仪与自动记录仪相连，还可以在无人操作下，进行较长时间的连续测定，可以获得植物体在一段时间（几小时、几天）内 CO_2 代谢的动态变化。

（三）红外线 CO_2 气体分析仪的结构

一台红外线 CO_2 气体分析仪主要由三个基本部分组成：红外线辐射源（光源）、气室和检测器（图 4-14）。

气室中有 CO_2 存在时，通过检测器的红外线辐射能减少，检测器便输出信号。做差分测量时需要有两个平行的气室，并且所用的检测器也必须能够测出两个气室吸收的辐射能的差值。

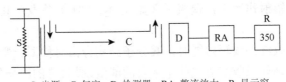

S. 光源；C. 气室；D. 检测器；RA. 整流放大；R. 显示窗

图 4-14   红外线 CO_2 气体分析仪结构示意图

1. 红外线辐射源

红外线辐射源是由镍铬合金丝或钨丝绕制成 20 Ω 的螺旋形圆柱体，螺旋丝包上一层氧化物外套以减少升华，否则升华物会污染窗口和反射表面。用低电压电源加热，温度升至 600～800℃时发出暗红色光，发射出 0.7～7 µm 连续波长的红外光。这种精细的金属螺旋丝必须安装牢固，以减少振动，否则会给检测器信号带来随机噪声，通常把辐射源埋置在一种透明的陶瓷材料中以防止任何振动。

在双气室红外仪中，要求使用双光束，必须有两条平行的红外线辐射源。做到这一点，一般有两种方法，一种是使用串联在同一电路中的两个辐射源，另一种是利用一个辐射源，借助反射器把光束分开导入两个平行的气室。后一种方法避免了两个辐射源不同步老化而造成能量差异较大的难题。

2. 气室

气室内壁通常镀金,是为了最大限度地反射光线,两端有气口。用作检测 CO_2 绝对浓度使用的红外仪一般为单气室,而应用于光合作用研究的红外仪除了能进行绝对值测量外,同时具备差分测量 CO_2 浓度的功能。目前应用于光合作用研究的红外线 CO_2 气体分析仪多数为双气室,一个为分析气室,另一个为参比气室(图 4-15)。分析气室是一个通过气室,即有连续的样品气流通过这个气室;参比气室可以是工厂封闭的内无 CO_2 的空气的气室,或充入 N_2 的气室,也可以做成气体通过室,这样可确保仪器的使用有较大的灵活性。

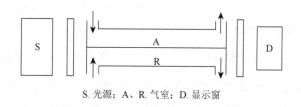

S. 光源;A、R. 气室;D. 显示窗

图 4-15 双气室红外线 CO_2 气体分析仪结构示意图

3. 检测器

红外线辐射能能否被检测,是 CO_2 气体分析仪成败的关键。目前世界各国用以检测红外线辐射能的检测器种类较多,概括起来有两类。

第一类是光导检测器,这类检测器是一类半导体的物质(如锑化铟,InSb),因红外辐射引起其电阻改变而被检测。目前绝大多数红外线 CO_2 气体分析仪采用这一检测原理,该原理在 QGD-07 型红外线 CO_2 气体分析仪工作原理中详细叙述。

第二类是一种气体热敏计,常称薄膜微音器。20 世纪 90 年代以前生产的用于测量植物 CO_2 代谢量的红外线 CO_2 气体分析仪,多采用这类检测器。现以 FQ-III 型红外线 CO_2 气体分析仪为例简介如下。

1)薄膜微音器基本构造与特点

这种气动检测器,最早由美国设计,形式颇像现代电话耳机膜片的装置,称为单边式微音检测器(图 4-16)。它的工作原理是热辐射使膜片一侧气压变化,并使其与固定电极间距离缩小,电容量增加,从而达到检测外热的强度。

目前所采用的微音器都是双室检测电容器,其基本构造是由两个检测室和密封在壳体内一个薄膜电容构成,图 4-17 这种检测器为并列式,还有一种两个检测室为串联式。一般检测器中均充满与待测气相同的气体,CO_2 气体分析仪充满固定浓度的 CO_2 气体。

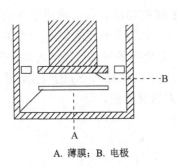

A. 薄膜；B. 电极

图 4-16　单边式微音检测器

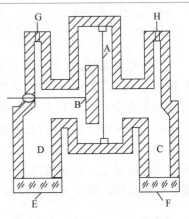

A. 薄膜；B. 固定电极；C、D. 接收室；

E、F. CaF$_2$ 晶片；G、H. 充气孔

图 4-17　双室检测电容器微音器

薄膜微音器的工作原理的特性是：①红外线辐射能首先转化成气体热能，因而其灵敏度决定于气体的性质和充气的压力。这样就可根据需要选择封入检测室中的气体类别。一般以与待测气相同为好，可以避免干扰成分，以保持较高灵敏度。②在保证温度增加不大的前提下，辐射能可能直接引起检测室气体压力改变，造成膜片平衡位置的变化，从而转变为电容量的变化，达到检测红外线辐射能的目的，故称薄膜微音器为检测电容器。如果把电容差调制为低频电信号，经放大，转变为相应 CO$_2$ 量（μL/L），就可知被检测的 CO$_2$ 浓度。这种检测器只要设计好膜片与平板电极的距离，即可获得高灵敏度。如果距离过短，易短路。国产 FQ 系列仪器，间距 $D = 0.05 \, mm$。③这种检测器致命弱点是漏气。④检测器内的膜片对机械振动十分敏感，所以分析仪应安放在平稳处使用。

2）薄膜微音器的工作过程

①通气前（微音器）膜片两边压力相等→通气后参比气室 N$_2$ 分析气室 CO$_2$→红外线辐射能不变、压力不变/红外线辐射能减少、压力减少→检测器膜片两边压力不等→平板电极距离缩短→电容量改变→电信号放大→表头显示 CO$_2$ 气体浓度。

②参比气室和分析气室→遮光→检测室两边气体相通→气压平衡→膜片复原→表头为"0"。

二、红外线 CO$_2$ 气体分析仪的类型与工作原理

1. QGD-07 型红外线 CO$_2$ 气体分析仪工作原理

QGD-07 型红外线 CO$_2$ 气体分析仪（IRGA）结构主要由气室、旋转调制筒（红

外光源和滤光片）、检测器三部分组成。

该仪器为单光路结构，光源和滤光系统安放在一旋转调制筒上，中间的光源 A，为一直径 0.07 mm 的镍铬合金丝绕制成 20 Ω 的螺旋形圆柱体，被密封在一个有高度内反射表面的镀金壳体内，当向它加 3.4 V 电压时，温度可升至 850℃ 左右。发射出 0.7～7 μm 的连续波长的红外线辐射，辐射从宝石窗口输出到达干涉滤光片，干涉滤光片有两组，每组三片，以 60° 间隔相间排列。其中一组为分析滤光片，只让（4.26±0.1）μm 波长的红外线透射；另一组为参比滤光片，透过波长为（3.9±0.15）μm，这一波长的红外线不被 CO_2 吸收，红外线透过滤光片后形成断续的红外线辐射，实质上是两个相互交替的不同的红外辐射脉冲序列。它们经气室 B（气室是一个内径为 8 mm、长 170 mm 的内壁镀金两端有气口的圆筒）到达检测器 C。检测器是光电导型锑化铟半导体元件，照射到锑化铟检测器上的红外线足以使半导体的束缚电子激发形成自由电子，从而使锑化铟半导体形成电子空穴对，使半导体的电阻下降，其下降情况和红外线辐射能有关，而红外线辐射能又受气室内 CO_2 浓度影响，因而电阻也随 CO_2 浓度变化而变化。当对半导体外加一个稳定电流时，由于受电阻变化的影响，输出的信号电压也随 CO_2 浓度变化而变化。在调零时，供给气室无 CO_2 的零气，光源发出的红外线经两组滤光片、气室到达检测器形成两个电压信号，通过调零旋钮使两者电压相等，都等于透过 3.9 μm 红外线时的电压，此时两者之间电位差为零，此乃零点信号。分析测定时，CO_2 气体通过气室，由于通过参比滤光片 3.9 μm 波长的红外线不被 CO_2 吸收，能量不变，形成的参比电信号不变，而透过分析滤光片 4.26 μm 波长的红外线被 CO_2 吸收一部分使能量减少，因而形成的分析电信号也改变，这两种信号的差值恰恰反映了 CO_2 对 4.26 μm 波长的红外线的吸收情况。这两种信号之间的电位差经放大后，以三种形式表现出来，第一种是以电流的形式在仪器表头上指示出来，第二种以 0～10 mV 的电压形式在仪器背后配以 0～10 mV 的自动记录仪上指示出来，第三种是以 0～200 mV 的电压形式在仪器背后配以 200 mV 的数字显示万用电表上指示出来，可根据需要选择其中一种指示方法。一般多采用表头直读电流和配以自动记录仪的方法。在调整仪器零点时，由于仪器零点即两种信号相等是通过调零旋钮来实现的，零点的准确程度影响整个量程的每一个数值，所以在调零时应特别细心。

2. FQ-W 型红外线 CO_2 气体分析仪工作原理

该仪器为双气室双光路结构，主要由光源、气室、检测器、调零和校正装置组成。光源为镍铬合金丝组成的红外线辐射源，通电后加热到 700℃ 产生连续波长的红外线辐射。经平面反射镜和斜面反射镜将红外线分成两束平行光线，分别射向左右气室，在光源和气室之间有同步电机带动的切光片，以一定频率调制成断续的红外线辐射。

当左右两气室通过零气时（零气可用除去了水分和 CO_2 的空气或氮气）。两束平行光线分别穿过左右气室到达左右接收室，左右接收室密封，内充有 5% CO_2 吸收了照射来的光束中的 4.26 μm 波长的红外线，调整遮光板使到达左右两接收室的 4.26 μm 波长的红外线能量相等。左右两接收室的 5% CO_2 吸收 4.26 μm 波长的红外线辐射后引起了室内气体的膨胀，产生压力，由于两接收室压力相等，相同的压力作用于中央的薄膜微音器，该微音器是一个以铝箔为动极和以铝合金圆柱体为定极构成的电容器，使动极保持平衡，此时电容器处于充电状态，因而没有信号输出，此时仪器指针在零点。当向右气室改为通过具有一定 CO_2 浓度的样本气时，使穿过右气室的红外线辐射的能量降低，因而到达右接收室的能量减少，形成的热量小、压力小，从而使左右接收室对薄膜动极形成不同的压力，使得薄膜动极失去平衡而位移，引起电容器动极与定极间距离的改变，导致电容量变化产生电信号。由于切光片旋转周期性地掩蔽光路，使得电容器电容随切光片的频率变化而同步变化。因此，产生了电容器的充放电电流，该信号电流经放大器放大反映到表头指示，并由记录仪记录下来。

FQ-W 型红外线 CO_2 气体分析仪有两种类型，原设计为参比式，参比气室充以纯的氮气并加密封，分析气室则透过待测气流，待测气流中因含有 CO_2，吸收了一部分红外线辐射能，使检测室中接收到的红外线辐射能减少，引起微音器两侧压力不平衡。这种设计测出的数值是待测气体中 CO_2 的绝对值。由于光合作用测定中需要知道的是参比气和样本气的 CO_2 浓度差，用上述测定设计时，需先测参比气，再测样本气，两者反复交替测定，不但费工费时，而且参比气中 CO_2 浓度的波动会给测定带来较大的误差；另外，CO_2 绝对值的测量必须使量程至少达到 350 mg/L，测量的精度受到了限制。为了克服这些缺点，后改为差比式气路，将参比气室由密封改为通过参比气，分析气室则通入经过叶室的样本气体。这样，测出的结果直接反映了参比气与样本气中 CO_2 浓度的差值，不仅节约了工时，而且减少了测量误差，提高了精度。若想利用后一种设计测定空气中 CO_2 浓度的绝对值，只要使参比气室通过无 CO_2 的气流即可。

3. GXH-305 型便携式红外线 CO_2 气体分析仪

该仪器的工作原理与 QGD-07 型红外线 CO_2 气体分析仪的工作原理完全相同，但仪器的性能有了较大的改进，具有下列特点。

（1）测定空气中 CO_2 浓度时，不受空气中水分的干扰，被检测的气体不需要安装吸水装置。

（2）采用交流和直流两种供电方式，仪器内部带有充电线路，可直接对仪器内的蓄电池进行充电，携带方便，适合于各种环境条件的测定。

（3）仪器内部安装了供气气泵和切换阀转换气路，避免了以往用手改接气管切换气路的方法，使用极为方便。

（4）测定结果线性输出，液晶数字显示，直接读取 CO_2 浓度（μL/L）。

4. TPS-1 便携式光合作用测定系统

英国 PP Systems 公司研制的 TPS-I 便携式光合作用测定系统（以下简称 TPS 系统）是一个可以同时测定植物叶片的 CO_2 同化作用即光合作用、呼吸作用和蒸腾作用的系统，它具有以前型号 IRGS-1 光合系统的大部分功能，但操作更简单，并可与计算机相连，进行数据的处理和储存。其基本操作流程见图4-18。

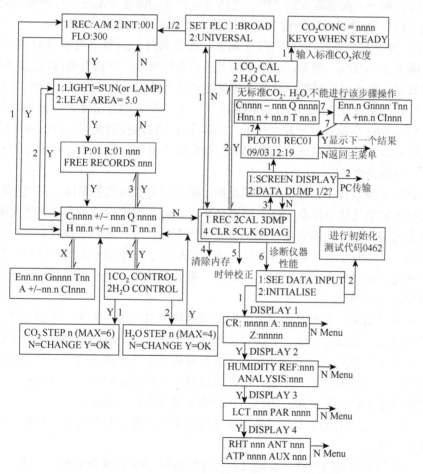

图 4-18　TPS-1 便携式光合作用测定系统操作步骤图

TPS 系统提供一个通用叶室，可以用于各种叶片、芽和果实的测定。配置的光源和一系列透光度不同的遮光板，可在不同强度的光下进行光响应的测定。

TPS 系统为开放式气路。叶片放在一个带有一个可照光窗口的完全密闭的叶室中，经过叶室的气体流量，以及进入叶室气体中的 CO_2 和 H_2O 浓度（参比气）和流出叶室气体中的 CO_2 和 H_2O 浓度（分析气）被测定。为了测定 CO_2 和 H_2O 浓度，在 TPS 系统中有一个单气室 CO_2/H_2O 分析仪及参比气与分析气的转换开关。根据气体的流量速率及 CO_2 和 H_2O 浓度的变化计算出同化速率和蒸腾速率。

（1）CO_2/H_2O 分析仪测定原理。CO_2 对红外线的最大吸收波长是 4.26 μm。TPS 系统利用这一吸收特点测定 CO_2 的浓度。分析仪是由一个红外光源（一个小钨丝灯）和一个内部高度抛光的、气体可以经过的镀金管组成，红外光源安装在镀金管的一个末端，镀金管的另一端是一个红外检测器，检测器有一个只允许 4.26 μm 波长的红外线通过的窗口，所以检测器只对 CO_2 做出响应。CO_2 的理论分析范围是 0~100%，然而，由于不同气体的吸收特征，它的有效范围是由吸收路径的长度、红外线的强度、检测器的精度和系统的信噪比决定的。TPS 系统吸收路径的长度最适合 2000 μL/L 的 CO_2 浓度（大气中的 CO_2 浓度大约 360 μL/L）。

TPS 系统不需要进行温度校正，仪器设计了恒温控制装置，对气室进行自动恒温控制，并且气体在进入气室前被平衡到这个温度。气室中绝对压力的变化由内置传感器补偿。

TPS 系统设计了自动定期调零功能，所以具有优良的稳定性，在调零时经过分析仪气室的气体中没有 CO_2。通过调零可以最大限度地减小由于气体灵敏度、样品室污染、红外光源老化、检测器灵敏度变化、放大器的增益或参比电压产生的影响。调零几乎每分钟都在进行，调零读数用于补偿信号水平的变化。吸收比率和浓度之间的关系，在仪器出厂时由厂家负责检定，用户根据其电流校正因数即可确定样品浓度。

水蒸气压由一个电容传感器测定。电容传感器是由一个涂有双层金属层和一层聚合体的小玻璃片组成，导线焊接到两个金属层，传感器安装在一个可以测定它的电容量的电路中。聚合体层的含水量取决于空气中水蒸气压，聚合体的电容量取决于聚合体本身的含水量，所以通过校正可以测定空气中的含水量。水蒸气压的浓度用 mL/L 或 μL/mL 表示，这种表示称作毫巴（mbar）。

CO_2 和 H_2O 的测定是通过测定参比气体的绝对浓度和参比气与分析气的浓度差值来实现的。

（2）TPS 系统的气路。参比气和分析气通过 TPS 系统顶部面板的两个端口进入分析仪，并且被输送到一个螺旋阀（控制阀），这个转换开关（SV1）每 4.8 s 在参比气和分析气之间转换一次。然后气体经过湿度传感器，流出湿度传感器的气体，或者直接进入样品泵，分析气体中的 CO_2 浓度，或者通过碱石灰管吸收掉气体中的 CO_2 再进入分析仪用于调零。气体的路径取决于控制阀（SV2）的转换位置，在每分钟有 4.8 s 控制阀（SV2）转向调零。气体通过气泵和红外线 CO_2 气体分析室，然后经过质量流量计排出，质量流量计控制泵的流量为 200 mL/min。排气口在 TPS 系统前面板的两支干燥管之间。

（3）叶室的供气气路通过 TPS 系统前面板上的进气口向叶室中提供环境气体（图 4-19），然而这很可能会受我们的呼吸、车辆尾气或烟囱排放影响而引起 CO_2 浓度的大幅度波动，在光合作用测定过程中，需消除这些影响使 CO_2 浓度相对稳定。一般的做法是使气体进入分析仪前先通过一个大体积的容器，对于 TPS 系统可以利用机箱的空间，所以靠近空气进口（AIR IN）的是一个与机箱体连接的管子，在正常测定时这些管子应该连接在一起。气体从进气口进入后，紧接着进入两个控制阀 SV4 和 SV3，这两个控制阀可以控制空气进入 CO_2 吸收管及干燥管，因此可以控制 CO_2 浓度和水汽浓度。然后气体进入一个混合室以消除控制阀的脉冲，这个混合室有两个出口管，气体样品通过其中一根管子到顶部面板的一根管子，这个管子连接到参比分析仪进口，为参比分析仪提供分析气样。另一个出口管使气体通过质量流量计和泵，再进入叶室，流量控制在 300 mL/min。

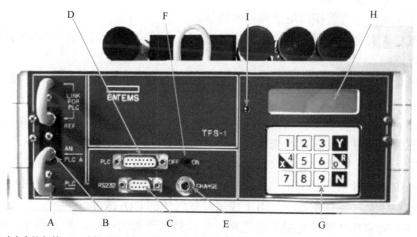

A. 连接叶室参比气管；B. 连接叶室分析气管；C. 连接数据传输线；D. 连接叶室；E. 连接充电器；F. 电源开关；G. 操作键盘；H. 显示屏；I. 显示屏亮度调节孔

图 4-19　TPS-1 便携式光合作用测定系统前（正）面结构图

（4）电源。TPS 系统由一个内置的 12 V 电池作为电源，或者用一个外部电源，这个外部电源可同时为内置电池充电，也可以用一个外部电池作电源。内置电池是一个 12 V、7.0 A 密封的铅酸电池，电池的使用时间取决于充电的情况、电池的容量（随着使用时间的延长容量减少）和环境温度（决定分析气室恒温所需要的电量）。

（5）键盘 0~9 为正常的数字输入键。

Y = Yes，接受一个显示或一个数值，并且进入下一个显示时按此键。

N = No，结束一个操作时按此键。

R = 在测量状态下，按此键记录显示的数据。

X = 转换，在测量状态时，按此键在测定数据和计算结果的数据之间交替显示。

（6）液晶显示器。液晶显示器有 16 个字符 2 行，在显示屏的左侧有一个小孔，可以用一个螺丝刀调节电位器来控制显示器的对比度。在高温时显示屏变暗以致难以认清，但 TPS 系统仍然继续工作。

（7）气路连接。在 TPS 系统面板左上方标注着 4 个气管连接口（图 4-19）。

顶部的管子是一个可以使参比气流到叶室的连接管，可以取掉。但是当 TPS 系统与叶室连用时，应该用一根管子将顶部的气体连接口与紧挨着下面的一个标有"REF"的气孔连接口连接。

REF 是分析仪参比气流的进气管，校正时，校正气体应该通过一个三通管直接与这个进气管连接。

下面的两个气管接口用于与叶室连接。

PLC A 是分析气路的进气管，叶室管子上标有"A"，有"A"标记的管子与该气管连接。

PLC R 是叶室气体供应出口，叶室管子上标有"R"，有"R"标记的管子与该出气口连接。

（8）控制 CO_2 和 H_2O 的吸收管。TPS 系统上装有 4 个吸收管（图 4-20），每个吸收管中装有化学试剂用来吸收或控制 CO_2 和 H_2O。当 TPS 系统在正常的垂直位置时，从左到右吸收管依次为：A 管，装有碱石灰，用于吸收气路中的 CO_2，为分析仪调零提供无 CO_2 的气体；B 管（2 个），装有干燥剂，用于控制叶室气体的湿度；C 管，装有碱石灰，用于控制叶室气体的 CO_2 浓度。

（9）叶室和计算机电插头的连接。串行数据连接器——计算机的连接插口是在前面板上标有"RS232"的 9 针 D 型插口。叶室电源信号插头连接——叶室是连接到 TPS 系统前（正）面板上标有 PLC 的 15 针 D 型插口上。连接叶室时，应将插头牢固插到正确的位置上。

（10）TPS 系统排气口。分析仪的排气口靠近面板顶部的两个干燥管之间。排气口一定不能堵塞，气体应该以 200 mL/min 的流速流出，并且在这一点测定的流速可以测试分析仪气泵是否正常工作。

A、C. 碱石灰管；B. 干燥剂管；D. 空气进气口；E. 水分平衡器

图 4-20　TPS-1 便携式光合作用测定系统背（反）面结构图

三、红外线 CO_2 气体分析技术的应用

凡是植物生命活动过程中有 CO_2 的吸收与释放，CO_2 的变化量都可以用红外线 CO_2 气体分析仪检测，并换算为相应生理、生化指标。红外线 CO_2 气体分析仪是智能化仪器，检测的 CO_2 的变化量以电信号的形式输出，易与计算机连接，实现自动化控制。目前较先进的光合作用测定系统，全部实行计算机控制，自动控制 CO_2、光照强度、温度和空气中的湿度等，进行各种条件下的光合速率测定。国内应用的光合作用测定系统主要有 CIRAS-1、TPS-1、LI-6400、LCA-4、YZQ-100E 等型号。

目前运用红外线 CO_2 气体分析技术较为广泛的有下列几个方面。

1. 净光合速率的测定

将分析仪和装有植物叶片的同化室按照一定的气路系统连接，在田间或室内一定光强下，以适当气体流量，通气数分钟即可准确测得植物叶片吸收 CO_2 的量。根据测定的流量、温度、植物叶片同化 CO_2 的面积，即可计算出净光合速率（net photosynthetic rate）或表观光合速率（apparent photosynthetic rate）。

2. 光补偿点的测定

将植物放在同化室内，以由高到低的光照强度处理，并分别测定在各光照强度下的 CO_2 变化量。当测得某一光照强度下，通入稳定 CO_2 浓度维持不变时，说明此时植物呼吸释放的 CO_2 和光合作用吸收的 CO_2 相等，该光照强度即为待测材料的光补偿点（light compensation point，LCP）。

3. 光饱和点的测定

将植物置于同化室内，由高到低变化光照强度，并分别测定该植物的光合速率。当某一高光照强度下，其光合速率最大，即便再增加一级强度，光合速率也不会增大，甚至下降。那么达到最大光合速率时的最低光照强度即为该植物的光饱和点（light saturation point，LSP）。

4. CO_2 补偿点的测定

将植物置于同化室内，以相应的饱和光照强度照光。将分析仪与同化室连成封闭气路。测定中，材料呼吸作用释放 CO_2 的量与光合作用吸收的 CO_2 量相等时，CO_2 浓度不变。此时仪器指示的 CO_2 浓度即为该植物的 CO_2 补偿点（CO_2 compensation point）。

5. 光呼吸速率的测定

将植物放置于同化室内，以相应的饱和光照强度照光。将分析仪与同化室连成封闭气路，循环进入同化室的气体经过碱石灰管，使进入气为零气。叶片在光下释放的 CO_2 量减去在暗中释放的 CO_2 量（呼吸速率）即可计算出光呼吸速率（photorespiration rate）。也可以采用另一种更为准确的方法，即测定低氧下（$2\%O_2$，340 μmol/mol CO_2）的光合速率与常量供氧条件下光合速率的差值。

6. 田间光合速率的测定

一般携带式分析仪均可直接在田间获得测定结果。应用 FQ-III 或 FQ-W 型红外线 CO_2 气体分析仪测定田间作物的光合速率，必须采用大气采样器和无缝塑料袋，从田间植物体取得样本气（经过待测植物同化 CO_2 后的气体）和对照气（未经过植物同化 CO_2 的气体），带入室内测定两者 CO_2 浓度的差值。

7. 植物呼吸速率的测定

将待测植物放置于一定温度的黑暗中预处理若干小时；然后将植物放入不透

光的同化室中，在与预处理相同的条件下，检测 CO_2 浓度的增加量。根据流量、温度、CO_2 量及植物质量，即可计算出呼吸速率（respiration rate）。

【思考题】

（1）红外线辐射和 CO_2 吸收红外线辐射有何特点？

（2）红外线 CO_2 气体分析仪有哪几种类型？主要工作原理如何？

（3）红外线 CO_2 气体分析技术的特点是什么？应用在哪些方面？

第四节　光学分析技术

光学分析技术（optical analysis）是基于电磁辐射与物质相互作用后产生的辐射信号或发生的变化来测定物质的性质、含量或结构的一类分析方法。

光学分析技术可分为光谱法和非光谱法两大类。光谱法是基于物质与辐射能作用时，测量由物质内部发生量子化的能级之间的跃迁而产生的发射、吸收或散射辐射的波长和强度并进行分析的方法。它主要包括光学光谱（如原子吸收、紫外-可见光、荧光分析、原子发射等）和其他光谱（如核磁共振、顺磁共振、X 射线荧光等）等分析方法。非光谱法是基于物质与辐射相互作用时，测量辐射的某些性质，如折射、散射、干涉、衍射、偏振等变化的分析方法。它主要包括折射法、偏振法、旋光法、圆二色光谱法、X 射线衍射法等。

光学分析技术是现代仪器分析中应用最为广泛的一类分析技术，特别是其中利用紫外光、可见光、红外光和激光等测定物质的吸收光谱，并以此吸收光谱对物质进行定性、定量分析和结构分析的分光光度技术，因其灵敏度高、测定速度快、应用范围广，成为了植物生理学、生物化学及食品、医药、农业科学等各个研究领域中必不可少的基本分析测试手段之一。本节主要介绍光学分析技术中的紫外-可见光分光光度法、原子吸收分光光度法、火焰光度法、荧光分光光度法以及旋光分析法的基本原理、仪器构造及其在植物生理、生物化学等领域中的应用。

一、紫外-可见光分光光度法

光线是高速运动的光子流，也是具有波长和频率特征的电磁波。光子的能量与频率成正比，与波长成反比。通常将两个相邻波峰之间的距离称为光的波长。自然界中存在各种不同波长的电磁波，根据其波长的不同，一般把波长在 400～750 nm、肉眼可以观察到的光称为可见光；波长在 200～400 nm、肉眼观察不到的光称为紫外光；而波长大于 750 nm 的光称为红外光。表 4-3 列出了各种单色光的波长范围。

表 4-3　光波的波长与区带

光波		波长/nm	光波		波长/nm
紫外光	UV-C	<280	可见光	黄绿光	560~580
	UV-B	280~320		黄色光	580~600
	UV-A	320~390		橙色光	600~650
可见光	紫色光	400~450		红色光	650~750
	蓝色光	450~480	红外光	近红外光	750~2500
	青色光	480~490		中红外光	2500~25000
	蓝绿光	490~500		远红外光	25000~40000
	绿色光	500~560			

　　各种物质对光的吸收都具有选择性，不同物质由于其分子结构不同，对不同波长光线的吸收能力也不同，因此，每种物质都具有其特异的吸收光谱。有些无色溶液，虽然对可见光无吸收作用，但所含物质可以吸收特定波长的紫外光或红外光。紫外-可见光分光光度法就是根据待测物质分子对紫外光及可见光谱区光辐射的吸收特征和吸收程度，对物质进行定性、定量的分析方法。分光光度计是利用分光光度法对物质进行定量、定性分析的专用仪器。

（一）紫外-可见光分光光度法的基本原理

　　朗伯-比尔（Lambert-Beer）定律是光吸收的基本定律，也是紫外-可见光分光光度法的定量依据和基本计算式，它是由朗伯定律和比尔定律综合而成的。

1. 朗伯定律

　　当一定波长的单色光照射通过待测物质有色溶液时，由于有色物质分子吸收了一部分光能，使透射光的强度减弱。若溶液浓度不变，则溶液的厚度越大（即光在溶液中所经过的途径越长），光强减低越显著。

$$A = K_1 L \qquad\qquad (4\text{-}12)$$

式中，A 为溶液中溶质的吸光度（absorbance），又称为光密度（D）（optical density）；

K_1 为比例系数，其值取决于入射光的波长、溶液的性质和浓度以及溶液的温度等；L 为溶液液层的厚度。

式（4-12）表明，当溶液中待测物质的浓度不变时，吸光度与溶液液层的厚度成正比（即当单色光通过某种吸光物质时其光强随吸光物质液层厚度的增长而呈指数减少），这就是朗伯定律。

2. 比尔定律

当一束单色光通过溶液后，溶液液层的厚度不变而溶液的浓度不同时，则溶液的浓度越大，吸收光的强度越强，几者之间的定量关系如下：

$$A = K_2 c \tag{4-13}$$

式中，K_2 为比例常数，其值取决于入射光的波长、溶液的性质、溶液液层的厚度及溶液的温度等；c 为溶液的浓度（mol/L）。

式（4-13）表明，当溶液液层的厚度不变时，吸光度与溶液的浓度成正比，这就是比尔定律。

3. 朗伯-比尔定律

如果同时考虑液层的厚度和溶液的浓度这两种因素对光吸收的影响时，则必须将朗伯定律和比尔定律合二为一，便得到朗伯-比尔定律。即溶液的吸光度与溶液的浓度和液层厚度的乘积成正比。其数学表达式为

$$A = \log \frac{I_0}{I_t} = \varepsilon L c \tag{4-14}$$

式中，I_0 为入射光强；I_t 为透射光强；ε 为物质的摩尔吸收系数（molar absorption coefficient），其值相当于 $L = 1$ cm，$c = 1$ mol/L 时，在一定波长下的吸光度，它是物质的特征常数。

从式（4-14）可见，透射光强（I_t）的改变与待测样品的溶液浓度（c）和液层厚度（L）有关。即待测溶液浓度越大，液层越厚，透射光强也就越弱。

紫外-可见光分光光度法所依据的基本原理就是朗伯-比尔定律。

（二）分光光度计的基本构造

通常将能从各种波长的混合光中将每一单色光分离出来，并测定其强度的仪器称为分光光度计。分光光度计是一种依靠光栅或棱镜提供单色光的复杂且较精密的一类比色分析仪器。因使用的波长范围不同而把分光光度计分为紫外光区、可见光区、红外光区及万用（全波段）等多种类型。无论是哪一类分光光度计，

它们都主要由下列五个基本部件所组成，即光源、单色器、比色杯、检测系统和测量装置（图 4-21）。

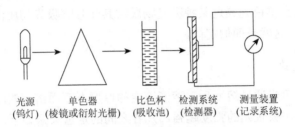

光源   单色器   比色杯 检测系统   测量装置
(钨灯) (棱镜或衍射光栅) (吸收池) (检测器) (记录系统)

图 4-21　普通分光光度计基本结构示意图

1. 光源

一个良好的光源要求具备发光强度高、光亮稳定、能提供所需波长范围的连续光谱和使用寿命长等特点。分光光度计上常用的光源有白炽灯（钨灯、卤钨灯等）、气体放电灯（氢灯、氘灯及氙灯等）和金属弧灯（各种汞灯）等多种。

钨灯和卤钨灯发射 320～2000 nm 连续光谱，最适宜的工作范围为 360～1000 nm，稳定性好，通常可用作可见光分光光度计的光源。氢灯和氘灯能发射 150～400 nm 的紫外光，可用作紫外光分光光度计的光源。红外线光源则由纳恩斯特（Nernst）棒产生，此棒由 $ZrO_2 : Y_2O_3 = 17 : 3$（Zr 为锆，Y 为钇）或 Y_2O_3、GeO_2（Ge 为锗）及 ThO_2（Th 为钍）的混合物制成。汞灯发射的不是连续光谱，能量绝大部分集中在 253.6 nm 波长处，一般用于波长的校正。

钨灯在出现灯管发黑时、氢灯及氘灯在使用一定时间后须及时更换，具体的安装、校正可按照仪器说明书进行。

2. 单色器（分光系统）

分光光度法测定某一物质的吸光度时需要在某一特定波长下进行。单色器的作用就在于根据测定需要提供一定波长范围的单色光。单色光是指在此波长有最大发射，而在相邻较长和较短波长范围内的发射能量较少的光。单色光的波长范围越窄，仪器的敏感度越高，测量的结果越可靠。

单色器是指能够从混合光波中分解出所需单一波长光的装置，一般由棱镜（prism）或衍射光栅（diffraction grating）构成。

用玻璃制成的棱镜色散力强，但只能在可见光区工作；石英棱镜工作波长范围为 185～4000 nm，在紫外光区有较好的分辨率，而且也适用于可见光区和近红外光区。波长越短，棱镜的色散程度越好；波长越长，棱镜的色散程度越差。因此，使用棱镜的分光光度计，其波长刻度在紫外光区可达到 0.2 nm，而在长波段只能达到 5 nm。

有的分光系统是衍射光栅，即在石英或玻璃的表面上刻画许多平行线（15000/2.45～30000/2.45 cm），由于刻线处不透光，于是通过光的干涉和衍射现象而使得较长的光波偏折的角度大，较短的光波偏折的角度小，因而就形成了光谱。

在单色器与比色杯之间，由一对隔板在光通路上所形成的缝隙被称为狭缝，它用于调节入射单色光的纯度和强度，并使入射光形成平行光线，以适应检测器的需要，也直接影响着分光光度计的分辨率。分光光度计的狭缝可在 0～2 nm 宽度内调节，由于棱镜色散力随波长不同而变化，较先进的分光光度计的狭缝宽度可随波长一起被调节。

3. 比色杯

比色杯也被称为样品池、吸收池、比色皿等，一般是由无色透明的玻璃或石英等制成，有 0.5 cm、1.0 cm、2.0 cm、3.0 cm 等不同光径的规格。普通玻璃比色杯适用于可见光范围，紫外光区测量时则须选用石英比色杯。

4. 检测系统（检测器）

检测系统是完成光电信号转换的装置。分光光度计的检测系统有两种类型：一种是光电池，另一种是光电管。光电池的组成种类繁多，最常见的是硒光电池。光电池受光照射产生的电流较强，可直接用微电流计量出。但当连续照射一段时间后会产生疲劳现象而致使光电流下降，必须在暗中放置一段时间后才能恢复。因此，在使用过程中不宜长期连续照射，需随用随关以防止光电池因疲劳而产生测定误差。

光电管具有一个阴极和一个阳极，阴极是用对光敏感的金属（多为碱土金属的氧化物）做成的。当光射到阴极且达到一定能量时，金属原子中的电子发射出来。光越强，光波的振幅越大，电子放出越多。电子是带负电荷的，因而被吸引到阳极上而产生电流。

光电管产生的电流很小，所以还需要进一步放大，在分光光度计中通常采用电子光电倍增管，它可将第一次发射出的电子数目放大到数百万倍，从而大大提高了测量的灵敏度。

5. 测量装置（记录系统）

检测器所产生的光电流以某种方式转变成模拟的或数字的结果，最终经过测量装置记录并显示。一般常用的紫外-可见光分光光度计的测量装置主要包括三种，即电流表、波长分度盘和测量读数盘。现代的仪器还常附有自动记录器并与计算机连用，可自动描出吸收曲线并打印出测定结果。

（三）紫外-可见光分光光度计的几种常见类型

1. 722 型光栅分光光度计

722 型光栅分光光度计是一种改进型的单光束紫外-可见光分光光度计，它能在近紫外光及可见光区内对样品物质做定性和定量的分析。采用了光栅自准式色散系统和单光束结构光路。

1）仪器结构

722 型光栅分光光度计由光源室、单色器、试样室、光电管、线性运算放大器、对数运算放大器及数字显示器等部件组成。722 型光栅分光光度计由于采用了光栅自准式色散系统和单色光束结构光路、四位数读数装置，操作方便（图 4-22 和图 4-23），其灵敏度大大高于 721 型等其他同类的紫外-可见光分光光度计。

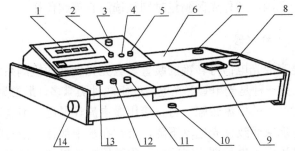

1. 数字显示器；2. 吸光度调零旋钮；3. 选择开关；4. 吸光度调斜率电位器；5. 浓度旋钮；6. 光源室；
7. 电源开关；8. 波长手轮；9. 波长刻度窗；10. 试样架拉手；11. 100%T旋钮；12. 0%T旋钮；
13. 灵敏度调节旋钮；14. 干燥器

图 4-22　722 型光栅分光光度计外形图

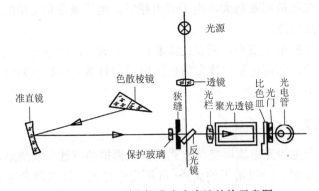

图 4-23　722 型光栅分光光度计结构示意图

2）使用方法

①准备工作。使用仪器前，使用者首先应该了解仪器的结构和工作原理，以及各个操作旋钮的功能。在未接通电源前，应该对仪器进行检查，电源线接线应牢固，接地要良好，各个调节旋钮的起始位置应正确，然后再接通电源开关。

②调节灵敏度。将灵敏度调节旋钮调至"1"挡（放大倍率最小）。

③预热仪器。开启电源，选择开关置于"T"，波长调至测试用波长，预热 20 min。

④调透光度"0"。打开试样室盖（光门自动关闭），调节"0%T"旋钮，使数字显示为"00.0"。

⑤调节透光度"100"。盖上试样室盖，推动试样架拉手，将空白（参比）溶液置于光路中，调节"100%T"旋钮，使数字显示为"100.0"（若不能调至"100.0"，适当增加微电流放大器的倍率挡数，重复步骤④至⑤操作）。

⑥透光度的测量。推动试样架拉手，将标准溶液或被测溶液置于光路，显示器即显示待测溶液的透光度（T）。

⑦吸光度的测量。按步骤④和⑤分别调整仪器的"00.0"和"100.0"后，将选择开关置于"A"，把空白或参比溶液置于光路，旋动"吸光度调零"旋钮，使数字显示为"00.0"，再将待测溶液移入光路，即可在数字显示器上显示溶液的吸光度。

⑧浓度的测量。选择开关由"A"旋至 C"，将已标定浓度的样品推入光路，调节"浓度"旋钮，使得数字显示为其标定值，再将被测样品放入光路，即可在数字显示器上读出被测溶液的浓度。

⑨如果大幅度改变测试波长，因光能量变化急剧，光电管受光后响应缓慢，需一段光响应平衡时间，待稳定后，重新调整"0%T"和"100%T"后即可工作。

⑩每台仪器所配套的比色皿，不能与其他仪器上的比色皿单个调换。

⑪仪器数字后盖，有 0～1000 mV 信号输出，插座 1 脚为正接地线，2 脚为负接地线。

2. 751 型分光光度计

751 型分光光度计是一种较高级的分光光度计，它可用于测定各种物质在紫外光区、可见光区和近红外光区内的吸收光谱及吸光度，其工作波段为 200～1000 nm。在波长为 320～1000 nm 时，以钨灯作为光源；在波长为 200～320 nm 时，用氢灯作为光源。

1）仪器结构

仪器结构如图 4-24 所示。由光源发出的连续辐射光通过凹面透镜，被反射到平面反光镜，然后再反射至入射狭缝（石英窗 S_1）上，由此入射到单色器内。而狭缝 S_1 正好位于球面准直镜的焦面上，因此入射光到达物镜（准直镜），经反射后就以一束平行光线射向石英棱镜，光线再以最小偏向角射入棱镜后发生色散。由于入射光在铝面上反射后并不依原路返回，因此从棱镜色散出来的光线经准直镜反射，聚在出射狭缝（石英窗 S_2）上，形成一光谱带。只要转动棱镜或准直镜的入射角，便可以让不同波长的光谱线落在出口狭缝上。为了消除杂散光对测量结果的影响，在出射狭缝后装有滤光片架，上面有两块滤光片（365 nm 及 580 nm 波长各一块）及一个无滤光片的圆孔。根据需要可在此处装上不同规格的滤光片，光线通过滤光片后，进入样品室，其中可放 4 只比色皿。为了使光集中照射到光电管阴极上，在出射狭缝后装有石英透镜。若用紫外光测定时，光源是氢弧灯，比色皿必须使用石英或熔化的硅石制品（图 4-24）。

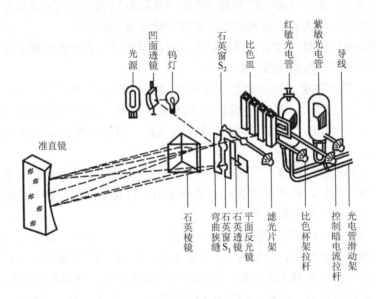

图 4-24　751 型分光光度计仪器结构图

2）使用方法

①在电源电压与仪器要求电压相符时，插上电源插头。

②选择相应波长的光源灯。钨灯的波长范围为 320～1000 nm，氢弧灯的波长为 320 nm 以下。拨动光源灯座的把手，即可将选用的光源灯置于光路中。

③仪器各种开关和旋钮处于关闭位置时，打开电源开关，预热 20 min 左右。使用石英比色杯。比色杯盛入溶液后，放在比色杯架上，然后再放入暗箱内，盖好盖板。此时，空白溶液的比色杯应恰好处于光路中。

④选择适当的光电管。测定光波在 200～650 nm，用紫敏光电管，应将手柄推入；若在 650～1000 nm，用红敏光电管，应将手柄拉出。

⑤将选择开关扳到"校正"处。转动选择波长的旋钮，使波长刻度对准所需的波长。

⑥调节"暗电流"旋钮，使电表指针对准"0"位置。为了得到较高的准确度，每测定一次都应校正暗电流一次。

⑦调节"灵敏度"旋钮。在正常情况下，从左面"停止"位置顺时针方向旋转 3～5 圈。

⑧转动"读数盘"旋钮，使刻度处于透光度（T）100%的位置。打开选择开关到"×1"拉开闸门。使单色光进入光电管。

⑨调节"狭缝"旋钮。使电表指针处于"0"位置附近，而后用"灵敏度"旋钮仔细调节。使指针准确地指在"0"值。

⑩轻轻拉动比色杯架拉杆，使第一待测液处于光路中，这时电表指针偏离"0"位。再转动"读数盘"旋钮，重新使电表指针对准"0"位，刻度盘上的读数即为该待测液的吸光度。接着拉动拉杆使第二、第三比色杯对准光路，按相同的方法读取 A 值。

⑪完成一次测量后，立即关闭光闸门，以保护光电管。

⑫在读数时，若选择开关处于"×1"位置，吸光度范围为∞→0、透光度为 0→100%。当透光度小于 10%。可选用"×0.1"的选择开关，使之获得较精确的数值，此时读出的透光度值要除以 10，而相应吸光度值应加上 1.0。

⑬测定完毕，将每个开关、旋钮、操作手柄等复原或关闭。取出比色杯洗净晾干。

3. UV-754 型分光光度计

UV-754 型分光光度计是一种可供在紫外光区到红外光区（200～1000 nm）测量吸收光谱的较高级分光光度计。此仪器的光学部分与 721 型分光光度计相类似，但它采用石英棱镜作单色器，有钨灯和氘灯两种光源。采用了平面全息光栅，具有较高的波长精度。UV-754 型分光光度计还采用了微机控制，具有自动调零、变换对数、浓度计算、数据定时打印、记忆存储、断电保护等多种功能，比 751 型分光光度计的使用更加简便。

1）仪器结构

UV-754 型分光光度计由光源（钨灯或氘灯）、单色器、试样室、接收器（光电管）、微电流放大器、A/C 转换器、打印机、键盘和显示器等部件组成。中央处理器（CPU）通过输入、输出口（I/O）对微电流放大器、显示器和打印机等部件进行控制，实现仪器的整体功能（详见图 4-25～图 4-27）。

2）使用方法

①将盛有"空白"或"参比"溶液的比色杯置于试样室内的光路位置。

②旋动波长手轮选定所需波长。

钨灯
氘灯
单色器
试样室
接收器
I/O
CPU
A/C转换器
微电流放大器
显示器
打印机
键盘

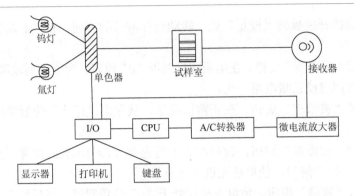

图 4-25　UV-754 型分光光度计结构示意图

1
2
3
4
5
6
7
8

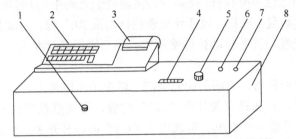

1. 试样架拉手；2. 键盘部分；3. 数据打印；4. 波长刻度盘；5. 波长手轮；6. 电源开关；7. 氘灯触发按钮；8. 光源室

图 4-26　UV-754 型分光光度计外形示意图

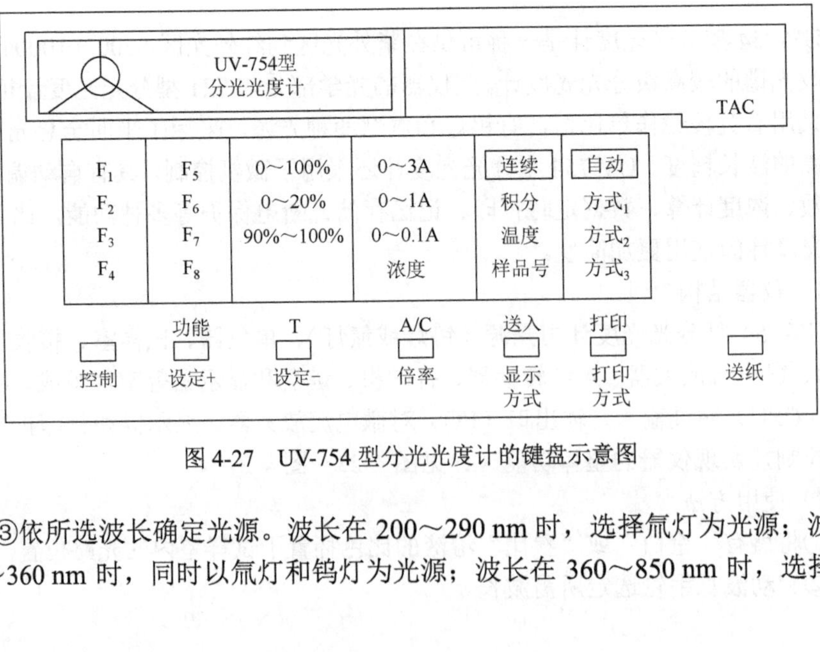

UV-754型
分光光度计
TAC
F1 F2 F3 F4
F5 F6 F7 F8
0～100% 0～20% 90%～100%
0～3A 0～1A 0～0.1A 浓度
连续 积分 温度 样品号
自动 方式1 方式2 方式3
控制
功能 设定+
T 设定-
A/C 倍率
送入 显示方式
打印 打印方式
送纸

图 4-27　UV-754 型分光光度计的键盘示意图

③依所选波长确定光源。波长在 200～290 nm 时，选择氘灯为光源；波长在 290～360 nm 时，同时以氘灯和钨灯为光源；波长在 360～850 nm 时，选择钨灯

为光源；若使用氙灯，需按氙灯触发按钮启动。

④仪器自检显示器显示"754"后，数字显示出现"100.0"，表明仪器通过自检程序，此时仪器进入"0～100%"、"连续"和"自动"状态（打印系统处于自动打印状态）。

⑤仪器预热 30 min 后方可进行测试。

⑥数字显示透光度"100.0"（或吸光度"0.00"）2～3 s 后，将盛有标准溶液的比色皿移至光路，打印系统便自动打印出所得数据。

⑦待第一个样品数据打印完毕后，将第二个样品置于试样室光路，仪器便自动打印出相应的数据，若有多个样品，操作以此类推。

⑧采用"自动"方式打印，依所选定的表达方式可分别打印出以下数据：No（编号）、%T（透光度）/ABS（吸光度）/CONC（浓度）。

（四）紫外-可见光分光光度法的应用

1. 物质含量的测定

紫外-可见光分光光度法可用于测定物质的含量。在测定时通常需要先获得溶液的吸光度（A），然后可再按以下不同的处理方式计算出待测溶液中物质的含量。

（1）标准比较法。在相同的条件下，配制标准溶液和待测样品溶液，并分别测定它们的光吸收值（吸光度），由两者光吸收值的比较，可以求出待测样品溶液的浓度。

$$待测样品溶液的浓度 = 标准溶液的浓度 \times \frac{待测样品溶液的光吸收值}{标准溶液的光吸收值}$$

（2）标准曲线法。分析大批样品时，采用此方法比较方便，但需要事先制作一条标准曲线（或称工作曲线），以供在较长的一段时间里使用。

配制一系列浓度由小到大的标准溶液，测出它们的光吸收值。在标准溶液的一定浓度范围内，溶液的浓度与其光吸收值之间呈直线关系。以各标准溶液的浓度为横坐标，相应的光吸收值为纵坐标，在方格坐标纸上绘出标准曲线。制作标准曲线时，起码要选 5 种以上浓度递增的标准溶液，测出的数据至少要有 3 个落在直线上，这样的标准曲线方可使用。

比色测定待测样品时，操作条件应与制作标准曲线时相同。测出光吸收值后，从标准曲线上可以直接查出它的浓度，并计算出待测物质的含量。

（3）标准系数法。此法较上述两法更为简便，将多次测定标准溶液的光吸收值算出平均值后，按下述公式求出标准系数：

$$标准系数 = \frac{标准溶液浓度}{标准溶液平均光吸收值}$$

将用同样方法测出的待测样品溶液的光吸收值代入下式即可求出待测样品溶液浓度。

$$待测样品溶液光吸收值 \times 标准系数 = 待测样品溶液浓度$$

另外，在制作标准曲线后，再采用该法求出标准曲线的标准系数，可以显著提高分析大批样品的工作效率。

（4）回归分析法。将制作标准曲线的各种标准溶液浓度的数值，与其相应的光吸收值，用数理统计中的回归分析法求出一个回归方程式，用相同条件下测出的样品溶液光吸收值代入回归方程计算即可。

（5）摩尔吸光系数法。

式（4-14）常用于紫外-可见光分光光度法测定物质含量，如蛋白质含量的测定，因蛋白质在波长 280 nm 下具有最大吸收峰，利用已知蛋白质在波长 280 nm 时的摩尔吸光系数，再读取待测蛋白质溶液的光吸收值，即可算出待测蛋白质的浓度，无须显色，操作简便。

2. 物质性质的鉴定

通过测定不同波长下物质的吸光度，便可绘制波长-吸光度曲线（吸收光谱曲线），或是用扫描分光光度计直接得到物质的吸收光谱。

各种物质都有自己特定的吸收光谱曲线，因此，将其与一已知（标准）物质的吸收光谱曲线的特征、形状进行比较，可判断它们是否属于同一类物质。

紫外光吸收通常都是由不饱和键的结构所引起的，其吸收光谱相对比较简单，因此，单独依靠紫外光吸收光谱还不能决定一个未知物的结构，需要与其他方法配合。

3. 应用实例

（1）蛋白质含量的测定。利用蛋白质分子中的肽键或特定氨基酸的颜色反应，以及其特有的吸收光谱可以进行定性或定量测定。目前常用的方法主要有劳里（Lowry）法、色素结合法、紫外-可见光分光光度法和双缩脲法等。

根据不同的分析目的，可选用相应的提取介质，如蒸馏水、缓冲液、稀碱、稀酸或盐溶液等，提取、分离出不同组分的蛋白质。然后再根据各种蛋白质的性质和特点，分别选择不同的方法对蛋白质含量进行测定。在蛋白质含量的多种测定方法中，紫外-可见光分光光度计是必备的主要仪器。

（2）氨基酸含量的测定。通常利用氨基酸与水合茚三酮之间的呈色反应，定量地生成二酮茚胺的取代盐等蓝紫色化合物，在一定范围内，其颜色深浅与氨基酸的含量成正比，可用紫外-可见光分光光度法进行比色测定。

（3）糖类含量的测定用蒸馏水或 70%的乙醇抽提样品后，还需要沉淀其中的蛋白质，经过滤或离心后，用上清液进行测定。常用的方法主要有二硝基水杨酸法和费林（Fehling）试剂比色法测定还原糖，蒽酮比色法和苯酚法测定可溶性糖。

（4）核酸含量和纯度的测定。核酸的定量测定是依据核酸结构及性质上的差异进行的。主要有定糖法、定磷法和紫外-可见光分光光度法等。在实际测定时，选用定糖法的比较多。可根据下列原则选择适当方法。

①当抽提出总核酸时，用对溴苯肼法测定 RNA，用硝基苯肼法测定 DNA，其反应产物的吸收高峰分别在 450 nm 和 560 nm。

②当分别抽提 RNA 和 DNA 时，可用地衣酚法测定 RNA，二苯胺法测定 DNA，并分别在 670 nm 和 600 nm 波长下读取吸光度值。

③根据核酸和蛋白质各自所特有的 260 nm 及 280 nm 紫外吸收峰，将提取、分离出来的核酸用紫外-可见光分光光度法测定其 A_{260}/A_{280} 的吸收比值就可鉴定出该核酸的纯度。

（5）酶活力的测定。在进行酶活力的测定时，常利用酶促反应的底物或产物对不同波长光的吸收特性来进行测定。

①测定适宜波长下的光吸收，可连续追踪反应的变化，例如，测定以 NAD^+ 或 $DANP^+$ 为辅酶的脱氢酶活性，可根据还原后生成的 DADH 或 DADPH 在 340 nm 的吸收峰来追踪，过氧化氢酶活性可利用底物 H_2O_2 对 240 nm 波长紫外光的光吸收值变化来测定。

②有些酶反应的底物或产物不一定有明显的光吸收值变化，但可以借助偶联反应来指示酶反应的变化。例如，对葡萄糖氧化酶活性的测定，可通过对酶和底物在反应前和反应后糖含量变化的测定而间接计算出酶活力。

（五）紫外-可见光分光光度计使用注意事项

1. 仪器的放置

紫外-可见光分光光度计必须放置在固定而且不受振动的仪器台上，不能随意搬动，严防振动、潮湿和强光直射。

2. 比色杯的使用

通常使用的比色杯是光程 1 cm 的立方体杯。由于 330 nm 以下的光不能透过玻璃，紫外光区测量时必须要用石英比色杯。两个比色杯必须配套，以装有纯溶剂的两个比色杯，在试验波长下，测定光吸收值是否一致而进行挑选、配对。

比色杯盛液量以达到杯容积 2/3 左右为宜。若不慎将溶液流到比色杯的外表面，则需用擦镜纸或绸布等擦净，然后才能把比色杯放入支架内。移动比色杯架时要轻，以防溶液溅出，腐蚀机件。

不可用手拿比色杯的光学面，每次使用后，应立即清洗。当比色杯沾有污垢时，可将比色杯置于乙醇等有机溶剂或稀酸溶液中浸泡片刻后，再用水冲洗干净。

3. 狭缝宽度

从单色光的出口狭缝发射出的不是真正的单色光，而是选用 200～750 nm 波长下的、带有峰强度的部分光谱。因此，狭缝宽度宜细。狭缝宽度越狭窄，光谱纯度越高。一般说来，最好使用最狭窄的狭缝宽度。由于棱镜所引起的光的色散依赖于波长，它随波长增长而减少。狭缝宽度的控制对接近红外光区光谱的测定是十分重要的。

4. 波长校正与选择

波长对于用紫外-可见光分光光度计进行比色分析的灵敏度、准确度和选择性有很大的影响，单色器是一个很好的波长校正器，或是选用结构、性质稳定的标准物质的最大吸收波长来进行校正。正确选择波长是测定的关键，一般是选用被测物质的最大吸收波长进行测定（"吸收最大，干扰最小"），测定过程中应防止因波长改变而造成错误的结果。

5. 空白溶液的选择

空白溶液是用来调节工作零点，即 $A = 0$，$T = 100\%$ 的溶液，以消除溶液中其他基体组分以及吸收池和溶剂对入射光的反射和吸收所带来的误差，根据情况不同，常用空白溶液有如下选择：

①溶剂空白。当溶液中只有待测组分在测定波长下有吸收，而其他组分无吸收时，则用纯溶剂作空白。

②试剂空白。如果显色剂或其他试剂有吸收，而待测试样溶液无吸收时，则用不加待测组分的其他试剂作空白。

③试样空白。如果试样基体有吸收，而显色剂或其他试剂无吸收时，则用不加显色剂的试样溶液作空白。

④平行操作空白。用溶剂代替试样溶液，以与试样完全相同的分析步骤进行平行操作，用所得的溶液作空白。

6. 样品浓度

一般应把溶液浓度尽量控制在吸光度值 0.2～0.8 的范围之内进行测定，这样所测得的读数误差较小。如吸光度不在此范围内，可适当稀释或浓缩，以调节比色液浓度，使其在仪器准确度较高的范围内进行测定。

另外，雾样或混浊样品容易导致太高的光吸收值，甚至肉眼几乎看不出的轻微浊度也能引起读数上的严重误差，特别是紫外光区，因为透过样品清净溶液的一些光被散射了，从而使它们不能达到光电管。因此在测定中必须保证样品溶液的清洁及清澈透明。

7. 仪器维护

一般情况下，仪器连续使用时间不应超过 2 h，每次使用后需要间歇 0.5 h 以上才能再用。此外，紫外-可见光分光光度计内应当随时放有硅胶干燥袋，并需定期更换。

二、原子吸收分光光度法

原子吸收分光光度法，又称原子吸收光谱法，是近几十年来迅速发展起来的一种新的分析微量元素的仪器分析技术。用于这种分析的仪器叫原子吸收分光光度计或原子吸收光谱仪。

原子吸收光谱分析主要分为两类：一类由火焰将试样分解成自由原子，称为火焰原子吸收光谱分析；另一类是依靠电加热的石墨管将试样气化分解，称为石墨炉无火焰原子吸收光谱分析。由于原子吸收分光光度法具有灵敏度高、选择性强、测定元素范围广、操作简便、快速及重现性好等优点，在很多研究领域已得到了广泛应用。

（一）原子吸收分光光度法的基本原理

它是用空心阴极灯作为一种特制的光源。此灯可发射出一定强度和一定波长待测元素的特征谱线（具有特定波长的光），当该谱线通过将试样转变为气态自由原子的火焰或电加热设备时，其中特定谱线即被待测元素的自由原子吸收，使谱线强度减弱；而未被吸收的光（谱线）经过分光系统（单色器）照射进入到光电检测系统上被检测，根据该特征谱线被吸收的程度，即可测定出样品中待测元素的含量。所测得的谱线强度的减弱程度（吸光度的大小）与样品中待测元素的含量成正比，符合于朗伯-比尔定律。

$$\tau = \frac{I_t}{I_0} \tag{4-15}$$

式中，τ 为透射比；I_t 为透射光强；I_0 为入射光强。

这一过程与紫外-可见光分光光度法很相似，只是在紫外-可见光分光光度法中，光波是被溶液中的分子所吸收；而在原子吸收分光光度法中，特征谱线的光波是被样品中待测元素的自由原子所吸收。

如图 4-28 所示。图中 I_0 为入射光强，$\log \frac{I_0}{I_t}$ 为吸光度。每种元素的空心阴极灯都发出该元素特有的、具有准确波长的光，将这些光称为元素的吸收谱线或元素的共振线。有很多元素有好几条吸收谱线，谱线的波长单位为 nm。

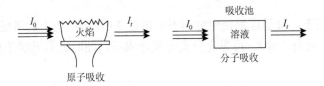

图 4-28　原子吸收过程与溶液中分子吸收过程的比较

（二）原子吸收分光光度计的基本构造

原子吸收分光光度计主要是由辐射源（光源）、原子化器、单色器（分光系统）和检测系统组成（图 4-29）。

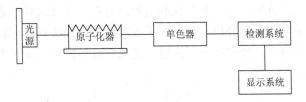

图 4-29　原子吸收分光光度计结构示意图

1. 辐射源

辐射源，也称为光源，是原子吸收分光光度计的一个重要部件。辐射源的作用是发射具有稳定波长的待测元素的特征谱线（或称元素的共振线，resonance line），以供吸收测量之用。目前应用最广泛也是最理想的辐射源是空心阴极灯。

空心阴极灯由一个阳极（钨棒）和空心圆柱形阴极组成。阴极材料是由待测元素本身或其合金所制成，因此，空心阴极灯也称之为元素灯。通常是一个元素一个灯，故测定某个元素时就必须要用相应元素的灯。

除了用空心阴极灯作为辐射源外，有些仪器上还可以使用无极放电灯。有些元素（如砷、硒、磷等）发射强度比空心阴极灯要高出几十到几百倍，是很好的补充光源。

2. 原子化器

原子化器的作用是将测试样品中的待测元素进一步转变成为自由原子蒸气，并使其进入光源的辐射光程中。使样品原子化的方法，最常见的是火焰原子化法及无火焰原子化法两种。

（1）火焰原子化法。火焰原子化法的原子化装置主要包括雾化器和燃烧器两种类型。

①雾化器。使试液雾化，其性能对测定精密度、灵敏度和化学干扰等都有影响。因此，要求雾化器喷雾稳定、雾滴微细均匀和雾化效率高。

②燃烧器。试液雾化后进入预混合室（雾化室），与燃气（如乙炔、丙烷等）在室内充分（均匀）混合。雾化室低处的较小的雾滴进入火焰中，较大的雾滴凝结在壁上，经下方废液管排出。燃烧器喷口一般做成狭缝式，这种形状即可获得原子蒸气较长的吸收光程，又可防止回火。火焰原子化法比较简单，易操作，重现性好。但原子化效率较低，一般为 10%～30%，试样雾滴在火焰中的停留时间短，约为 10^{-4} s，且原子蒸气在火焰中又被大量气流所稀释，限制了测定灵敏度的提高。

（2）无火焰原子化法。主要是电热高温石墨炉原子化法，其特点在于原子化效率高，可得到比火焰原子化法大数百倍的原子蒸气浓度；绝对灵敏度可达 10^{-9}～10^{-13} g，一般比火焰原子化法提高几个数量级；液体和固体都可直接进样；试样用量一般很少。不足之处是精密度较差，其相对偏差约为 4%～12%（加样量少）。

石墨炉原子化过程一般需要经过四步程序升温完成：

①干燥。在低温（溶剂沸点）下蒸发掉样品中溶剂。

②灰化。在较高温度下除去低沸点无机物及有机物，减少基体干扰。

③高温原子化。使以各种形式存在的分析物挥发并离解为中性原子。

④净化。升至更高的温度，除去石墨炉中的残留分析物，以减少和避免记忆效应。

3. 分光系统（单色器）

分光系统的主要部件是单色器，它一般是由光栅和反射镜等所组成。在单色器的入射口及出射口装有入射狭缝及出射狭缝，单色器的作用是将所需要的分析线，即待测元素的特征谱线与其他谱线分开，通过改变狭缝宽度获得单一的分析线。

4. 检测系统

检测系统通常是由检测器、放大器及指示仪等所组成。

检测器多使用光电倍增管。光源发出的光通过火焰被吸收一部分后，再经过单色器分光，将待测分析线发出的信号输入到光电倍增管变成电信号，并经放大器进一步放大后送入指示仪表，在仪表上以吸光度或透光度表示出来，甚至还可直接显示浓度值的读数，或通过计算机控制，自动记录、处理测定结果，绘制工作曲线并打印出测定结果。

（三）原子吸收分光光度计的使用方法

1. 分析条件的选择

（1）分析线的选择。常用的分析线是共振线，但当有其他组分干扰或测定高含量组分时可选用非共振线。

（2）狭缝宽度。一般应当选择光吸收值不减小的最大狭缝宽度。

（3）灯电流。在保证稳定、合适光强度的前提下，应尽量选用低工作电流。

（4）原子化条件。注意火焰类型及火焰位置、石墨炉升温程序、各段的温度及时间，以提高原子化效率。

2. 灵敏度和检出限

1）灵敏度

灵敏度包括相对灵敏度和绝对灵敏度。原子吸收分光光度法中的相对灵敏度以能产生 1% 净吸收即吸光度 A 为 $0.004\,34$（$T=99\%$）所需被测元素的浓度来表示：

$$S_r = \frac{0.00434 \times c}{A} \qquad (4\text{-}16)$$

一般在火焰原子化法中，用相对灵敏度比较方便。

在电热高温石墨炉原子化法中，灵敏度取决于石墨炉原子化器中试样的加入量，常用绝对灵敏度来表示。绝对灵敏度指产生 1% 净吸收时所需元素的量：

$$S_a = \frac{0.00434 \times c \times V}{A} \qquad (4\text{-}17)$$

灵敏度并不能指出可测定元素的最低浓度或最小量（未考虑仪器的噪声），它可用"检出限"来表示。

2）检出限（LD）

检出限通常是以被测元素能产生三倍于标准偏差的读数时的浓度来表示：

$$LD = \frac{c \times 3S}{\overline{A}}$$ （4-18）

式中，c 为试液浓度（μg/mL）；$\overline{A}$ 为吸光度平均值；S 为空白溶液吸光度的标准偏差，即对空白溶液连续测定 10 次以上所得的标准偏差。

3. 原子吸收分光光度计的定量分析方法

（1）标准曲线法。配制与试样溶液相同或相近基体的含有不同浓度的待测元素的标准溶液，分别测定 $A_样$，作 A-c 曲线，测定试样溶液的 A，从标准曲线上查得 $c_样$。

（2）直接比较法。样品数量不多，浓度范围小。此方法适用于组成简单、干扰较少的试样。

（3）标准加入法。当试样基体影响较大，且又没有纯净的基体空白，或测定纯物质中极微量的元素时常采用此方法。

先测定一定体积试液（浓度为 c_X）的吸光度 A_X，然后在该试液中加入一定量的与未知试液浓度相近的标准溶液，其浓度为 c_S，测得的吸光度为 A_S，k 为仪器常数，则

$$A_X = kc_X$$ （4-19）
$$A_S = k(c_X + c_S)$$ （4-20）

整理以上两式得

$$c_X = \frac{A_X}{A_S - A_X} \times c_S$$ （4-21）

在实际测定时，通常采用作图外推法：在 4 份或 5 份相同体积试样中，分别按比例加入不同量待测元素的标准溶液，并稀释至相同体积，然后分别测定吸光度。以加入待测元素的浓度为横坐标，相应的吸光度为纵坐标作图可得一直线，此直线的延长线在横坐标轴上交点到原点的距离所对应的待测元素的浓度，即为原始试样中待测元素的浓度（图 4-30）。

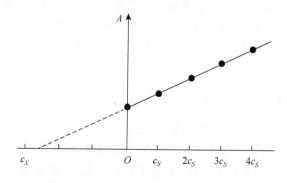

图 4-30　标准加入法的作图外推示意图

（四）原子吸收分光光度法的应用

1. 植物分析

在植物生理、生化的研究方面，常常需要测定植物组织中生长所必需的大量元素和微量元素的含量，以了解其丰缺状况。在样品测定前需进行灰化，灰化可分为干灰化和湿灰化，前者适宜于大量样品，而当样品量较少时常用湿灰化。

（1）湿灰化。在干样品中加入混合酸[高氯酸：硝酸（体积比）＝1：5]加热分解，直至总体积约剩下 2 mL 时，离开火源；冷却至室温后加无离子水定容。

（2）干灰化。将干样品放入白金坩埚中，500℃下灰化，残渣加水与盐酸体积比为1：1的盐酸溶液后蒸干，再次加 1：1 盐酸溶液溶解，重复蒸干一次，最后用 1：1 盐酸溶液溶解并用无离子水定容。测定时，根据需要排除干扰元素，标准样品中的酸和无机盐浓度力求与待测样中的浓度一致。

2. 肥料分析

肥料中除含有氮、磷、钾三大元素外，还有镁、锰、硼、铁、铜、锌、钼等多种微量元素。测定时，应先将样品粉碎过筛，加入盐酸，缓慢加热煮沸后蒸干，再加 2 mol/L 盐酸加热至沸腾后过滤，滤液用于测定。如果是有机肥料，先放于电热板上灰化，在 500℃条件下再加热 1 h，然后加盐酸，按上述方法处理。

3. 土壤分析

土壤分析主要包括交换性阳离子和微量金属的测定。以单独测定钾为例，可按下述方法进行：

用蒸馏水提取土壤样品中的钾，充分摇动，过滤，收集滤液并定容。取适量滤液，加入 0.1% 的四苯硼酸和 95% 乙醇，混合后静置，取透明液测定。

测定微量金属时，可取适量样品，加硝酸-高氯酸温浸，再加氢氟酸以除去硅酸，蒸干后加 5% 高氯酸溶解，pH 调至 2.5～5.0，再加 1 mL 1% 的吡咯啶二硫代氨基甲酸铵，形成络合物后，用 10 mL 甲基异丁酮提取络合物，将提取液喷入火焰测定。

4. 食品、饲料分析和生物化学分析

食品中的无机元素、尤其是微量元素的分析对于营养卫生学来说具有重要意义，原子吸收分光光度法是一种较为理想的分析方法。具体操作过程与上述植物、肥料、土壤样品的测定基本相同，仅在预处理时略有差异，可参考有关文献资料。

三、火焰光度法

火焰光度法是一种利用一定外界条件（即在富氢条件下燃烧），促使一些物质产生化学发光，并通过波长选择，光信号接收，再经过放大，把物质及其含量和特征的信号联系起来，并以此来检测待测样品中某种物质含量的方法。此方法的检测仪器是火焰分光光度计。

（一）火焰光度法基本原理

火焰光度法对碱金属和碱土金属最灵敏，因此，常用于无机元素的定量分析。它是利用火焰使无机元素雾化为原子，并作为激发源，使部分原子处于激发态。由于各无机元素的能级结构不同，在火焰中原子的挥发使它们发射和吸收特定波长的谱线，用单色器或滤色片可分出该元素的特征谱线，再用检测器测定其发射强度，即可测出特定元素的含量。

元素在火焰中所发射的辐射量与存在的激发态原子数目成比例，而后者取决于火焰的温度和组成。

当分析生物样品中的金属元素时，经常采用灰化法去掉有机分子。为了防止一些比较容易挥发的元素升华，可以在比较低的温度下，在氧气流中灰化或采用液体灰化，即样品在浓硫酸/过氧化氢溶液中氧化消化，并加入一定量的硫酸硒作催化剂和硫酸锂用以升高沸点。

在火焰中测量元素的精确性受许多因素的干扰，如本底的存在、谱线干扰、激发干扰以及化学干扰等，应设法排除。

（二）火焰分光光度计的基本构造

火焰分光光度计的基本组件如图 4-31 所示。

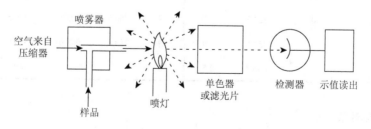

图 4-31 火焰分光光度计的基本组件

1. 喷雾器（雾化器）

压缩空气流通过浸入测试溶液的毛细管，产生的液滴在直接注射系统里随空气流进入喷灯。

2. 火焰

不同的燃气组成所产生的火焰有不同的温度。如空气–天然气混合物生成的火焰温度为 1500℃，空气/丙烷生成的火焰温度为 2000℃。在火焰分光光度计中分析碱金属时，一般都使用较低的温度，如在分析钾、钠时用 1500℃、在分析钙时可用 2000℃，若温度再高，它们易产生离子。

3. 单色器

单色器是对钠、钾和钙进行简单常规分析的装置，可以用简单的滤光片来代替，但是比较精密的分析工作则要求棱镜、光栅单色器。最精密的仪器在 200～1000 nm 内具有 0.1～0.2 nm 的分辨率。部分元素分析所用的波长和检测极限列于表 4-4。

表 4-4　火焰光度法发射和吸收中对部分元素所用波长及检测极限

元素	发射		吸收		元素	发射		吸收	
	波长/nm	检测极限/(nm/kg)	波长/nm	检测极限/(nm/kg)		波长/nm	检测极限/(nm/kg)	波长/nm	检测极限/(nm/kg)
铝	484.2	30	309.3	1.0	铁	372.0	0.5	248.3	0.2
砷			193.6	2.0	镁	285.2	0.2	285.2	0.01
钡	493.4	0.2	553.6	0.4	锰	403.3	0.02	279.5	0.05
钙	422.7	0.005	422.7	0.1	汞			253.8	10.0
铬	425.6	0.5	357.9	0.2	镍			341.5	0.2
镉	326.1	10.0	228.8	0.03	锌			213.9	0.03
铜	324.8	0.1	324.8	0.1	钾	766.5	0.01	766.5	0.03
硅			251.6	5.0	钠	289.0	0.0001	589.0	0.03
铅			283.3	0.5	锡			589.3	2.5

4. 检测器

一般用光电管，也有用多道多色器一次测定多至 6 种元素的发射。

（三）火焰光度法的适用范围

经过从土壤或植物样品适当地抽提金属盐后，火焰光度法可广泛应用于土壤和植物的元素分析。经过适当的灰化以后，该方法也可用于生物大分子、细胞和组织的金属元素的分析。

四、荧光分光光度法

用荧光分光光度计测定荧光强度来确定物质含量的方法，称为荧光分光光度法。利用荧光分光光度法能测定极低浓度的溶液。它具有灵敏度高、选择性好、操作快速等优点。在生物生理、生化、生物活性成分分析的一些项目（如维生素、外毒素、氨基酸等）测定中都可采用荧光分光光度法。

（一）荧光分光光度法基本原理

基态分子吸收特征频率的光能后被激发，这些激发分子中的电子很快（$<10^{-15}$ s）由基态跃迁到激发态，激发态电子很不稳定，它会迅速降低而返回到第一电子激发态的最低振动能级，然后再由这一能级返回基态的任何振动能级。在后一过程中，激发态电子以光的形式放出它们所吸收的能量，所发出的光称为荧光（fluorescence）。

荧光物质分子所吸收的特征频率的光称为激发光（excited light）。荧光光谱（fluorescence spectrum）是带光谱，其发射光谱的形状往往与激发光波长无关，但发射光谱和吸收光谱的形状相似，且呈镜像对称关系。荧光的激发光谱与发射光谱是荧光分光光度分析的基本参数和依据。同时，荧光物质在吸光之后发射出的荧光强度也是最常用的荧光参数之一，它是表示荧光发射强弱的物理量（图4-32）。目前，荧光分光光度计一般都采用荧光强度来表示，表示的其实是相对强度。荧光物质发射的荧光强度与它吸收的光能成正比。当测量的溶液很稀时，可用如下公式表示：

$$F = kI_0 cl\varepsilon\Phi \tag{4-22}$$

式中，F 为荧光强度；I_0 为激发的入射光强；k 为仪器常数；c 为样品浓度；ε 为样品摩尔吸光系数；Φ 为样品的量子产率；l 为样品池光径。

由式（4-22）可知，荧光强度与摩尔吸光系数和量子产率 Φ 成正比，同时也与样品浓度 c 和样品池光径 l 成正比。

量子产率（Φ）的定义是发射量子数与吸收量子数之比。荧光物质的量子产率在一定激发光波长范围内保持恒定。由于荧光强度只是相对强度，只能在同一仪器条件下加以比较，因此，在比较不同物质的荧光强度时，应当用量子产率来表示。

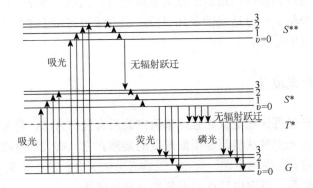

图 4-32　吸收光谱和荧光光谱能级跃迁示意图

（二）荧光分光光度计的基本构造和使用方法

典型的荧光分光光度计的基本部件包括光源、单色器、样品池、检测器和显示装置（图 4-33）。

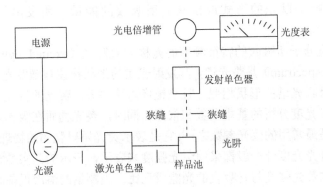

图 4-33　典型荧光分光光度计结构示意图

1. 荧光分光光度计的基本构造

1）光源

荧光分光光度计中应用最广泛的光源是汞蒸气灯和高压氙弧灯。汞灯有低压灯和高压灯，发射的光谱随灯内蒸气压力变化。氙弧灯是一种短弧气体放电灯，外套为石英，内充氙气，室温时压力为 5 Pa，工作压力约为 20 Pa，能发射 250～

800 nm 很强的连续光谱。因点燃时需用 20～40 kV 的高压，以连续点燃为宜，要避免频繁启动。

2）单色器

荧光分光光度计具有两个单色器，一个作为激光单色器，另一个作为发射（荧光）单色器。当进行样品测定时，将激光单色器固定在所选择的激发光波长处，将发射（荧光）单色器调节至所选择的荧光波长处，由检流计指示出样品溶液的荧光强度。最常用的单色器是光栅，因经过棱镜色散时光强损失较大，对于同一强度的光源，棱镜的灵敏度没有光栅高，使用波长范围也没有光栅宽。光栅的主要缺点是杂散光较大，有不同级次的谱线干扰，但可用前置滤光片加以消除。

3）样品池

样品池是用石英制造的方形池，四个面都透光，比色杯放入池架中时，要用手拿着棱，并规定一个方向，避免透光面被指痕污染或被固定簧片擦坏。

4）检测器

几乎所有的荧光分光光度计都用光电倍增管作为检测器。

5）显示装置

显示装置包括光度表（数字电压表、记录仪）和阴极示波器等。数字电压表用于定量分析，准确、方便又便宜；记录仪可用于扫描光谱；阴极示波器的显示速度比记录仪快得多，但好的阴极示波器价格较贵。

2. 荧光分光光度计的使用方法

（1）打开电源开关。

（2）打开样品室盖子调节调零旋钮，使电表指针处于"0"位，仪器预热 20 min。

（3）灵敏度倍率转换开关的选择。先将开关放在较低倍率挡，然后根据需要逐渐提高倍率。在灵敏度已满足的条件下，应选择较低倍率挡。荧光强度读取方法是：表头读数×灵敏度倍率值。

（4）满度旋钮的调节是为了便于浓度直读。使用时可将已知浓度的标准溶液的荧光强度调至满度或其他任意数值。

（三）荧光分光光度法的使用

1. 荧光分析的方法

荧光分析大致可分为直接测定法和间接测定法两种。直接测定法是利用物质的自身荧光来进行测定；间接测定法是由于许多有机或无机化合物自身不产生荧光或发射的荧光很微弱，无法直接进行测定，只能用间接的方法进行测定。常用的间接测定法有化学反应法、荧光淬灭法和敏化发光法等。

2. 荧光分析中的制样技术

1）溶剂和化学试剂的选择

制样过程所用的溶剂和化学试剂选择要适宜，而且要有足够的纯度，这对荧光分析是非常重要的。如果溶剂在一定波长范围内有吸收，就不宜在此波段用作荧光试剂；同一种荧光在不同溶剂中的荧光强度和荧光光谱都是显著不同的。化学试剂的纯度不高，会带来干扰的杂质。

2）待测液的浓度

荧光分析是微量组分或痕量组分的分析。当溶液浓度对应的吸光度 $A \geqslant 0.05$ 时，将产生浓度效应，使荧光强度与荧光体浓度的关系偏离线性。浓度效应是导致荧光下降的原因之一。图 4-34 中的 A 为稀溶液（$A < 0.05$），在入射光 I_0 激发下所产生的荧光以黑点表示，它均匀分布于样品池中；B 为较浓的溶液，入射光被样品池前部的荧光体剧烈吸收产生强荧光，而样品池中、后部的荧光体因不易受到入射光的照射使荧光强度大大下降，所以检测器所测到的荧光强度反而降低。

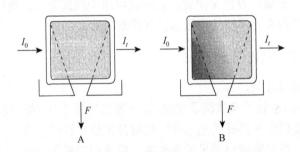

图 4-34　溶液浓度对荧光强度的影响

3. 荧光定量分析方法

（1）直接比较法。先测定已知浓度标准溶液的荧光强度，在同样条件下测定试样溶液的荧光强度（注意不得再动任何旋钮，如超过 100，可调节灵敏度倍率转换开关）。由标准溶液的浓度和两个溶液的荧光强度的比值求得试样中荧光物质的浓度。

$$c_{未知} = c_{标准} \times \frac{F_{未知样品荧光强度}}{F_{已知标准荧光强度}}$$

（2）工作曲线法。配制一系列已知浓度的标准溶液（不少于 5 个），以浓度最大的一管调节满度旋钮，使荧光强度为 100，然后依次测量这些标准溶液的荧光强度（注意：开始测量时不得再调节任何旋钮），以荧光强度对标准溶液浓度绘制工作曲线。在同样条件下测定试样的荧光强度，由试样的荧光强度在工作曲线上求出试样中荧光物质的含量。

滤色片的选取。滤色片有激发滤片和荧光滤片，前者提供特定波长的激发光，后者让相应波长的荧光透过而被光电管接收。

激发滤片一般使用带通型滤光片（蓝色），波长范围 330～530 nm，由 5 片组成，每片分别为 330 nm、360 nm、400 nm、500 nm、530 nm。荧光滤片选用截止型滤光片(红色)，波长范围420～650 nm，由7片组成，每片分别为420 nm、450 nm、470 nm、510 nm、550 nm、600 nm 和 650 nm。

激发滤片和荧光滤片的选择，应根据被测溶液的激发光谱和荧光光谱而定。为了获得较大的荧光强度，一般以激发光谱中的最大峰值波长来激发样品。根据这一点在实际测量中，也可采用更换滤光片来观察表头指示的方法。当滤光片选择合适，其荧光强度必定最大（即表头摆幅最大）。具体做法是先选择激发滤片，观察表头指示为最大者，即激发滤片选取合适。然后按同样方法确定荧光滤片。

（四）荧光分光光度法的应用

1. 糖类的荧光分析

荧光分光光度法可用于测定葡萄糖、乳糖、果糖和麦芽糖等数十种糖类。例如，葡萄糖与三磷酸腺苷（ATP）在己糖激酶作用下生成二磷酸腺苷和葡糖-6-磷酸盐，后者在葡糖-6-磷酸脱氢酶作用下使 NADP 还原，生成 NADPH（还原型辅酶Ⅱ）和葡萄糖磷酸盐。在 ATP 用量固定的情况下，以 350 nm 光激发，在 450 nm 处测定 NADPH 的荧光强度，可间接测定葡萄糖含量，检测限为 5 μmol/L，线性范围在 0～50 μmol/L。

2. 色素、生物碱和维生素的测定

可利用色素、生物碱、维生素等具有自身荧光的特性进行定量测定。例如，卟啉是在许多生命活动中起重要作用的一种天然色素，也是构成植物叶绿素 a、b 及血红素和细胞色素的重要基团，它具有很强的荧光。在一定浓度范围内，其荧光强度与溶液浓度呈线性关系。某些生物碱，如喹啉衍生物、吲哚衍生物、奎宁、罂粟碱、麦角生物碱和毛果芸香碱等，在酸性介质中荧光有增强现象。维生素 B_1、

维生素B_2、维生素C等在紫外光照射下会产生荧光，可利用这些特性用荧光分光光度法进行定量测定。

3. 农牧产品中有毒物的测定

黄曲霉毒素（AF）中危害最大的组分是广泛分布在各种植物制品中的 B_1、B_2、G_1、G_2 和存在于奶制品中的 M_1 等。在 355～365 nm 的紫外光激发下，AF 会发射很强的荧光，峰值位于 425～460 nm。此外，3, 4-苯并芘等强致癌毒物也可用荧光分光光度法进行测定。

4. 硒的测定

硒是一种人体必需的微量元素，与许多疾病的发生有关。粮食、毛发、水源以及土壤中的微量硒与 2, 3-二氨基萘反应生成的 Se-2, 3-二氨基萘化合物在紫外光照射下会发出黄色荧光，其激发波长为 366 nm，荧光峰在 520 nm 和 560 nm，测定范围为 0.003～0.033 μg/mL。

（五）荧光分光光度计使用注意事项

（1）开启仪器前，必须先装上滤色片，否则仪器易受损。

（2）测试中，若需更换滤色片，须先关闭电源后，方可换片。

（3）开启仪器前，应先将灵敏度倍率开关放在最低挡。

五、旋光分析法

许多物质具有旋光性（又称光学活性），如含有手征性碳原子的有机化合物。当平面偏振光通过这些物质（液体或溶液）时，偏振光的振动平面向左或向右旋转，这种现象称为旋光。偏振光旋转的角度称为旋光度，旋转的方向与时针转动方向相同时称为右旋，以"+"号表示；如与之相反，则称为左旋，以"−"号表示。旋光分析法是利用物质的旋光性质测定溶液浓度的方法。

（一）基本原理

光是一种电磁波，它是振动前进的，其振动方向垂直于光波前进的方向（图 4-35）。如果将自然光通过一个特殊装置，使其振动面固定不变，则这种光称为"平面偏振光"，简称"偏振光"（polarized light）。这种装置称为"偏振镜"。

用冰晶石磨制成的偏振镜称为"尼科耳棱镜"，用其他复合材料制成的偏振镜称为"偏光滤光板"。

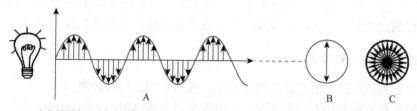

A. 光在纸面上波动振幅周期变化；B. 光在纸面上波动振幅；C. 光在波动时各方向振幅

图 4-35　普通光的振动情况

　　将两块尼科耳棱镜平行放置时，通过第一块尼科耳棱镜后的偏振光仍能通过第二块尼科耳棱镜，这样，在第二块尼科耳棱镜后面可以见到最大强度的光。若在与镜轴平行的两块尼科耳棱镜之间放一个测定管，其中装满水、乙醇或其他不具旋光性物质的溶液，则偏振光能完全透过第二块尼科耳棱镜；若管子中装的是葡萄糖、淀粉水解液等具有旋光性物质的溶液，则偏振光不能完全透过第二块尼科耳棱镜，必须把第二块尼科耳棱镜旋转一定角度后，才能完全透过（图 4-36）。第二块尼科耳棱镜旋转的方向就代表旋光物质的旋光方向，使偏振面旋转的角度称为该旋光物质的旋光度（optical rotation）。测定物质旋光性的仪器称为旋光仪。

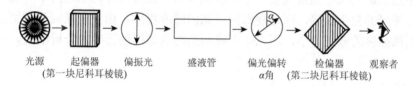

光源　起偏器　偏振光　　盛液管　　偏光偏转　检偏器　观察者
（第一块尼科耳棱镜）　　　　　　α角　（第二块尼科耳棱镜）

图 4-36　旋光仪的原理

（二）旋光仪的基本构造

　　旋光仪的主要部件有光源、起偏镜、测定管、检偏镜等（图 4-37）。

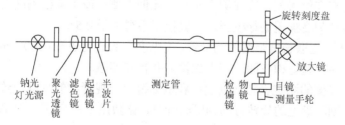

钠光灯光源　聚光透镜　滤色镜　起偏镜　半波片　测定管　检偏镜　物镜　目镜　测量手轮　旋转刻度盘　放大镜

图 4-37　WXG-4 型旋光仪

1. 光源

为了便于观测视野，光源要有一定的强度。常见的光源有钠光灯、汞蒸气灯。为了得到较纯的单色光，宜设置一光学色散系统或适当的滤光器。

2. 起偏镜和检偏镜

一般用透明的方解石结晶设计制成，通常采用尼科耳棱镜。

把方解石结晶切割成菱面体，当光线通过菱面体时，一般的入射光线都能经折射后得到不同折射率的光线，折射率较大的称寻常光线，折射率较小的称非常光线。它们都是偏振光，但彼此的偏振面相互垂直，只要消除其中一道偏光，就构成了起偏镜和检偏镜。在旋光仪中，两块尼科耳棱镜一前一后装置，前者固定，作为起偏镜；后者可绕长轴旋转，作为检偏镜。

当起偏镜允许非常光线通过，而检偏镜也允许非常光线通过时，将发生最大的透射；当起偏镜的非常光线位于检偏镜寻常光线的偏振面内，光线被完全吸收，发生了完全消失，视野完全黑暗。如果把视野完全黑暗定义为仪器的终点位置，在旋光管内盛放了具有光学活性物质的溶液时，偏振面被旋转，视野变亮。若要视野回复到完全黑暗，必须旋转检偏镜以补偿被测液的旋光度。

实际工作中，人们的肉眼无法精确比较视野完全黑暗和较为黑暗。为了克服上述缺点，旋光仪中通常设置一个半棱镜，这时视野可分为明暗两半。仪器的终点不是视野的完全黑暗，而是视野两半圆的照度相等，由于肉眼较易识别视野两半圆光线强度的微弱差别，所以能正确判别终点而得到正确的分析结果。

（三）常见旋光仪的使用方法

1. WXG-4 型旋光仪

（1）接通电源，开启开关，预热 5 min 左右，钠光灯发光正常后开始工作。

（2）零位校正。在未放入测定管之前，观察零度视界的亮度是否一致，如不一致，说明有零位误差，应在测定时加减此偏差值；或者旋松刻度盘盖背面的螺丝，微微转动刻度盘盖进行校正。一般校正不得大于 0.5°。

（3）装样。选取长度合适的测量管，旋光度大的选用短管（100 mm, 200 mm），注入待测液后，垫好橡皮圈，旋上螺帽，并将其擦净。

（4）旋光值的测定。转动刻度盘和检偏镜，当视野中的亮度一致时，从刻度盘上读数。刻度盘上的旋转方向为顺时针时，读数用"+"表示，是右旋物质。相反时用"−"表示，是左旋物质。

2. WXG-6 型旋光仪

WXG-6 型旋光仪采用 20 W 钠光灯（波长 589.3 nm），或 20 W 低压汞灯作光源，由聚光镜、小孔光栅和物镜组成一个简单的点光源平行光管，平行光再通过偏振镜产生平面偏振光，当偏振光经过磁旋线圈时，使振动平面产生 50 Hz 的 β 角往复摆动，光线经偏振镜投射到光电倍增管上，产生交变的光电信号。同时，仪器以偏振镜的偏光轴正交时作为光学零点，此时旋光度 $a = 0°$。

（四）旋光分析法的应用

旋光分析法已广泛应用于多种样品的分析测定工作，如物质的旋光性、含量以及纯度等。

1. 旋光性和比旋光度的测定

根据上述旋光法的原理，利用旋光仪可以测定出某一物质的旋光性，以鉴定未知样品。

物质旋光度的大小随溶液浓度、测定管长度、温度、波长以及溶剂的性质而变化。但在一定的条件下，旋光活性物质的旋光度为一常数，通常用比旋光度 $[a]_\lambda^t$ 表示。其定义是：在温度 t 下，将 1 mL 含有 1 g 物质的溶液放在 1 dm 长的测定管中所测出的旋光度。$[a]_\lambda^t$ 可以通过测定的旋光度、测定时的溶液浓度、测定管长度和测定温度等，按式（4-23）计算：

$$[a]_\lambda^t = \frac{a}{c \times L} \qquad (4-23)$$

式中，a 是测得的旋光度；c 是溶液浓度（g/mL）；L 为测定管长度（dm）；t 是测定时的温度（℃），通常把 20℃作为标准温度；λ 是所用光源的波长（一般为钠光灯光源，$\lambda = 589.3$ nm）。

通过旋光度的测定，不仅可以按式（4-23）计算物质的比旋光度，还可以根据已知的比旋光度计算被测物质的浓度。即

$$c = \frac{a}{[a]_\lambda^t \times L} \qquad (4-24)$$

从式（4-24）可知，溶液的旋光度等于溶液浓度（c）、测定管长度（L）和该物质比旋光度（$[a]_\lambda^t$）三者的乘积。即

$$a = c \times L[a]_\lambda^t \qquad (4-25)$$

2. 样品含量或纯度的测定

旋光度与旋光物质的浓度成正比。通过测定某物质的旋光度（a），用上述公式计算出实际比旋光度，再与已知的理论比旋光度做比较，其比值即是该样品的含量或纯度，如淀粉含量的测定。

3. 酶活性的测定

例如，有许多酶仅有催化底物的一种旋光异构体，并使之生成一种无旋光性的产物，因此该反应即可依据旋光度的变化进行跟踪。同样，由无旋光性的底物生成有旋光性的产物的情况亦可进行测定。如蔗糖酶、乳酸脱氢酶等酶的活性均可用旋光分析法进行测定。

第 三 篇
综合设计实验

第 五 章

综合设计实验 1　植物组织水分生理状态及其能量测定

【创新经典导读】

　　植物赖以生长发育的物质基础及其来源何在？这是植物生理学的一个原初问题。很早的时候，中外先哲就对此进行了思考，古希腊有"百科全书式的哲学家"美称的亚里士多德（Aristotle，公元前 384～前 322），认为供给植物生长发育的物质完全依靠于土壤。比利时生物学家、化学家海尔蒙特（van Helmont，1580～1644）最早对此产生怀疑，出于对信仰和科学的追求，不畏当时比利时大瘟疫的影响，毅然回国开展科学实验，设计了植物生理学史和化学史，乃至科学史上著名的"盆栽柳枝实验"，勇敢向亚里士多德提出挑战。

　　由此，植物生理学第一个科学意义上的实验就通过"盆栽柳枝"，从探讨植物与水分的关系开始，奏响了植物生理学发展史的序曲。大约在 1627 年或 1629 年，海尔蒙特在盛有 200 磅（约 91 kg）干土的陶土盆中，栽上一棵 5 磅（约 2.3 kg）重的柳树苗，罩上陶土盆后只用水灌溉，5 年后树和落叶总重 169 磅 3 盎司（约 76.8 kg），干土只少了 2 盎司（约 57 g）。这一实验虽然动摇了亚里士多德的土壤论观点，但海尔蒙特的结论也不完整，他误认为柳树增加的重量只能来源于水，水是植物唯一的营养要素。

　　此后，科学家对植物与水分的关系进行了一系列深入研究，划分了植物体内水分的生理类型，逐步探明植物水分代谢的生理过程。其中，植物吸收水分的动力是关键和核心的问题。关于植物如何与外界交换水分？先后出现了渗透压、吸水力、水势的三种解说。溶液渗透压的计算公式（$y_s = -icRT$，其中，i 为溶质的解离常数；c 为溶质的浓度；R 为摩尔气体常数；T 为热力学温度），至今仍是植物生理学中研究、分析和测定植物细胞吸收和运输水分的基础。该式由具有传奇色彩，一边养奶牛、亲自每天送鲜奶，一边潜心钻研学问，有"牧场化学家"之称的荷兰物理化学家范托夫（van't Hoff，1852～1911），于 1887 年在德国莱比锡大学任物理化学教授期间，发表的《在溶液和气体的类比中看渗透压的作用》论文中提出。范托夫同时也是化学平衡理论的建立者，1901 年他因研究化学动力学和溶液渗透压的有关定律，成为首届诺贝尔奖的诺贝尔化学奖得主。

　　渗透压、吸水力都是压力概念，从压力概念到水势概念的转变，在植物生理学发展上又是一大历史性进步。国际上一度普遍认为这种转变，是以美国植物生理学家克雷默（Kramer）等人 1966 年的相关论文为标志。然而，早在 1941 年，中国植物生理学奠基人之一汤佩松（1903～2001）和著名物理学家王竹溪（1911～1983），合作发表于美国《物理化学杂志》的《离体活细胞水分关系的热力学论述》，实际已包含克雷默 1966 年才完成的植物-环境体系水分运动关系、水势概念描述体系的几乎全部内容。所以，1984 年和 1985 年，客观、严谨和大度的 Kramer 相继在美国植物学会的新闻通讯和专业杂志上，几度撰文介绍汤佩松和王竹溪 1941 年的论文，并在其中一篇文章中表示"但愿这篇短文可以在某些程度上，弥补我们长期忽略汤、王关于细胞吸水关系热力学先驱性论文的遗憾"。

【模块实验目的】

　　水是细胞质的主要成分，水能维持细胞体积、植物的正常形态，水是光合作用、呼吸作用、有机物质合成和分解的生物化学过程的反应物质，也是植物中的物质吸收、运输和化学反应的溶剂和介质。植物组织中的水分存在状况，影响植物组织代谢活动；植物与环境、植物体内不同部位的能量高低，影响植物与内外环境水分交换。叶片自由水和束缚水比例、叶片水势、渗透势能比较灵敏地反映出植物的水分状况等，可作为灌溉生理指标，本模块学习水分状况和能量测定方法。

【流程图】

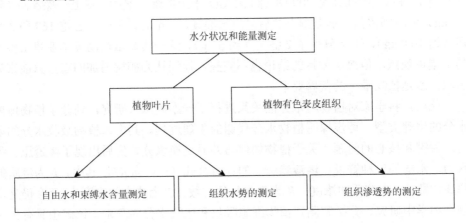

实验 1-1　植物组织中自由水和束缚水含量的测定

【实验目的】

　　了解植物组织中水分存在的状态与植物生命活动的关系，熟悉折射仪的使用。

【实验原理】

植物组织中的水分依据其存在状态可分为自由水和束缚水两类。前者是不被细胞中胶体颗粒和渗透物质所吸引或吸引很小的水分，当温度升高时，这部分水分可以变成水汽散出；温度降至 0℃时，则可结冰。后者是被细胞中的胶体颗粒和渗透物质所吸引，束缚在胶体颗粒和渗透物质周围的水分，不能自由移动，当温度升高时不能蒸发，当温度降至 0℃时也不结冰。自由水和束缚水的含量及比值常与植物的生长和抗性有关。自由水含量较多时，植物代谢旺盛，生长速度快，但抗性较低；束缚水含量多时，则情况相反。束缚水与自由水的比值较大时，植物抗旱和抗寒的能力较强。因此，自由水与束缚水含量是植物抗性生理的一个指标。

植物组织中的自由水可以作为溶剂而被溶质夺取，束缚水不能作为溶剂，因而不被溶质夺取。依据这个特性，将植物组织浸入高浓度的蔗糖溶液中脱水一定时间，由蔗糖溶液从植物组织中夺取的水分为自由水，未被夺取而留在植物组织中的水分为束缚水。自由水的含量可根据所加蔗糖溶液的浓度变化量来测知，植物组织中的总含水量减去自由水含量，即为束缚水含量。

【器材与试剂】

1. 实验仪器与用具

阿贝折射仪，分析天平（1/10000），烘箱，超级恒温水浴锅，打孔器（直径 5 mm），干燥器，滤纸，称量瓶，吸滤管，移液管。

2. 实验试剂

质量分数为 65%～75%蔗糖溶液（65～75 g 蔗糖加 25～35 mL 水加热溶解）。

3. 实验材料

新鲜植物叶片。

Ⅰ　折 射 仪 法

【实验步骤】

（1）取称量瓶 2 个，洗净、烘干，编号后称重备用。

（2）在田间或培养的植物选定待测植株数株，取部位、长势、叶龄等较一致的植物叶片 5～10 片，在叶子的半边用 5 mm 打孔器钻下小圆片，每叶 5 片，放入 1 号称量瓶中，盖紧；然后在叶子的另一半边的对称位置上同样钻下 5 片小圆片，放入 2 号称量瓶中，盖紧。

（3）1 号称量瓶于 105℃烘箱中烘干至恒重，计算水的含量；2 号称量瓶放在分析天平上称重，求得样品鲜重 m_f。

（4）用移液管吸取 5 mL 65%～75%蔗糖溶液，加到 2 号称量瓶中，加盖后用分析天平称重，求得所加蔗糖溶液的质量 m_s。小心摇动瓶中溶液，使与样品混合均匀，放在阴凉处 4～5 h，其间经常摇动。

（5）将折射仪与超级恒温水浴锅相连，水浴温度调节到 20℃。

（6）用吸滤管（在玻管的一端塞上少许脱脂棉，另一端配上橡皮吸头）吸取 2 号称量瓶中上层透明的溶液少许，滴一滴在折射仪棱镜的毛玻璃上，旋紧棱镜，测定浸出液的含糖质量分数 B_2。棱镜用蒸馏水清洗并擦拭干净后，再用同样方法测得原来蔗糖溶液的含糖质量分数 B_1。

【计算方法】

按式（5-1）计算植物样品中自由水的含量（%）。

$$B = \frac{m_s(B_1 - B_2)}{B_2 \times m_f} \times 100\% \qquad (5\text{-}1)$$

式中，B 为自由水的含量；m_s 为加入样品中的蔗糖溶液的质量；B_1 为原蔗糖溶液质量分数；B_2 为浸出液的质量分数；m_f 为植物样品鲜重。

求得自由水含量后，即可根据下式求出束缚水含量。

束缚水含量 = 总含水量–自由水含量

Ⅱ　称　重　法

【实验步骤】

（1）取称量瓶 2 个，洗净、烘干，编号后称重备用。

（2）在田间或培养的植物选定待测植株数株，取部位、长势、叶龄等较一致的完整叶片 5～10 片，去除主脉，剪成几片面积相当的叶片（尽量保持叶片完整性，不破坏叶片的结构）。立即置于 1 号称量瓶，在分析天平上称重，求得样品鲜重 m_f。

（3）1 号称量瓶加入质量为植物叶片质量 6 倍的 65%～75%蔗糖溶液，小心摇动瓶中溶液，使与样品混合均匀，置于暗处 6 h，其间不时轻轻摇动。

（4）将叶片取出，用吸水纸或滤纸吸去表面糖液，立即置于 2 号称量瓶，在分析天平上称重，求得浸泡后叶片质量 m_2。

（5）将 2 号称量瓶于 105℃烘箱中烘干至恒重 m_d。

【计算方法】

$$总含水量 = [(m_f-m_d)/m_f] \times 100\%$$
$$植物组织中自由水含量 = [(m_f-m_2)/m_f] \times 100\%$$
$$植物组织中束缚水含量 = 总含水量 - 自由水含量$$

【注意事项】

（1）用于计算含水量的叶片要在长势、部位、叶龄等方面一致。

（2）用于计算含水量的叶子圆片和用于测定的叶子圆片，必须在同一叶片的对称位置上取下。

（3）用折射仪测定蔗糖浓度时，要注意校正和控制温度（恒温水的温度必须控制在 20℃）。

【思考题】

（1）植物组织中的自由水与束缚水的生理作用有何不同？测定植物组织中自由水与束缚水的含量有何意义？

（2）自由水与束缚水比值的大小与生长、代谢活动及抗性关系如何？

实验 1-2　质壁分离法测定植物组织渗透势

【实验目的】

观察植物组织在不同浓度溶液中细胞质壁分离的产生过程及其用于测定植物组织渗透势的方法。

【实验原理】

当植物组织细胞内的汁液与其周围的某种溶液处于渗透平衡状态，植物细胞内的压力势为零时，细胞汁液的渗透势就等于该溶液的渗透势。该溶液的浓度称为等渗浓度。

当用一系列梯度浓度溶液观察细胞质壁分离现象时，细胞的等渗浓度将介于刚刚引起初始质壁分离的浓度和尚不能引起质壁分离的浓度之间的溶液浓度。代入公式即可计算出其渗透势。

【器材与试剂】

1. 实验仪器与用具

显微镜，载玻片及盖玻片，镊子，刀片。

2. 实验试剂

100 mL 浓度为 1 mol/L 蔗糖溶液,用蒸馏水配成 0.10 mol/L、0.15 mol/L、0.20 mol/L、0.25 mol/L、0.30 mol/L、0.35 mol/L、0.40 mol/L、0.45 mol/L、0.50 mol/L 的蔗糖溶液各 50 mL。

3. 实验材料

洋葱鳞茎或紫鸭跖草叶片。

【实验步骤】

(1)取带有色素的洋葱鳞茎或紫鸭跖草叶片下表皮,大小以 0.5 cm² 为宜。迅速分别投入各种浓度的蔗糖溶液中,使其完全浸入 5～10 min。

(2)从 0.50 mol/L 蔗糖溶液开始依次取出表皮薄片放在滴有同样溶液的载玻片上,盖上盖玻片,于低倍显微镜下观察,如果所有细胞都产生质壁分离的现象,则取低浓度溶液中的制片做同样观察,并记录质壁分离的相对程度。

(3)在实验中确定一个引起半数以上细胞原生质刚刚从细胞壁的角隅上分离的浓度和不引起质壁分离的最高浓度。

(4)在找到上述极限浓度时,用新的溶液和新鲜的叶片重复进行几次,直到有把握确定为止。在此条件下,细胞的渗透势与两个极限浓度之平均值的渗透势相等。

【计算方法】

测出引起质壁分离刚开始的蔗糖溶液最低浓度和不能引起质壁分离的最高浓度平均值之后,可按式(5-2)计算在常压下该组织的渗透势。

$$\psi_s = -RTic_1 \tag{5-2}$$

式中,ψ_s 为细胞渗透势;R 为摩尔气体常数,$R = 8.31$ J/(mol·K);T 为热力学温度(K),即 $273 + t$,t 为实验温度(℃);i 为解离常数,蔗糖为 1;c_1 为等渗溶液的浓度(mol/L)。

则

$$\psi_s = -0.083 \times 10^5 \times (273 + t) \times 1 \times c_1$$

【注意事项】

(1)撕下的表皮组织必须完全浸没于溶液中。

(2)组织渗透势的单位(Pa)及数值的简化(MPa)与负值的生理含义。

【思考题】

（1）细胞渗透作用的原理是什么？

（2）不同植物组织的渗透势有没有区别？

实验 1-3　植物组织水势的测定

【实验目的】

理解植物组织中水分状况。掌握植物组织中水分状况常见表示方法及测定方法。

【实验原理】

植物组织的水分状况可用水势（Ψ）来表示。植物体细胞之间、组织之间以及植物体与环境之间的水分移动方向都由水势差决定。将植物组织放在已知水势的一系列溶液中，如果植物组织的水势（Ψ_{cell}）小于某一溶液的水势（Ψ_{out}），则组织吸水，反之组织失水。若两者相等，水分交换保持动态平衡。组织的吸水或失水会使溶液的浓度、相对密度、电导率以及组织本身的体积与质量发生变化。根据这些参数的变化情况可确定与植物组织等水势的溶液，再通过计算与植物组织这一等水势的溶液的渗透势，即可测得待测材料的植物组织水势。

液体交换法测定水势的方法通常有小液流法、折射仪法和电导仪法 3 种，均可以叶片或碎的组织为材料来进行测定。上述 3 种方法的差别列于表 5-1。通过比较这 3 种测定方法所得结果，可比较 3 种方法各自的优缺点，也可根据条件选择其中一种方法（以小液流法较常用）。

表 5-1　不同液体交换法测定水势的比较

测定方法	比较项目	
	使用器材与原理	判断依据与方法
小液流法	通过毛细移液管溢出的小液流观察外液的相对密度变化	植物组织与处理（实验）溶液的水分交换存在 3 种可能（吸水、失水、平衡），引起处理（实验）溶液的相对密度呈现 3 种变化（升高、下降、不变），导致处理（实验）溶液的小液流在对照溶液中相应地下降、上升或不动（悬浮）
折射仪法	用折射仪测定外液的折光系数变化	植物组织与处理（实验）溶液的水分交换存在 3 种可能（吸水、失水、平衡），相应可测定处理（实验）溶液的折光系数引起的 3 种变化（升高、下降、不变）
电导仪法	用电导仪测定外液的电导率变化	植物组织与处理（实验）溶液的水分交换存在 3 种可能（吸水、失水、平衡），相应可测定处理（实验）溶液的电导率出现的 3 种变化（升高、下降、不变）

Ⅰ　小 液 流 法

【器材与试剂】

1. 实验仪器与用具

试管（或青霉素小瓶），移液管，直角弯头的毛细滴管（自制），直径 0.5 cm 打孔器，镊子。

2. 实验试剂

1.00 mol/L 蔗糖溶液（342.3 g/L），10%亚甲基蓝溶液（用水配制）。

3. 实验材料

玉米或菠菜等植物叶片。

【实验步骤】

（1）用 1.00 mol/L 蔗糖母液配制一系列不同浓度的蔗糖溶液（0.1 mol/L、0.2 mol/L、0.3 mol/L、0.4 mol/L、0.5 mol/L、0.6 mol/L、0.7 mol/L、0.8 mol/L）各 10 mL，注入 8 支编好号的试管中，各管都加上塞子，按编号顺序在试管架上排成一列，作为对照组。

（2）另取 8 支试管或青霉素小瓶，对应于对照组各管编号，作为实验组。然后从对照组的各管中分别取 4 mL 溶液移入相同编号的实验组试管或青霉素小瓶中，并都加上塞子。

（3）用打孔器在玉米或菠菜叶片中部靠近主脉附近打取叶圆片，随机取样，向实验组的每一试管或青霉素小瓶中放入相等数目（15～30 片）的叶圆片，加塞，放置 30 min，其间摇动数次。然后，用大头针蘸一下 10%亚甲基蓝溶液（如果有条件的话，用微量移液器吸取 1 μL）加入每一试管或青霉素小瓶中，并振荡，此时溶液呈蓝色。

（4）用 8 支自制直角弯头的毛细滴管，从实验组的各管中依次吸取着色的液体少许，然后伸入对照组同样浓度溶液的中部，缓慢从毛细滴管尖端横向放出一滴蓝色溶液，轻轻取出滴管，观察蓝色液滴的移动方向，如果蓝色液滴向上移动，说明溶液从叶片细胞中吸出水分而被冲淡，溶液密度比原来小了；如果液滴向下移动，则说明叶片细胞从溶液中吸了水，溶液密度变大；如果液滴不动，则说明叶片与溶液的水分交换平衡，即叶片的水势与此种浓度的溶液的渗透势相等。

【计算方法】

根据公式（5-3）计算叶片细胞的水势。

$$\Psi_{cell} = \Psi_{out} = -icRT \tag{5-3}$$

式中，Ψ_{cell}为植物组织水势；Ψ_{out}为外界溶液渗透势；i为解离常数，蔗糖为1；c为小液滴在其中基本不动的溶液的浓度（mol/L）；R为摩尔气体常数，$R = 8.31$ J/(mol·K)；T为热力学温度（K），即$273 + t$，t为实验温度（℃）。

II 折 射 仪 法

【器材与试剂】

1. 实验仪器与用具

阿贝折射仪，温度计，试管，移液管，直径0.5 cm打孔器，镊子。

2. 实验试剂

1.00 mol/L 蔗糖溶液。

3. 实验材料

玉米或菠菜等植物叶片。

【实验步骤】

（1）用 1.00 mol/L 蔗糖母液配制一系列不同浓度的蔗糖溶液（0.1 mol/L、0.2 mol/L、0.3 mol/L、0.4 mol/L、0.5 mol/L、0.6 mol/L、0.7 mol/L、0.8 mol/L）各5 mL，注入8支编好号的试管中，各管都加上塞子，按编号顺序在试管架上排成一列。

（2）用折射仪分别测定1～8号试管的折射率，折射仪接上自来水加以恒温。

（3）用打孔器在叶片中部靠近主脉附近打取叶圆片，随机取样，浸入1～8号试管中，每管放入相等数目（15～30片）的叶圆片，加塞，放置2 h，其间摇动数次。然后用折射仪再次测定蔗糖溶液的折射率。

（4）前后两次测定折射率不变或变化很小的试管中的糖浓度即为等渗浓度或近似等渗浓度。叶片的水势与此种浓度的溶液的渗透势相等。

【计算方法】

根据公式（5-3）计算叶片细胞的水势。

【注意事项】

（1）小液流法用的滴管尖端弯成直角，使得液滴在溶液中上、下运动的方向只取决于它的密度（或浓度）。

（2）折射仪法前后两次测定溶液的折射率时，温度必须一致。

【思考题】

（1）两种水势测定方法各自有哪些优越性？测定材料为叶片时，用其小圆片与外液进行水分交换，有何缺点？

（2）用小液流法测定植物组织的水势与质壁分离法测定植物组织的渗透势，都是以外界溶液的浓度计算其溶质势，它们之间的区别何在？

第 六 章

综合设计实验 2　矿质元素对植物生长发育的作用

久远以来，亚里士多德认为供给植物生长发育的物质完全依靠于土壤，而且是来自土壤腐烂的物质。中国清代思想家、文学家和改良主义的先驱者，被柳亚子（1887～1958）誉为"三百年来第一流"的龚自珍（1792～1841），也意识到了"落红不是无情物，化作春泥更护花。"

德国土壤学家泰伊尔（von Thaer，1752～1828）1809 年通过其著作《合理的农业原理》创立"腐殖质植物营养学说"，提出除了水分以外，土壤中的腐殖质是唯一能作为植物养料的物质，是植物碳素营养和其他营养物质的源泉，土壤腐殖质含量决定了土壤供给植物生长发育所需养分的肥力，错误地认为腐殖质可以被植物所直接利用并且作为植物碳素的来源。

"腐殖质植物营养学说"曾一度被学术界广为接受，历时达数十年之久。直至1840 年，德国化学家、实验教学之父李比希（von Liebig，1803～1873）出版著名的《化学在农业和生理学上的应用》一书，认为植物的原始养分是矿物质，创立"植物矿质营养学说"，从而修正了泰伊尔的错误并取代"腐殖质植物营养学说"。"植物矿质营养学说"不仅在植物生理学、土壤科学、农业化学发展史中具有划时代的意义，而且促进了当时的新兴产业——化肥工业的发展，从而为第一次绿色革命奠定利用化肥的物质基础。"植物矿质营养学说"是植物生理学史上的首个系统的科学学说，该学说的确立成为植物生理学由萌芽阶段向成熟阶段发展的分水岭，是植物生理学史上的一座伟大的里程碑。

1842 年，德国科学家卫格曼（Wiegmen）和波斯托罗夫（Polsloff）第一次用白金坩埚和白金碎屑来支撑植物，并加入溶有硝酸铵和植物灰分浸提液的重蒸馏水来栽培植物获得成功。1859～1865 年，德国著名植物生理学家萨克斯（Sachs，1832～1897）和克诺普（Knop）采用化学分析法分析植物体，形成了较为完善的营养液配方并研究了水培装置。1935 年，美国科学家霍格兰（Hoagland）和阿农（Arnon）等分析研究了不同土壤溶液的组成及浓度，进一步阐明了添加微量元素的必要性。并对营养液中营养元素的比例和浓度进行了大量的研究，在此基础上发表了许多营养液配方。1917 年，中国植物生理学创始人之一钱崇澍（1883～1965），发表中国的第一篇植物矿质营养学论文《钡、锶、铈对水绵属的特殊作用》，这也是中国的第一篇植物生理学论文。我国著名的植物生理学家罗宗洛（1898～1978）早在 20 世纪 30 年代也开展了有关植物矿质营养的研究，尤其是在氮素营养方面做了大量工作。他在研究玉米幼苗吸收铵态氮（NH_4^+）和硝态氮（NO_3^-）的试验中发现，玉米在以硝酸钠为氮源的营养液中生长良好，而水稻则在以硫酸铵为氮源的营养液中干物质积累较多，从而证明了各种作物对 NO_3^- 和 NH_4^+ 两种氮源有不同的反应。同时，他还证明了玉米幼苗在不同 pH 的营养液中，对 NO_3^- 和 NH_4^+ 的吸收量有显著的差异。1937～1945 年，他还开展了包括微量元素在内的矿质营养研究工作，取得不少成果。

近一个世纪以来，诺贝尔奖四次授予与植物矿质营养直接或间接相关的研究。最近的一次是 2003 年，美国生物化学家彼得·阿格雷（Peter Agre，1949～）和生物学家罗德里克·麦金农（Roderick MacKinnon，1956～），关于离子通道的研究而获得诺贝尔化学奖。阿格雷 1988 年首先在细胞膜上发现一种分子质量为 28 kDa 的蛋白（CHIP28），进而掀起分离和鉴定膜通道蛋白的高潮。麦金农则绘制出世界上第一张离子通道（K^+ 通道蛋白）的三维结构图，并阐明离子通道的结构和工作原理。离子通道是矿质离子快速进出细胞的专一性通道，在调节包括植物细胞在内的细胞生命活动过程中非常重要。由于美国生物化学家保罗·博耶（Paul Boyer，1918～2018）、英国生物化学家约翰·沃克（John Walker，1941～）和丹麦科学家延斯·克里斯蒂安·斯科（Jens Christian Skou，1918～2018）阐明了三磷酸腺苷（ATP）合成中的酶催化机理共同获得 1997 年诺贝尔化学奖。博耶根据彼得·米切尔的化学渗透学说，提出 ATP 合成酶合成 ATP 的"结合转变机制"。沃克确定了构成 ATP 合成酶的蛋白质亚基的氨基酸序列，澄清了 ATP 合成酶的三维结构，支持了博耶的"结合转变机制"。丹麦科学家斯科则发现了离子泵利用 ATP 逆浓度梯度转运离子的机制。他们的研究成果使人们认识了生物产生能量的方法以及能量在离子跨膜转运中的作用机制。

1991 年，德国科学家埃尔温·内尔（Erwin Neher，1944～）和伯尔特·萨克曼（Bert Sakmann，1942～），因发现细胞中单离子通道的功能共同获得诺贝尔生理学或医学奖。他们发现细胞膜上存在着单一离子通道，并对这些单一离子通道的功能作了研究。而且据此发明了一种可以直接测定单个离子通道电流的"膜片钳（patch clamp）技术"。现在，这项技术在植物生理学领域广泛使用。最远的一次（1918 年）与植物矿质营养直接相关的诺贝尔化学奖最具争议，因为获奖者德国化学家弗里茨·哈贝尔（Fritz Haber，1868～1934）在第一次世界大战中担任化学兵工厂厂长，研制和生产氯气、芥子气等毒气，并使用于战争。虽然 1909 年，哈贝尔成为第一个从空气中制造出氨的科学家，使人类从此摆脱依靠天然氮肥的被动局面，加速了世界农业的发展，但因他制造的化学武器造成近百万人伤亡，遭到世界科学家特别是中国、美国、英国、法国等国家的科学家们的谴责。

【模块实验目的】

植物生长需要营养元素。已经知道植物生长发育必需的元素有碳、氢、氧、氮、磷、钾、硫、钙、镁、硅、铁、锰、硼、锌、铜、钼、钠、镍和氯等 19 种。利用溶液培养法或砂基培养法培养植株，当缺乏某一种必需元素时，会影响植物的生长发育，使植物不能正常地完成生活周期，表现出专一缺乏症状和生理病症。本模块实验通过溶液培养法，了解植物在缺乏氮、磷、钾等元素时形态特征上出现的症状，进一步分析植物体内矿质元素含量、硝酸还原酶活性的变化，了解其对植物生长发育的影响。

【流程图】

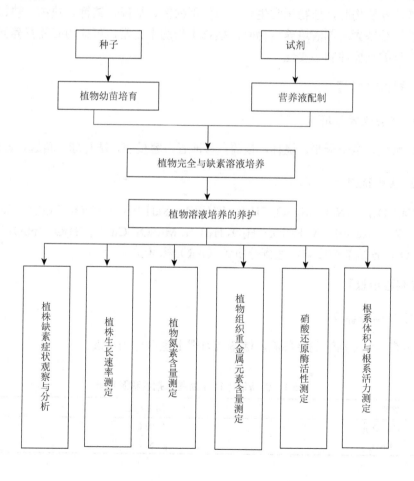

实验 2-1　植物溶液培养的营养液配制

【实验目的】

（1）学习配制溶液培养原液，利用原液配制完全培养液和缺素培养液的方法。
（2）掌握验证矿质元素生理功能的原理与方法。

【实验原理】

应用溶液培养方法，可人为地控制植物生长所需的营养元素，研究植物生长对矿质元素的需求和矿质元素在植物生长发育过程中的作用。当植物生长在缺乏某元素的土壤（溶液）中时，植物的生长发育受到影响，表现出专一缺乏症。本实验使用完全培养液和缺素培养液培养植物，观察植物的生长情况。当使用完全培养液培养植物时，植物正常生长；当使用缺氮、缺磷、缺钾、缺钙、缺镁、缺硫、缺铁等缺素培养液培养植物时，植物生长均不正常，可证明必需营养元素对植物生长的重要性和必要性。

【器材与试剂】

1. 实验仪器与用具

纯水仪，电子天平，烧杯，量筒，移液管，容量瓶，洗耳球，角匙，玻璃棒。

2. 实验试剂

$Ca(NO_3)_2$，KNO_3，$MgSO_4 \cdot 7H_2O$，KH_2PO_4，NaH_2PO_4，$NaNO_3$，$MgCl_2$，Na_2SO_4，$CaCl_2$，KCl，$Na_2\text{-EDTA}$，$FeSO_4 \cdot 7H_2O$，H_3BO_3，$MnSO_4$，$CuSO_4 \cdot 5H_2O$，$ZnSO_4 \cdot 7H_2O$，H_2MoO_4。各试剂纯度均需达到分析纯（AR）标准。

【实验步骤】

1. 配制储备液

按表 6-1 分别配制储备液，储备液习惯上也可称为母液。

表 6-1　储备液（1L）所需试剂名称及用量

试剂名称	用量/(g/L)
$Ca(NO_3)_2$	82.07
KNO_3	50.56

续表

试剂名称	用量/(g/L)
MgSO$_4$·7H$_2$O	61.62
KH$_2$PO$_4$	27.22
NaH$_2$PO$_4$	24.00
NaNO$_3$	42.45
MgCl$_2$	23.81
Na$_2$SO$_4$	35.51
CaCl$_2$	55.50
KCl	37.28
Fe-EDTA	Na$_2$-EDTA 7.45, FeSO$_4$·7H$_2$O 5.57
微量元素	H$_3$BO$_3$ 2.860, MnSO$_4$ 1.015, CuSO$_4$·5H$_2$O 0.079, ZnSO$_4$·7H$_2$O 0.220, H$_2$MoO$_4$ 0.090

Fe-EDTA 的配制：①称取 Na$_2$-EDTA 7.45 g 于 1 个干燥洁净烧杯中，加入 200～300 mL 新煮沸放置冷却至 60～70℃的温水，搅拌至完全溶解。冷却后倒入 500 mL 容量瓶中，用新煮沸并放置冷却的水定容至 500 mL 摇匀备用。②称取 FeSO$_4$·7H$_2$O 5.57 g 于另一烧杯中，加入约 200～300 mL 新煮沸放置冷却的水，搅拌至完全溶解，倒入 500 mL 容量瓶中，加水至刻度，摇匀。③将已预先配制好的 Na$_2$-EDTA 溶液和 FeSO$_4$·7H$_2$O 溶液等体积混合，即得所需浓度的 Fe-EDTA 储备液。注：配制用水均为去离子水。

2. 配制培养液

按表 6-2 用量，分别配制完全培养液和各种缺素培养液。

表 6-2　每 1L 完全与缺素培养液配制表

储备液	储备液用量/mL								
	完全	−N	−P	−K	−Ca	−Mg	−S	−Fe	缺其他微量元素
Ca(NO$_3$)$_2$	10	—	10	10	—	10	10	10	10
KNO$_3$	10	—	10	—	10	10	10	10	10
MgSO$_4$	10	10	10	10	10	—	—	10	10
KH$_2$PO$_4$	10	10	—	—	10	10	10	10	10
NaH$_2$PO$_4$	—	—	—	10	—	—	—	—	—
Fe-EDTA	1	1	1	1	1	1	1	—	1
微量元素	1	1	1	1	1	1	1	1	—
NaNO$_3$	—	—	—	10	10	—	—	—	—
MgCl$_2$	—	—	—	—	—	—	10	—	—

储备液	储备液用量/mL								
	完全	–N	–P	–K	–Ca	–Mg	–S	–Fe	缺其他微量元素
Na₂SO₄	—	—	—	—	—	10	—	—	—
CaCl₂	—	10	—	—	—	—	—	—	—
KCl	—	10	4	—	—	—	—	—	—

注：表中"—"表示不添加。

配制各种培养液时，先取蒸馏水 900 mL，然后按表 6-2 用量加入相应的储备液，最后配成 1000 mL，切忌先取各种储备液直接混合，以避免产生沉淀。各种培养液配好后，用稀酸（1 mol/L 的 HCl）、碱（1 mol/L 的 NaOH）调节 pH 至 6～6.5。

【注意事项】

（1）所有药品必须为分析纯（AR）试剂级。

（2）试剂称量和溶液用量要精确。

（3）所有用具要洁净、保证不受污染。使用前可将其用 10% HCl 浸泡 24 h，取出后先用自来水冲洗三次除净残余 HCl，再用去离子水冲洗三次。

【思考题】

若配制表 6-2 的各种培养液各 1500 mL，需要分别从各种培养母液中吸取多少母液的用量？如何换算？

实验 2-2　植物溶液培养的缺素症状观察与分析

【实验目的】

掌握植物溶液培养方法。理解和辨别植物缺乏氮、磷、钾等必需矿质元素的症状。

【实验原理】

植物在生长过程中，需要氮、磷、钾、钙、镁、硫、铁等必需矿质元素，当缺少任何一种必需的矿质元素时，都会引起植物的根、茎、叶出现特有的生理病症。通过对缺素培养的植物营养器官进行病症观察，可以了解植物生长需要哪些元素。

【器材与试剂】

1. 实验仪器与用具

纯水仪，电子天平，培养缸或培养容器，鱼缸充气泵，烧杯，量筒，移液管，洗耳球，角匙，玻璃棒。

2. 实验试剂

$Ca(NO_3)_2$，KNO_3，$MgSO_4 \cdot 7H_2O$，KH_2PO_4，NaH_2PO_4，$NaNO_3$，$MgCl_2$，Na_2SO_4，$CaCl_2$，KCl，$Na_2\text{-}EDTA$，$FeSO_4 \cdot 7H_2O$，H_3BO_3，$MnSO_4$，$CuSO_4 \cdot 5H_2O$，$ZnSO_4 \cdot 7H_2O$，H_2MoO_4。各试剂纯度均需达到分析纯（AR）标准。石英砂。

3. 实验材料

黄瓜或番茄、南瓜、绿豆、大豆、玉米、水稻等。

【实验步骤】

（1）培养幼苗。实验种子用 3%的 H_2O_2 溶液或漂白粉溶液灭菌 30 min，用无菌水冲洗数次，然后置于洗净的石英砂中发芽，加蒸馏水，等幼苗长出第一真叶时待用。其中，粒小的种子，从种子带来的营养元素少，缺乏症容易出现，粒大的种子可以在幼苗未做缺素培养之前，先将胚乳（或子叶）除去，这样可以加速缺乏症的出现。

（2）幼苗定植。小心选取在育苗盘预先培育的大小一致的幼苗，浸洗干净幼苗根系黏附的沙子或基质（注意不要伤根），用海绵或泡沫塑料小心包裹幼苗茎的基部（不接触到根），插入培养缸（罐）的定植孔中，每孔一株。培养缸（罐）做好标记（完全培养、各种缺素培养）。

（3）在 25～30℃，光照 12 h/d 条件下培养 3～4 周，每天定期观察在缺素溶液中生长的植株（与在完全溶液培养的植株比较），其在叶片数目、叶色、植株高度、根的数目和长度等方面是否出现明显症状。

（4）将缺素培养液更换成完全培养液，继续培养植株 1～2 周，每天定期观察分析在步骤（2）出现的症状是否有变化。

（5）观察、取样与测定、分析。对所培养的植株与完全或其他不同缺素培养的植株认真比对，分别比较植株间全株与局部的形态差异。形态观察时，注意植株整体生长状况、老叶与幼叶的生长情况、顶芽状况、茎的生长和分枝状况、节的数量及代表性节间长、根的生长与开花情况等。供取样分析的植株必须完整和典型，同一处理的样本植株间生长要相对一致，保证样本植株间有较好的重复性。

取样测定、分析的植物材料，可用于分析鲜重、干重，测定叶绿素含量、根的特性及其活力等。

（6）记录和分析在不同培养液培养一段时间后植株的叶色、叶片数目、病叶数目、老叶与嫩叶病症、植株高度、各部分生物量（鲜重、干重）等，将观察结果列为三线表格呈现。

【注意事项】

（1）培养期间，每天定期补足培养缸内的水分至原来的高度。每周更换 1 次培养液，更换的培养液要调节为原先的 pH。保持培养容器中植物根部良好的通气，培养液的通气可用鱼缸充气泵通过通气小管充气。

（2）幼苗培养初期的 1～2 周，也可将各种待处理的幼苗都进行 1/2 完全培养，待植株表现一致后，再进行各种缺素培养。缺素培养处理时，各待用植株的根系要先用饱和 $CaCO_3$ 溶液充分浸泡以交换根表的离子，然后用去离子水冲洗干净后分别进行缺素处理和培养。

（3）若使用砂培，要用 10% HCl 浸泡沙粒 24 h，取出沙粒先用自来水将沙冲洗三次除净残余 HCl，再用去离子水冲洗三次。

（4）植株培养期间，注意记录各种元素缺乏症的症状开始出现的部位和日期。

【思考题】

不同植物材料在缺氮或缺磷等溶液培养中出现病症的时间和程度相同吗？为什么？

附：植物缺乏矿质元素的病症检索表[*]

病症	缺乏元素
A. 老叶病症	
B. 病症常遍布整株，基部叶片干焦和死亡	
C. 植物浅绿，基部叶片黄色，干燥时呈褐色，茎短而细	氮
C. 植株深绿，常呈红或紫色，基部叶片黄色，干燥时暗绿，茎短而细	磷
B. 病症常限于局部，基部叶片不干焦，但杂色或缺绿，叶缘杯状卷起或卷皱	
C. 叶杂色或缺绿，有时呈红色，有坏死斑点，茎细	镁
C. 叶杂色或缺绿，在叶脉间或叶尖和叶缘有坏死小斑点，茎细	钾
C. 坏死斑点大而普遍在叶脉间，最后扩展至叶脉，叶厚，茎短	锌

* 引自潘瑞炽主编《植物生理学》（第六版），高等教育出版社（2008 年），P32-33。

病症	缺乏元素
A. 嫩叶病症	
B. 顶芽死亡，嫩叶变形和坏死	
C. 嫩叶初呈钩状，后从叶尖和叶缘向内死亡 ······	钙
C. 嫩叶基部浅绿，从叶基起枯死，叶捻曲 ······	硼
B. 顶芽仍活，但缺绿或萎蔫，无坏死斑点	
C. 嫩叶萎蔫，无失绿，茎尖弱 ······	铜
C. 嫩叶不萎蔫，有失绿	
D. 坏死斑点小，叶脉绿色 ······	锰
D. 无坏死斑点	
E. 叶脉仍绿 ······	铁
E. 叶脉失绿 ······	硫

实验 2-3　植物溶液培养的养护

【实验目的】

熟悉植物溶液培养的管理过程，掌握植物溶液培养的关键管理技术。熟悉电导仪的使用。

【实验原理】

溶液培养的植物在生长过程中，生长状况不断发生变化。随着植物的长高、长重和节数增多、叶片展开，需要适时调整所培养植物的放置位置，对歪倒的植物要扶正，对相互遮盖的叶片要移位。即通过对生长的植株进行固定、调节方向和扶正等养护，以保证植物接受光照和生长条件良好。植物不管是在完全培养液，还是在缺素培养液培养一段时间后，培养液的成分因被植物吸收，浓度会下降，培养液的离子浓度变化可用电导仪进行监测。测试和分析培养液电导率降低的程度，可相应判断培养植株对营养液养分的吸收情况。生产上，以此决定是否需要更换或补充营养液。

【器材与试剂】

1. 实验仪器与用具

电导仪，烧杯，滴管。

2. 实验试剂

实验 2-2 的完全培养液，各种缺素培养液，去离子水。

3. 实验材料

实验 2-2 培养的植株。

【实验步骤】

（1）电导仪的使用。取出仪器，先组装好，接入电源预热 0.5 h，每次测量前用去离子水冲洗干净电导电极，并用吸水纸擦干，然后方可测待测液的电导率。使用完后，要将电导电极洗干擦干，并套上保护套。

（2）培养液电导率的测定。新配制完全和各种缺素营养液，分别加入先前已经完全和缺素培养植物一周的溶液缸里，待溶液循环 5 min 左右，取样液测量其电导率，标记好各营养液在溶液缸中的高度。3 d 后，加去离子水至第一次的营养液高度，以保证营养液体积在测定前后一致，3 min 后取样液，测其电导率，并记录相对应的数据。

（3）植株生长状态观察。定期观察植物的长势（如植株、老叶和幼叶生长状况、开花的状况等），并进行记录。

（4）列表记录各次所测的营养液电导率数据和植株生长情况（表 6-3），分析这些变化的原因。

表 6-3　两次测定的培养液电导率和植株生长情况

处理	第一次测定		第二次测定	
	电导率	植株生长情况	电导率	植株生长情况
完全				
–N				
–P				
–K				
–Ca				
–Mg				
–S				
–Fe				
缺其他微量元素				

【注意事项】

两次测定时，通过调节营养液高度一致，以保证营养液体积在测定前后一致。

实验 2-4　植物生长速率的测定

【实验目的】

（1）掌握植物生长速率的测定方法。
（2）掌握植物生长速率的两种表示方法及其代表的意义。

【实验原理】

植物生长量可以用植物器官的鲜重、干重、长度、面积和直径等表示。生长速率表示生长的快慢，相当于植物的长势，有绝对生长速率和相对生长速率两种。绝对生长速率是指单位时间内的绝对增长量；单位时间的增长量与原有植株量的比值称为相对生长速率。通过分析植物的生长速率可以了解不同时期或不同区域采取的农业措施对植物生长的影响。

【器材与试剂】

1. 实验仪器与用具

电子天平，吸水纸，培养缸。

2. 实验试剂

同实验 2-2。

3. 实验材料

同实验 2-2 或单独萌发的幼苗。

【实验步骤】

（1）待实验 2-2 所培养或单独萌发的幼苗长至 10 cm 左右时，小心取出洗净备用。
（2）选取长势一致的各种培养的幼苗 20 株，用吸水纸吸干水分，4 株一组，于电子天平上称量植株鲜重，记为 m_0（g）。
（3）将上述各组植株分别转入到完全培养液和缺素培养液中生长 7~15 d，取出植株，用吸水纸吸干水分，于电子天平上称量植株鲜重，记为 m_1（g）。

【计算方法】

根据测定结果，按公式（6-1）计算生长在完全培养液和各种缺素培养液中幼苗的绝对生长速率和相对生长速率（相对于测定前重量 m_0 的单位时间增重量）：

$$v_{绝对} = (m_1 - m_0)/t$$
$$v_{相对} = v_{绝对}/m_0$$

（6-1）

式中，$v_{绝对}$ 表示绝对生长速率（g/d）；t 为培养时间（d）；$v_{相对}$ 表示相对生长速率（d^{-1}）。

【注意事项】

取出植株称重 m_0 时，不能损伤植株根系，而且称重过程应尽量迅速完成，以免根系暴露空气而干燥太久受损。

【思考题】

（1）若研究玉米不同生育时期的生长速率，如何设计实验？
（2）如何根据计算结果，参照第二章第三节方法对所得实验数据进行 t 检验？

实验 2-5　植物氮素含量测定

I　微量凯氏定氮法测定植物组织的总氮含量

【实验目的】

掌握微量凯氏定氮法测定植物组织总氮含量的方法。掌握植物组织总氮含量换算为样品粗蛋白含量的方法。

【实验原理】

植物组织中的总氮包括蛋白氮和非蛋白氮两大类。组成蛋白质的氮被称为蛋白氮；非蛋白氮则是其他一些氮化合物，包括氨基酸和酰胺，以及少量未被同化的无机氮的统称。非蛋白氮都是可溶于三氯乙酸溶液的小分子化合物。可利用三氯乙酸将蛋白质沉淀出来，再分别测定总氮、蛋白氮或非蛋白氮。生物体内的含氮化合物以有机态氮为主，总氮含量通常用微量凯氏定氮法测定。

在用微量凯氏定氮法测定总氮含量时，首先将植物材料与浓硫酸一起加热消化，硫酸分解为二氧化硫（SO_2）、水和原子态氧[O]，并将有机物质氧化分解成二氧化碳（CO_2）和水；而其中的氮转变为氨（NH_3），进而生成硫酸铵[$(NH_4)_2SO_4$]。

为加速植物组织中有机物分解，消化时常加入多种催化剂，如硫酸铜（$CuSO_4$）、硫酸钾（K_2SO_4）和硒粉等以提高消化液的沸点和反应速度。消化完毕后再加入过量的浓 NaOH，经强碱碱化使之分解释放 NH_3，通过蒸馏借蒸气将 NH_3 导入过量的硼酸溶液中被吸收，并用标准盐酸滴定，直到硼酸溶液恢复原来的氢离子浓度。根据消化液被中和的程度（滴定消耗的标准盐酸的物质的量即为 NH_3 的物质的量）。通过计算，即可得出样品的总氮量。

以甘氨酸为例，整个反应方程式如下：

消化：$CH_2NH_2COOH + 3H_2SO_4 \longrightarrow 2CO_2 + 3SO_2 + 4H_2O + NH_3 \uparrow$

$$2NH_3 + H_2SO_4 \longrightarrow (NH_4)_2SO_4$$

蒸馏：$(NH_4)_2SO_4 + 2NaOH \longrightarrow 2H_2O + Na_2SO_4 + 2NH_3 \uparrow$

吸收：$2NH_3 + 4H_3BO_3 \longrightarrow (NH_4)_2B_4O_7 + 5H_2O$

滴定：$(NH_4)_2B_4O_7 + 2HCl + 5H_2O \longrightarrow 2NH_4Cl + 4H_3BO_3$

蛋白质是一类复杂的含氮化合物，每种蛋白质都有其恒定的含氮量（约在 14%～18%，平均约含氮 16%）。故可用蛋白氮的量乘以 6.25（100/16 = 6.25），换算出蛋白质的含量。即以总氮含量乘以 6.25，就是样品的粗蛋白含量。待测样品若含有硝态氮或者要排除待测样品硝态氮的干扰，可将硝态氮还原为铵态氮，则可通过在待测样品中加入水杨酸和硫代硫酸钠，使硝态氮与水杨酸在室温下作用生成硝基水杨酸，再用硫代硫酸钠使硝基水杨酸转化为铵盐。由于水杨酸与硫代硫酸钠会消化一部分硫酸，所以消化时的硫酸用量要酌情增加。本方法适用于测定 0.2～1.0 mg 的氮。

【器材与试剂】

1. 实验仪器及用具

微量凯氏定氮蒸馏装置一套，烘箱，电子天平，消化炉（远红外消煮炉），电炉或电热板，离心机，水浴锅，消化管，50 mL 凯氏烧瓶，50 mL 锥形瓶，5 mL 微量滴定管，容量瓶（50 mL、100 mL），量筒，刻度移液管，烧杯，玻棒，漏斗，沸石或毛细玻璃管，滤纸。

2. 实验试剂

浓硫酸（AR 级），30%NaOH（称取 30 gNaOH 溶于去离子水，定溶至 100 mL），30%过氧化氢，5%三氯乙酸，20%甲基红乙醇溶液指示剂，2%硼酸溶液（称取 2 g 硼酸溶于去离子水，定溶至 100 mL），无水乙醇，去离子水。

0.0100 mol/L 的盐酸标准溶液：量取相对密度为 1.19 分析纯浓盐酸 0.84 mL，加去离子水稀释到 1000 mL，再用硼酸钠标定。

混合指示剂：50 mL 0.1%亚甲基蓝-无水乙醇溶液与 200 mL 0.1%甲基红-无水乙醇溶液充分混合后，储于棕色瓶中备用。该指示剂在 pH5.2 时显示紫红色；在 pH5.4 时呈暗蓝色（或灰色）；pH5.6 时为绿色。其变色点 pT 为 5.4，在 pH5.2～5.6 变色，非常灵敏。

硼酸-指示剂混合液：取 2%硼酸溶液 100 mL，滴加混合指示剂约 1 mL，摇匀后，溶液呈紫红色即可。

混合催化剂：K_2SO_4：$CuSO_4 \cdot 5H_2O$ = 3：1 或 Se：$CuSO_4 \cdot 5H_2O$：K_2SO_4 = 1：5：500，充分混匀，磨细（过 40 目筛）备用。

标准$(NH_4)_2SO_4$溶液：准确称取经充分干燥的$(NH_4)_2SO_4$ 2.829 g，加入去离子水溶解并定容到 1000 mL。此标准$(NH_4)_2SO_4$溶液含氮量约为 0.6 mg/mL。

3. 实验材料

实验 2-2 培养的植株（样品需干燥、粉碎并过 60～80 目筛）。

【实验步骤】

1. 样品的提取与分离

准确称取烘至恒重的样品 0.1000～0.5000 g（根据样品含氮量而定，一般以含氮 1～3 mg 为宜）2 份，将其中一份置于 10 mL 离心管中，再加入 5 mL 的 5%三氯乙酸溶液，在 90℃水浴中浸提 15 min，其间不断搅拌，取出后用少量去离子水冲洗玻棒，待溶液冷却后，在离心机 4000 r/min 下离心 15 min，上清液弃去。并用 5%三氯乙酸洗沉淀 2～3 次，离心，再次弃去上清液，然后用去离子水将沉淀无损地洗入铺有滤纸的漏斗上，去掉滤液后，将沉淀和滤纸在 50℃下烘干，经提取和分离的待测样品用于蛋白氮的测定。

将上述准确称量的 2 份样品分别放入 2 个凯氏烧瓶底部（勿粘到瓶颈和瓶身部位）；另取 2 个凯氏烧瓶不放样品，作为对照组。在每个凯氏烧瓶内加入约 500 mg 混合催化剂，5 mL 浓硫酸，1 颗玻璃珠。每个凯氏烧瓶口放一个漏斗。

2. 样品的消化

取 4 支消化管（或凯氏烧瓶）编号。1 号管直接放入另一份（第一步的两份样品中未用于提取和分离的一份）称好的样品用于测定总氮；2 号管放入上述烘干的沉淀和滤纸，用于蛋白氮的测定；3 号管只放入烘干的同样滤纸一张；4 号管不加任何样品作为空白对照。上述样品、沉淀和滤纸都应放入消化管底部。分别向各消化管中依次加入 5 mL 浓硫酸，0.3~0.5 g 混合催化剂，浸泡样品、沉淀和滤纸数小时或过夜，在管口盖一小漏斗，放在置于通风橱内的远红外消煮炉上加热消化。注意控制火力，开始时温度可稍低，以防内容物、液体上冲到管口或瓶颈。若泡沫过多，可通过小漏斗加入 2~3 滴无水乙醇。至管口出现白色雾状物（水汽蒸完，浓硫酸分解放出 SO_2 白烟）、泡沫已不再产生时，可逐渐升温、适当加强火力，使消化管内液体达到微沸，直到消化液褐色消失，全部变为清澈透明为止。在消化过程中，若消化管上部发现有黑色颗粒时，应立即小心转动消化管，用消化液将它冲洗下来，以保证样品消化完全。为了保证样品的消化反应完全和彻底，在消化液澄清后还可继续加热 1 h，整个消化过程一般需 3~4 h。但若消化时间过长，也可能导致氮的损失。若样品中赖氨酸和组氨酸的含量较多时，消化时间应延长 1~2 倍。整个消化过程均要在通风橱中进行。

3. 定容

消化完毕等消化管或凯氏烧瓶中的溶液冷却后，沿管壁仔细慢慢加入去离子水约 10 mL，边加边轻摇，以冲洗管壁，再将消化液小心倾入 100 mL 容量瓶中。用去离子水少量多次冲洗消化管或凯氏烧瓶，将各次洗液均小心并入容量瓶中。完全冷却后用去离子水定容至刻度，混匀备用。

4. 蒸馏

（1）仪器的洗涤：先经一般洗涤后，还要用水蒸气洗涤。水蒸气洗涤可按下列方法进行：先在蒸汽发生器中加入 2/3 体积的去离子水（此前加入几滴浓硫酸，使其酸化，再加入几滴甲基红指示剂，并加入少许沸石或毛细玻璃管，以免爆沸）。打开漏斗下的夹子，用电炉或电热板加热至沸腾，使水蒸气通入仪器的各个部分，以达到清洗的目的。在冷凝管下端放置一个锥形瓶接收冷凝水。然后关紧漏斗下的夹子，继续用水蒸气洗涤 5 min。冲洗完毕，夹紧蒸汽发生器与收集器之间的连接橡胶管，由于冷却减压蒸馏瓶中的废液会被虹吸进入收集器，打开收集器下端的活塞排出废液。如此清洗 2~3 次，再在冷凝管下端换放一个盛有硼酸-指示剂混合液的锥形瓶，使冷凝管下口完全浸没在液面以下 0.5 cm 处，蒸馏 1~2 min，观察锥形瓶内的溶液是否变色。如不变色，说明蒸馏装置内部已洗干净。移去锥形瓶，再次蒸馏 1~2 min，用去离子水冲洗冷凝管下口，关闭电炉，仪器即可待用于样品测定。

（2）标准 $(NH_4)_2SO_4$ 测定：为了熟练掌握蒸馏和滴定的操作技术，检验实验结果的准确性，寻找系统误差，常用已知浓度的标准 $(NH_4)_2SO_4$ 测试三次。具体方法如下：

在锥形瓶中加入 20 mL 硼酸-指示剂混合液（此时应呈紫红色），将此锥形瓶承接在冷凝管下端，并让冷凝管的出口浸入溶液中。在加样前务必注意打开收集器活塞，以免锥形瓶内液体倒吸。准确吸取 2 mL $(NH_4)_2SO_4$ 标准液，加到漏斗中，小心打开漏斗下的夹子，使$(NH_4)_2SO_4$溶液缓慢流入蒸馏瓶中，用少量去离子水重复洗涤漏斗三次（每次约 1～2 mL），全部转入蒸馏瓶中。然后通过漏斗向蒸馏瓶中缓缓加入 30%的 NaOH 溶液 10 mL，当 NaOH 溶液尚未流完时将夹子夹紧，再往漏斗中加入约 50 mL 去离子水，并慢慢打开夹子，让其中一半的去离子水流入蒸馏瓶中，而另一半的去离子水保留在漏斗中用于封闭漏斗。关闭收集器活塞，加热蒸汽发生器并开始蒸馏。此时，锥形瓶中的硼酸-指示剂混合液因吸收了氨，逐渐由紫红色变成绿色。自开始变色时起，再蒸馏 3～5 min 后移动锥形瓶，使蒸馏瓶内液面离开冷凝管下口约 1 cm，接着用少量去离子水洗涤冷凝管下口，再继续蒸馏 1 min 左右后结束蒸馏，移开蒸馏瓶并盖上表面皿。

按以上方法用标准$(NH_4)_2SO_4$再测定两次。另取 2 mL 去离子水代替$(NH_4)_2SO_4$溶液做空白测定。将各次蒸馏的锥形瓶集中一起滴定。取三次滴定的平均值计算其含氮量，并将结果同标准值进行比较。在每次蒸馏完毕后移去电炉，夹紧蒸汽发生器与收集器之间的连接橡胶管，排除废液并用去离子水反复清洗干净后方可换为下一个样品的蒸馏。

（3）样品消化液和空白的蒸馏：准确吸取稀释后的样品消化液 5～10 mL，通过漏斗加入到蒸馏瓶内，再用少量去离子水多次洗涤漏斗，其余操作按照标准$(NH_4)_2SO_4$ 的蒸馏方法进行。

5. 滴定

样品消化液和空白的蒸馏全部完毕后，一起依次分别用 0.0100 mol/L 的盐酸标准溶液滴定，直到锥形瓶中的硼酸-指示剂混合液逐渐由绿色变回紫红色，即为滴定终点。记录各次滴定所用的标准盐酸溶液体积量（mL）。

【计算方法】

按公式（6-2）和公式（6-3）分别计算样品总氮含量与粗蛋白含量：

$$样品总氮含量 = \frac{c \times (\bar{V}'_{HCl} - \bar{V}_{HCl}) \times 14V_T}{m \times 1000 \times V_S} \times 100\% \tag{6-2}$$

$$样品粗蛋白含量 = 样品总氮含量 \times 6.25 \tag{6-3}$$

式中，c 值为 0.0100 mol/L，系滴定时所用标准盐酸溶液浓度；$\bar{V}'_{HCl}$ 为滴定样品所耗用的标准盐酸溶液的平均量（mL）；$\bar{V}_{HCl}$ 为滴定空白所用标准盐酸溶液的平均量（mL）；m 为样品质量（g）；V_T 为消化液总体积（mL）；V_S 为测定时取用的消化液体积（mL）；14 为氮的相对原子量；6.25 是含氮量换算为蛋白质的换算系数，这个系数来自于蛋白质的平均含氮量为 16%。一般而言，除主要作物种子外，若用此法测定其他植物组织粗蛋白含量，其含氮量换算为蛋白质的换算系数惯取 6.25。实际上，各种蛋白质因为氨基酸组成的不同，含氮量并不完全相同，测主要作物种子粗蛋白含量，其蛋白质含氮量和换算系数如表 6-4 所示。

表 6-4　主要作物种子蛋白质含氮量和换算系数

作物种子	蛋白质含氮量/%	换算系数
小麦、大麦	17.60	5.70
玉米	16.66	6.00
水稻	16.81	5.95
高粱	17.15	5.83
大豆、豌豆	17.60	5.70
花生、向日葵	18.20	5.50

注：此表改编自王学奎主编《植物生理生化实验原理和技术》（第 2 版），高等教育出版社（2006 年），P198。

【注意事项】

（1）植物组织样品的含氮量（%）是用 100 g 物质（干重）中所含氮的质量（g）来表示。材料在定氮前，须通过烘干至恒重，除去样品中的水分。

（2）普通实验室的空气中常含有少量的氨，会影响结果，所以操作尽可能在单独洁净的房间中操作，对硼酸吸收液尽快滴定。

（3）若样品中除蛋白质外，还有其他含氮物质时，需向样品中加三氯乙酸，使样品最终浓度为 5%，测定未加三氯乙酸的样品及加入三氯乙酸后样品的上清液中的含氮量，得出非蛋白氮量及总氮量。

（4）此法可用于测定植物的各种组织、器官及食品等复杂样品。但此法操作较复杂，如含有大量碱性氨基酸的样品，则测定结果偏高。

【思考题】

成熟组织与幼嫩组织的氮含量是否相同？

Ⅱ　磺胺比色法测定植物组织的硝态氮含量

【实验目的】

掌握植物组织中硝态氮含量的磺胺比色测定法。

【实验原理】

硝酸盐是自然界特别是生产上植物氮素主要来源，它必须还原为 NH_3 后才能参加植物有机氮化合物的合成。硝酸盐在植物的根内和枝叶内都可还原，具体还原部位随植物类别和环境条件等因素而定。因此，测定植物体内硝态氮含量变化，对了解植物氮代谢机制和培养条件对植物氮素营养的影响十分重要。

硝酸根还原成亚硝酸根后，与对氨基苯磺酸和 α-萘胺结合，形成红色的偶氮染料，其颜色深浅与氮含量在一定范围内成正比关系，主要化学反应式如下：

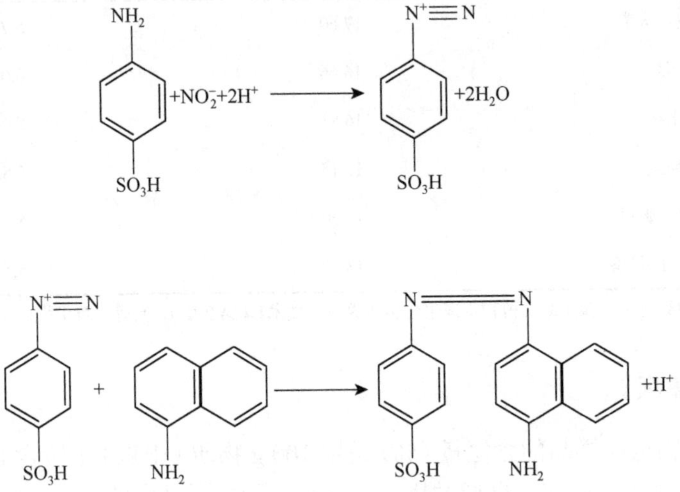

重氮盐　　　α-萘胺　　　　　　红色的偶氮染料

【器材与试剂】

1. 实验仪器和用具

分光光度计，离心机，研钵，容量瓶，锥形瓶，移液管，电子天平。

2. 实验试剂

20%乙酸溶液：取 20 mL 分析纯冰乙酸加 80 mL 水，定容至 100 mL。

KNO_3 标准溶液：准确称取 0.1806 g KON_3 置于 1000 mL 容量瓶中，加水定容至刻度，混匀即得含氮量为 25 μg/mL 的 KON_3 标准溶液。

混合粉剂：硫酸钡 100 g、α-萘胺 2 g、锌粉 2 g、对氨基苯磺酸 4 g、硫酸锰 10 g、柠檬酸 75 g。将上述各试剂分别研细，再分别用 20 g 硫酸钡与其他五种试剂混合，然后再全部混合成无颗粒状灰白色的混合均匀体粉剂，粉剂宜在黑暗干燥条件下储存，7 d 后方可使用。

3. 实验材料

实验 2-2 培养的植株。

【实验步骤】

1. 标准曲线的制作

配制 0 μg/mL、2 μg/mL、4 μg/mL、8 μg/mL、10 μg/mL 硝态钾标准溶液，分别吸取 2 mL 转入 50 mL 容量瓶中，加冰乙酸溶液 18 mL，混合，另作一平行对照。再加入 0.4 g 混合粉剂，剧烈摇动 1 min，静置 10 min，将容量瓶中悬浊液过量地倾入离心管中，使部分溢出管外，白色粉膜即可去除。擦净的离心管置于离心机，在 4000 r/min 下离心 5 min，取上清液，用分光光度计（比色杯厚度 10 mm）测定 520 nm 的吸光度。以硝态氮的浓度为横坐标，以吸光度为纵坐标，制作标准曲线。

2. 组织液中硝态氮含量的测定

称取待测新鲜植物材料 1 g，剪成 1～2 mm 长的碎片，于研钵中加少量去离子水研磨，移于干燥的锥形瓶中，加入去离子水定容至 20 mL，振荡 1～3 min，静置（或离心）澄清后，取上清液 2 mL，再按标准曲线制作方法测定硝态氮含量。

【计算方法】

按公式（6-4）计算硝态氮含量（μg/g）：

$$植物组织中硝态氮含量 = c \cdot V \qquad (6\text{-}4)$$

式中，c 为标准曲线上查得的组织提取液所含硝态氮浓度（μg/mL）；V 为 1 g 植物组织所制备的提取液的总体积（mL），如本法为 20 mL。

【注意事项】

（1）所用化学试剂均需为分析纯（AR）。

（2）硫酸钡用去离子水洗去杂质，烘干。

（3）配制混合粉剂应在洁净干燥环境中进行。若空气湿度偏高，则混合粉剂呈淡玫瑰红色。但如果试剂不纯也会造成此现象，降低测定灵敏度。混合粉剂不能现配现用，储存 7 d 后方可使用。混合粉剂如果在黑暗干燥条件下储存得好，可存放数年，其测定稳定性较新配的更佳。

【思考题】

（1）比较不同年龄的植物组织中硝态氮的含量，找出诊断氮素营养的敏感部位。

（2）比较植物敏感部位硝态氮在 24 h 内的变化。

（3）测定植株叶片的硝态氮含量时，需要注意什么？

实验 2-6   植物体内硝酸还原酶活性的测定

【实验目的】

（1）学会测定植物组织中硝酸还原酶活性的不同方法。

（2）了解硝酸还原酶具有诱导酶的性质。

【实验原理】

硝酸还原酶（nitrate reductase，NR）是植物氮素同化的关键酶，它催化植物体内的 NO_3^- 还原为 NO_2^-，即 $NO_3^- + NADH + H^+ \longrightarrow NO_2^- + NAD^+ + H_2O$。产生的 NO_2^- 可以从组织内渗透到外界溶液中，并积累在溶液中。NO_2^- 与对氨基苯磺酸（或对氨基苯磺酰胺）及 α-萘胺（或萘基乙烯二胺），在酸性条件下，形成红色偶氮化合物。其反应如下：

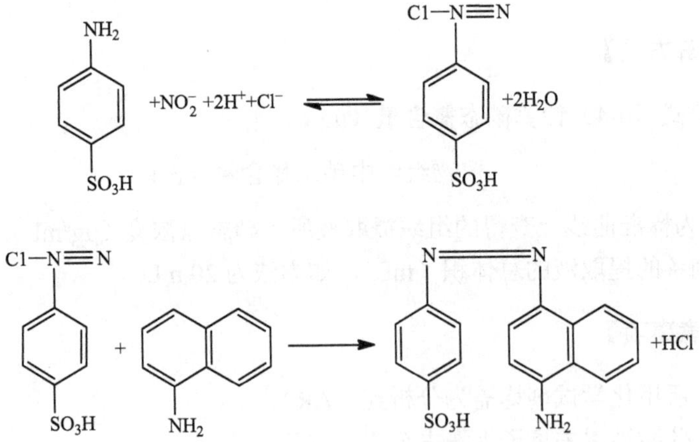

红色偶氮化合物

红色偶氮化合物的颜色深浅代表了 NO_2^- 含量多少，从而反映硝酸还原酶活性的高低。红色偶氮化合物对可见光的最大吸收峰在 540 nm，用分光光度计可进行定量测定。硝酸还原酶活性的测定有离体法和活体法两种。其中活体法步骤简单，适合快速、多组测定。离体法较复杂，但重复性较好。

I　离　体　法

【器材与试剂】

1. 实验仪器与用具

分光光度计，冷冻离心机，电子天平，冰箱，恒温水浴锅，研钵，剪刀，具塞刻度试管（10 mL、15 mL），钻孔器，锥形瓶，移液管，烧杯，洗耳球。

2. 实验试剂

亚硝酸钠（$NaNO_2$）标准溶液：准确称取分析纯 $NaNO_2$ 0.9857 g 溶于去离子水后定容至 1000 mL，然后再吸取 5 mL 定容至 1000 mL，即为含亚硝态氮配成 1 μg/mL 的标准溶液。

0.1 mol/mL pH7.5 的磷酸缓冲液：分别准确称取 30.0905 g $Na_2HPO_4 \cdot 12H_2O$ 与 2.4965 g $NaH_2PO_4 \cdot 2H_2O$，加去离子水溶解后定容至 1000 mL。

0.025 mol/mL pH8.7 的磷酸缓冲液：分别准确称取 8.8640 g $Na_2HPO_4 \cdot 12H_2O$ 与 0.0570 g $K_2HPO_4 \cdot 3H_2O$，加去离子水溶解后定容至 1000 mL。

提取缓冲液：分别将准确称取的 0.1211 g 半胱氨酸、0.0372 g EDTA 溶于 100 mL 0.025 mol/mL pH8.7 的磷酸缓冲液。

1%（质量浓度）磺胺溶液：将 1.0 g 磺胺溶于 100 mL 的 3 mol/mL 盐酸中（25 mL 浓盐酸加去离子水定容至 100 mL，即为 3 mol/mL 盐酸）。

0.02%（质量浓度）萘基乙烯二胺溶液：将 0.0200 g 萘基乙烯二胺溶于 100 mL 去离子水中，储存于棕色瓶中。

0.1 mol/mL KNO_3 磷酸缓冲液：准确称取 2.5275 g KNO_3 溶于 250 mL 0.1 mol/mL pH7.5 的磷酸缓冲液。

2 mg/mL NADH 溶液：将准确称取的 2 mg NADH 溶于 1 mL 0.1 mol/mL pH7.5 的磷酸缓冲液（临用前配制）。

石英砂。

3. 实验材料

实验 2-2 培养植株的叶片。

【实验步骤】

1. 标准曲线的制作

取 7 支洁净烘干的 15 mL 具塞刻度试管，按表 6-5 顺序依次加入试剂，配成亚硝态氮含量为 0~2.0 μg 的系列标准溶液。将各试管试剂混合摇匀，在 25℃恒温水浴中保温 30 min，立即于分光光度计 540 nm 下比色测定。以亚硝态氮含量（μg）为横坐标，吸光度为纵坐标建立回归方程，即可制作本实验所需标准曲线。

表 6-5   制作标准曲线所需配制标准溶液的物质及其加入量

试剂体积/mL	试管号						
	1	2	3	4	5	6	7
亚硝酸钠标准溶液	0	0.2	0.4	0.8	1.2	1.6	2.0
去离子水	2.0	1.8	1.6	1.2	0.8	0.4	0.0
1%磺胺	4	4	4	4	4	4	4
0.02%萘基乙烯二胺	4	4	4	4	4	4	4

注：试管 1~7 的亚硝态氮含量分别为 0 μg、0.2 μg、0.4 μg、0.8 μg、1.2 μg、1.6 μg、2.0 μg。

2. 样品中硝酸还原酶活性的测定

（1）酶的提取。称取 0.5 g 鲜样，剪碎于研钵中置于低温冰箱冰冻 30 min，取出置冰浴中加少量石英砂及 4 mL 提取缓冲液，研磨匀浆，转入离心管中在 4℃、4000 r/min 下离心 15 min，上清液即为粗酶提取液。

（2）酶的反应。取粗酶提取液 0.4 mL 于 10 mL 具塞刻度试管中，加入 1.2 mL 0.1 mol/mL KNO_3 磷酸缓冲液和 0.4 mL 2 mg/mL NADH 溶液，混匀，在 25℃恒温水浴中保温 30 min，对照试管不加 NADH 溶液，而用 0.4 mL 0.1 mol/mL pH7.5 磷酸缓冲液代替。

（3）终止反应和比色测定。保温结束后立即加入 1 mL 1%磺胺溶液终止酶反应，再加 1 mL 0.02%萘基乙烯二胺溶液，显色 15 min 后于 4000 r/min 下离心 5 min，取上清液在 540 nm 下比色测定。据回归方程计算出反应液中所产生的亚硝态氮总量（μg）。

【计算方法】

按公式（6-5）计算硝酸还原酶活性[μg/(g·h)]：

$$样品中硝酸还原酶活性 = \left[\left(m_{NO_2^-}/V_S\right) \times V_T\right]\bigg/(m_f \times t) \qquad (6-5)$$

式中，$m_{NO_2^-}$ 为反应液酶催化产生的亚硝态氮总量（μg），V_S 为酶反应时取用的粗酶液体积（mL）；V_T 为提取酶时加入的缓冲液体积（mL），m_f 为样品鲜重（g），t 为反应时间（h）。

Ⅱ　活　体　法

【器材与试剂】

1. 实验仪器与用具

真空泵（或注射器），真空干燥器，烧杯，玻璃瓶塞，其他用具同离体法。

2. 实验试剂

亚硝酸钠（$NaNO_2$）标准溶液：配制方法同离体法。
0.1 mol/mL KNO_3 磷酸缓冲液：配制方法同离体法。
1%磺胺溶液：配制方法同离体法。
0.02%萘基乙烯二胺溶液：配制方法同离体法。
30%三氯乙酸溶液：准确称取 30 g 三氯乙酸，溶于去离子水后定容至 100 mL。

3. 实验材料

实验 2-2 培养植株的叶片。

【实验步骤】

1. 标准曲线的制作

同离体法。

2. 硝酸还原酶的活性测定

（1）取样。称取 1.5～2.0 g 植物的新鲜叶片 4 份，剪 1 cm 左右的小段，放在小烧杯中，用直径略小于烧杯直径的玻璃瓶塞将材料全部压于杯底，其中一份做对照，另外 3 份供做酶活性测定时用。

（2）酶的反应。先向对照管中加入 1 mL 30%三氯乙酸，然后各管中都加入 9 mL 0.1 mol/mL KNO_3 磷酸缓冲液，混匀后立即加入干燥器中，抽气 1 min 再通入空气，再抽真空，反复几次，以排除组织间隙的气体，至叶片完全软化沉入杯底，便于底物溶液进入组织。最后通入氮气密封后，在 25℃黑暗中反应 30 min，再分别向测定管（对照管除外）加入 1 mL 30%三氯乙酸终止酶反应。

（3）比色测定。将各管摇匀静置 2 min 后，各取 2 mL 反应液，加入 1 mL 1%磺胺溶液和 1 mL 0.02%萘基乙烯二胺，摇匀显色 15 min 后，于 4000 r/min 下离心 5 min，取上清液在 540 nm 下比色测定。据回归方程计算出反应液中生成的亚硝态氮总量（μg）。

【计算方法】

同离体法。

【注意事项】

（1）硝酸还原酶容易失活，离体法测定时，操作应迅速，并且在 4℃ 下进行。
（2）取样宜在晴天进行，取样部位应一致。
（3）硝酸盐还原过程应在黑暗条件下进行，以防亚硝酸盐还原为氨。
（4）从显色到比色时间要一致，显色时间过长或过短对颜色都有影响。

【思考题】

（1）测定硝酸还原酶的材料为什么要在晴天进行？
（2）离体法和活体法测定硝酸还原酶活性各有何特点？

实验 2-7　根系体积的测定

【实验目的】

掌握利用简单的装置测定根系的体积。

【实验原理】

据阿基米德原理，根系浸没在水中，排出的水的体积即为根系本身的体积。利用简单的体积计，运用水位取代法，即可测知根系的体积。

【器材与试剂】

1. 实验仪器与用具

长足漏斗，移液管，橡皮管，铁架台。

2. 实验试剂

无。

3. 实验材料

实验 2-2 培养植株的根系。

【实验步骤】

1. 安装体积计

用橡皮管连接作为体积计的长足漏斗和移液管，然后将其固定在铁架台上，使移液管成一倾斜角，角度越小，仪器灵敏度越高，整个装置如图6-1所示。

图6-1　简单体积计

2. 测定方法

（1）将欲测植物的根系小心取出，用水小心漂洗根系，应保持根系完整无损，切勿弄断幼根，用吸水纸小心吸干水分。

（2）加水入体积计，水量以能浸没根系为度，调节刻度移液管位置，以使水面靠近橡皮管的一端，记下读数，为 V_1。

（3）将吸干水分的根系浸入体积计中，此时移液管中的液面上升，记下读数，为 V_2。

（4）取出根系，此时移液管中水面将降至 V_1 以下，加水入体积计，使水面回至 V_1 处。

（5）用移液管加水入体积计，使水面自 V_1 升至 V_2，此时加入的水量即代表被测根系的体积。

【注意事项】

根系洗净并吸干水分，才能使测量准确。

【思考题】

比较不同溶液培养条件下植物幼苗的根系体积，分析其根系体积差异的生理原因或意义。

实验 2-8　根系活力的测定

植物根系的作用主要有：①对地上部分支持和固定；②物质的储藏；③对水分和无机盐类的吸收；④合成氨基酸、激素等物质。因此，根系活力是植物生长的重要生理指标之一，其测定方法主要有 α-萘胺氧化法和氯化三苯基四氮唑（TTC）法。

【实验目的】

熟悉测定根系活力的各种方法及测定原理。

I α-萘胺氧化法

【实验原理】

植物的根系能氧化吸附在根表面的 α-萘胺,生成红色的 2-羟基-1-萘胺,沉淀于有强氧化力的根表面,使这部分根染成红色,该反应如下:

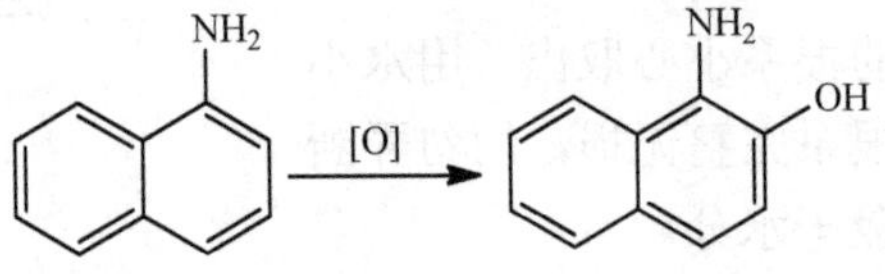

根对 α-萘胺的氧化能力与其呼吸强度有密切关系。研究认为 α-萘胺的氧化本质就是过氧化物酶的催化作用。该酶的活力越强,对 α-萘胺的氧化能力就越强,染色也越深。所以可根据染色深浅半定量地判断根系活力大小,还可测定溶液中未被氧化的 α-萘胺量,定量地确定根系活力大小。

α-萘胺在酸性环境下与对氨基苯磺酸和亚硝酸盐作用产生红色的偶氮有机物,可供比色测定 α-萘胺含量,该反应式见实验 2-5-II。

【器材与试剂】

1. 实验仪器与用具

分光光度计,分析天平,烘箱,锥形瓶,量筒,移液管,容量瓶,滤纸。

2. 实验试剂

α-萘胺溶液:准确称取 10 mg α-萘胺,先用 2 mL 的 95%乙醇溶解,然后加水到 200 mL,成为 50 μg/mL 的溶液,取 150 mL 该溶液再加水 150 mL 稀释成 25 μg/mL 的 α-萘胺溶液。

0.1 mol/L pH7.0 的磷酸缓冲液:分别准确称取 21.8514 g $Na_2HPO_4 \cdot 12H_2O$ 与 6.0852 g $NaH_2PO_4 \cdot 2H_2O$,加去离子水溶解后定容至 1000 mL。

1%对氨基苯磺酸:将 1 g 对氨基苯磺酸溶解于 100 mL 30%乙酸溶液中。

100 μg/mL 亚硝酸钠溶液:称 10 mg 亚硝酸钠溶于 100 mL 水中。

3. 实验材料

实验 2-2 培养的植株根系。

【实验步骤】

1. 定性观察

从培养容器小心取出溶液培养的植株，用水洗净后再用滤纸吸去附在根上的水分。然后将植株根系浸入盛有 25 μg/mL 的 α-萘胺溶液的容器中，容器外用黑纸包裹，静置 24～36 h 后观察待测植株根系着色状况。着色深者，其根系活力较着色浅者大。

2. 定量测定

（1）绘制 α-萘胺标准曲线。取 50 μg/mL 的 α-萘胺溶液。配制成 50 μg/mL、45 μg/mL、40 μg/mL、35 μg/mL、30 μg/mL、25 μg/mL、20 μg/mL、15 μg/mL、10 μg/mL、5 μg/mL 的系列溶液，各取 2 mL 放入试管中，加蒸馏水 10 mL、1%对氨基苯磺酸溶液 1 mL 和 100 μg/mL 亚硝酸钠溶液 1 mL，室温放置 5 min 待混合液变成红色，再用去离子水定容到 25 mL。在 20～60 min 内 510 nm 处比色，读取 OD（吸光度）值。然后以 OD 值作为纵坐标，α-萘胺含量为横坐标，绘制标准曲线，得出相应回归方程。

（2）α-萘胺的氧化。从培养容器小心取出溶液培养的植株，剪下根系，再用水洗，待洗净后用滤纸吸去根表面的水分，称取 1～2 g 放入 100 mL 锥形瓶中。然后加 50 μg/mL 的 α-萘胺溶液与 pH7.0 磷酸缓冲液等量混合液 50 mL，轻轻振荡，并用玻璃棒将根全部浸入溶液中，静置 10 min，吸取 2 mL 溶液测定 α-萘胺含量[测定方法见下文（3）]，作为实验开始时的数值。再将锥形瓶加塞，放在 25℃恒温箱中，经一定时间后，再进行测定。另外，还要用另一只锥形瓶盛同样数量的溶液，但不放根，作为 α-萘胺自动氧化的空白对照，也同样测定，求得自动氧化量的数值。

（3）α-萘胺含量的测定。吸取 2 mL 待测液，加入 10 mL 蒸馏水，再在其中加入 1%对氨基苯磺酸 1 mL 和 100 μg/mL 亚硝酸钠溶液 1 mL，室温放置 5 min 待混合液变成红色，再用蒸馏水定容到 25 mL。在 20～60 min 内 510 nm 处比色，读取 OD（吸光度）值，代入标准曲线的回归方程即可得相应的 α-萘胺含量。从实验开始测定时的数值减去空白对照自动氧化的数值，即为溶液中所含有的 α-萘胺量。

（4）称取根系干重。测定后的根系先在 105℃烘箱中杀青 30 min，然后在 75～80℃下烘至恒重，即得所测根系干重（g）。

【计算方法】

按公式（6-6）计算 α-萘胺氧化量[μg/(g·h)]：

$$\text{根系 } \alpha\text{-萘胺氧化量} = (m_1 - m_0)/(m_d \times t) \tag{6-6}$$

式中，m_1 为根系氧化 α-萘胺后反应液的 α-萘胺氧化量（μg），m_0 为对照液的 α-萘胺氧化量（μg），m_d 为根系干重，t 为 α-萘胺氧化时间（h）。

II 氯化三苯基四氮唑（TTC）法

【实验原理】

氯化三苯基四氮唑（TTC）是一种氧化还原色素，溶于水中成无色溶液，但可被根系细胞内的琥珀酸脱氢酶等还原，生成红色的不溶于水的三苯基甲腙（TTF），因此，TTC 还原强度可在一定程度上反映根系活力。

【器材与试剂】

1. 实验仪器与用具

分光光度计，恒温箱，容量瓶，锥形瓶，烧杯，研钵，量筒，三角烧瓶，刻度试管。

2. 实验试剂

乙酸乙酯，$Na_2S_2O_4$，石英砂，10 g/L TTC（准确称取 TTC 1.000 g，溶于少量水中，定容至 100 mL），1 mol/L 硫酸（用量筒取 98% 浓硫酸 55 mL，边搅拌边加入到盛有 500 mL 蒸馏水的烧杯中，冷却后稀释至 1000 mL），0.4 mol/L 琥珀酸（称取琥珀酸 4.72 g，溶于水中，定容至 100 mL），66 mmol/L pH7.0 磷酸缓冲液（A 液：称取 $Na_2HPO_4\cdot2H_2O$ 11.876 g 溶于蒸馏水中，定容至 1000 mL；B 液：称取 KH_2PO_4 9.078 g 溶于蒸馏水中，定容至 1000 mL。用时取 A 液 60 mL，B 液 40 mL 混合即可）。

3. 实验材料

实验 2-2 培养的植株根系。

【实验步骤】

1. 定性观察

（1）反应液的配制：将 10 g/L TTC 溶液、0.4 mol/L 琥珀酸和 66 mmol/L 磷酸缓冲液（pH7.0）按 1∶5∶4 混合。

（2）将待测根系仔细洗净后小心吸干，浸入盛有反应液的锥形瓶中，置于37℃暗处 2~3 h，观察着色情况，根尖端几毫米及细侧根都明显变红。

2. 定量测定

（1）TTC 标准曲线的制作。配制 0 g/L、0.4 g/L、0.3 g/L、0.2 g/L、0.1 g/L、0.05 g/L 的 TTC 溶液，各取 5 mL 放入刻度试管中，各取 5 mL 乙酸乙酯和少量 $Na_2S_2O_4$（约 2 mg，各管中量要一致），充分振荡后产生红色的 TTF，转移到乙酸乙酯层，待有色液层分离后，补充 5 mL 乙酸乙酯，振荡后静置分层，取上层乙酸乙酯液，以空白作为对照，在分光光度计上于 485 nm 处测定各溶液的吸光度，然后以 TTC 质量浓度作为横坐标，吸光度值作为纵坐标绘制标准曲线。

（2）TTC 还原量的测定。称取根尖样品 1~2 g，浸没于盛有 0.4 g/L TTC 和 66 mmol/L 磷酸缓冲液（pH7.0）各 5 mL 的等量混合液 10 mL 的烧杯中，37℃保温 3 h，然后加入 1 mol/L 硫酸 2 mL 终止反应。取出根，小心擦干水分后与乙酸乙酯 3~5 mL 和少量石英砂一起在研钵中充分研磨，以提取出 TTF，过滤后将红色的提取液移入 10 mL 容量瓶，再用少量乙酸乙酯把残渣洗涤 2~3 次，皆移入容量瓶，最后补充乙酸乙酯至刻度，用分光光度计于 485 nm 处比色，以空白试验（先加硫酸，再加根样品）作为对照读出 OD 值，查标准曲线，即可求出 TTC 的还原量。

【计算方法】

$$TTC还原强度 = \frac{TTC还原量}{根重 \times 时间}$$

【注意事项】

根系应吸干水分但不能用力挤压伤及细胞，才能测定准确。

实验 2-9　植物组织中重金属元素含量的测定（原子吸收分光光度法）

【实验目的】

掌握原子吸收分光光度法测定植物组织中金属元素的原理与方法。

【实验原理】

对植物来说，金属元素有必需元素和毒性元素两类。必需金属元素多数是作为辅酶或辅基的必要成分参与代谢活动。植物缺乏必需金属元素，轻者代谢障碍，重则诱发病症甚至死亡。而 Pb、Cd、Hg 等重金属元素，在含量极低的时候，是植物的抗病因素，含量偏高时对植物产生毒害作用。测定植物组织中的金属元素含量，对研究作物生长发育、制定农业技术措施、提高作物产量和农产品品质有一定意义，在环境保护、食品检验、营养成分分析、酶的结构与功能、生物膜的结构与功能研究方面也有重要作用。

除了铬以外，几乎所有的金属均可溶解在一定浓度的硝酸溶液中。因此，可用原子吸收分光光度法测定绝大多数金属元素含量。将植物样品灰化后，用稀硝酸在低温电炉上加热提取，在硝酸温度提高过程中，灰分中各种金属元素会逐渐溶解在硝酸中。这样，一份样品所含的多种金属元素可同时被抽提出来。原子吸收分光光度计，采用不同的金属阴极灯即可测出样品中除铬以外多种金属元素的含量。

欲分析植物样品中某种金属元素含量，需先制备该金属元素的标准溶液。用浓硝酸溶解该纯金属，用去离子水稀释成一定浓度的母液。再配制成一系列不同浓度的标准溶液，测定其原子吸收光谱的吸光度，绘制吸光度原子浓度工作曲线。然后在仪器同样工作状态下，测出样品待测液中该金属原子吸收光谱的吸光度，利用吸光度与原子浓度成正比的原理即可在标准曲线上查到待测金属原子的浓度。配有电子计算机的原子吸收分光光度计，能自动绘制标准曲线，进行误差校正，含量换算，在显示屏上直接显示出待测样品中各种金属原子的浓度，并可打印出分析结果。本实验测定植物叶片中 Pb、Zn 的含量。

【器材与试剂】

1. 实验仪器与用具

电子天平，低温电炉（或电热板），马福炉，原子吸收分光光度计，10 mL 吸液管，25 mL、100 mL 容量瓶，瓷坩埚，不锈钢剪刀，镊子。

2. 实验试剂

纯度为 99% 的 Pb、Zn。

50% 硝酸溶液，10% 硝酸溶液，1% 硝酸溶液。

Pb 和 Zn 标准母液的制备：精确称取高纯度的 Pb 和 Zn 各 0.1 g，分别用 50% 的硝酸溶液 10 mL 略加热溶解，用去离子水稀释并定容至 100 mL，得浓度为 1 mg/mL 的 Pb 和 Zn 的母液。

标准溶液 1（Pb）溶液的制备：用去离子水将 Pb 的母液分别稀释成 1 μg/mL、10 μg/mL、20 μg/mL、40 μg/mL、80 μg/mL 的标准溶液 1。

标准溶液 2（Zn）溶液的制备：用去离子水将 Zn 的母液分别稀释成 2 μg/mL、4 μg/mL、8 μg/mL、16 μg/mL 的标准溶液 2。

3. 实验材料

实验 2-2 培养的植株。

【实验步骤】

1. 样品的预处理（干灰化法）

（1）按平均取样法称取新鲜待测植物叶片 5～10 g，若叶片表面有污物要先用流动水冲洗干净污物，再用去离子水冲洗 2～3 次。用吸水纸吸干叶面水分，精确称取 5 g 左右待用。

（2）将称取的干净叶片剪成 1 cm 长叶段，直接放入 50 mL 瓷坩埚内，先在低温电炉上碳化 1～2 h。

（3）将瓷坩埚转入马弗炉，升温至 200℃ 继续碳化 30 min（至无烟外溢）。然后采用每升高 100℃ 停 0.5 h，逐步升温至 600℃，约 4～5 h 即可灰化完毕，得白色灰烬。

（4）样品冷却至室温，在瓷坩埚内加入 10% 的硝酸溶液 5～10 mL，置低温电炉上消化提取，使瓷坩埚内硝酸体积减至 0.5 mL 左右。

（5）冷却后用 1% 的硝酸溶液将瓷坩埚内样品无损转入 25 mL 容量瓶内，并定容至刻度。全过程用一空白样作为对照。

2. 原子吸收分光光度计的测试

（1）按操作程序开启原子吸收分光光度计。

（2）用 1% 硝酸溶液调零和分别用标准溶液 1、2 制作标准曲线。

（3）样品的测定。记录数字显示屏幕上的读数，即为每毫升样品液中所含 Pb 或 Zn 的质量（μg）。

（4）若样品中金属含量超过标准溶液最高浓度，应重新配制标准溶液，提高其浓度或适当稀释样品液。

【计算方法】

按公式（6-7）可计算新鲜叶片中 Pb 或 Zn 的含量（μg/g）：

$$植物叶片重金属含量 = \frac{c \times V \times n}{m_f} \tag{6-7}$$

式中，c 为标准曲线中查得测定的样品浓度（μg/mL），V 为样品提取液体积（mL）；n 为稀释倍数；m_f 为样品鲜重（g）。

【思考题】

测定植物组织中的重金属元素有什么意义？

第 七 章

综合设计实验 3　植物光能利用的生理基础

【创新经典导读】

中国明末清初杰出农学家、博物学家宋应星（1587～约 1666），于 1634～1638 年写成中国第一部有关农业和手工业生产技术的百科全书——《天工开物》，他在《天工开物·论气》中曾说："气从地下催腾一粒，种性小者为蓬，大者为蔽牛干霄之木，此一粒原本几何，其余则皆气所化也。"可使我们联想到，中国先贤早已萌生植物生长发育除了离不开水、土之外，还要靠"气"的思想。但是，"气"为何物？植物如何用"气"？直到 1771 年，英国牧师、化学家，在美国最早研究化学的学者之一，发现空气中"氧气"等奥秘的空气揭秘大师、幸运之神（king of serendipity）约瑟夫·普里斯特利（Joseph Priestley，1733～1804），通过"助燃空气实验"或"气体交换实验"，得出"绿色植物能够净化空气（吸收二氧化碳）"的结论，从而首次揭开植物用"气"的神秘面纱。

1779 年，荷兰科学家扬·英根豪斯（Jan Ingenhousz）花费三个月时间，用带叶枝条进行 500 多次实验，通过"绿色植物在光下净化空气"的实验，得出绿色植物净化空气必须在光下进行，光是植物净化空气的条件，植物需要阳光才能制造出 O_2 的论断，成为光合作用发现和认识史上的伟大奠基者；1782 年，瑞士牧师珍妮·谢尼伯（Jean Senebier）通过实验证明"植物在光下释放氧气的同时，还要吸收二氧化碳"，得出"二氧化碳是植物生长的一种原料"的结论；1804 年，瑞士学者索热（苏）尔（Saussure）证明植物在光下还要消耗水，验证了海尔蒙特的实验；1857 年首创讲授植物生理学课，1865 年和 1882 年分别撰著《植物的实验生理学手册》（植物生理学第一部实验指导）、《植物生理学讲义》（植物生理学第一部讲义）的德国伟大植物生理学家、教育家萨克斯（Sachs，1832～1897），1864 年通过"绿色植物在光下合成淀粉"的实验，得出"淀粉是植物的产物"结论；1897 年，科学家们将植物以上的生理活动称为"光合作用"，正式提出光合作用的概念。

光合作用是地球上一切有机物质的源泉，是自然界中最重要的化学反应过程，也是植物生理学乃至自然科学中最受关注的研究领域之一。植物光合作用的创新历程将植物生长发育所需的原料来源问题，推进到全新的视野。人们对植物光合作用结构、功能以及光合作用结构与功能的整合研究不断深入，不管是理论，还是实践上，都对人类的发展作出了巨大的贡献！理论上，有"创导生物化学研究第一人"之称的德国化学家理查德·威尔斯泰特（Richard Willstätter，1872～1942），1910 年与同事发明萃取植物色素的方法，发现叶绿素晶体结构，查明绿色植物细胞中存在着两种类型的叶绿素，即叶绿素 a 和叶绿素 b，二者大约以 3：1 的比例存在于绿色细胞中，都是镁的络合物，并因此获得 1915 年诺贝尔化学奖。20 世纪初以来，光合作用的机理研究精彩纷呈，如英国的布莱克曼（Blackman）和德国的瓦尔堡（Warburg）等用藻类进行闪光试验证明：光合作用可以分为需光的光反应（light reaction）和不需光的暗反应（dark reaction）两个阶段等。实践上，光合作用原理揭示中国商代甲骨文为什么记载"日若兹晦，惟年祸"，战国时《吕氏春秋》因何强调"正其行，通其风"，有力指导了全球植物生产的科学开展。至今光合作用领域的研究者已被授予近十次诺贝尔奖，成为诺贝尔奖一道绝无仅有的独特风景线。

中国的光合作用研究自 20 世纪 50 年代开始，取得长足进步和许多突破。曾荣获亚洲大洋洲光生物学学会"杰出贡献奖"的中国科学院院士，中国植物学会前理事长、中国植物生理与植物分子生物学学会前名誉理事长匡廷云等，2004 年在 *Nature* 以封面文章的形式，发表"菠菜主要捕光复合物（LHC-II）的晶体结构"，系国际上第一次在原子水平上解析高等植物光合膜蛋白色素蛋白复合体，*Nature* 更配以"Power plant"醒目标识以强调这一重大发现，被国际同行高度评价为"国际光合作用研究领域的重大突破"。

自然科学中，很难再有像光合作用这样的领域，自发现以来一直受到全球科学家青睐，虽不断取得突破，却又永远方兴未艾、举世瞩目！

【模块实验目的】

植物叶片是进行光合作用的主要器官，而叶绿体是进行光合作用的主要细胞器，光合色素排列在叶绿体内基粒的类囊体膜上。高等植物的光合色素包括叶绿素和类胡萝卜素，叶绿素具有收集和传递光能的作用，少数特殊状态的叶绿素 a 分子有将光能转化为化学能的作用，类胡萝卜素也有收集和传递光能的作用，还有保护光合机构免受过剩光能伤害的功能。植物在进行光合作用时，其光合色素对光能的吸收和利用起着重要的作用，所以研究各种光合色素的光合性质非常重要。光合作用是对积累有机物质的能量和产量具有决定作用的过程之一，衡量光合作用量的指标是光合速率，光合速率通常是指单位时间、单位叶面积吸收二氧化碳的量或放出氧气的量，或者积累干物质的量。获得光合作用的生产能力数据，对于制定合理的技术措施，获得植物（作物）优质高产具有重要的意义。本模块学习叶绿体色素的分离、定性分析、定量测定和光合作用强度测定的方法。

【流程图】

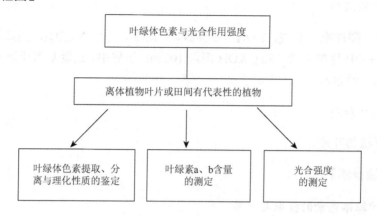

实验 3-1 叶绿体色素的提取、分离及理化性质的鉴定

【实验目的】

了解叶绿体色素提取、分离的原理，以及它们的光学特性在光合作用中的意义。

【实验原理】

叶绿体色素是植物吸收太阳光能进行光合作用的重要物质，主要由叶绿素 a、叶绿素 b、胡萝卜素和叶黄素组成。根据它们在有机溶剂中的溶解特性，可用丙酮等将它们从叶片中提取出来。并可根据它们在不同有机溶剂中的溶解度不同以及在吸附剂上的吸附能力不同，将它们彼此分离开。

叶绿素在光照下可产生血红色的荧光；叶绿素的化学性质很不稳定，容易受强光的破坏；叶绿素中的镁可被 H^+ 取代而成褐色的去镁叶绿素，加入铜盐，则褐色的去镁叶绿素成为绿色的铜代叶绿素，铜代叶绿素很稳定，在光照下不易破坏；叶绿素是一种双羧酸的酯，可与碱发生皂化作用，产生的盐能溶于水，可用此法将叶绿素与类胡萝卜素分开。叶绿素与类胡萝卜素都有光学活性，表现出一定的吸收光谱，可用分光镜检查其性质变化状况。

【器材与试剂】

1. 实验仪器与用具

大试管或展层缸，托盘天平，分光镜，研钵，量筒，烧杯，漏斗，软木塞，试管，新华滤纸，毛细滴管，剪刀，分液漏斗，移液管，分光计。

2. 实验试剂

丙酮，醋酸铜，盐酸，KOH，石英砂，$CaCO_3$，无水 Na_2SO_4，四氯化碳，乙醚，30% KOH 甲醇溶液（30 g KOH 溶入 100 mL 甲醇中，过滤后置于塞有橡皮塞的试剂瓶中保存）。

3. 实验材料

新鲜植物叶片。

【实验步骤】

1. 叶绿体色素的提取与分离

（1）称取新鲜叶片 4 g，放入研钵中加丙酮 5 mL、少许 $CaCO_3$ 和石英砂，研磨成匀浆，再加丙酮 8 mL，以漏斗过滤之，取出 3 mL 这种最初过滤的较浓色素提取液用于做色素的纸层析和荧光分析。再用 20 mL 丙酮分 2～3 次冲洗研钵并过滤，得到的色素提取液放于暗处备用。

（2）把展层用的滤纸剪成 2 cm×20 cm 的纸条，将其一端剪去两侧，中间留一长约 1.5 cm、宽约 0.5 cm 的窄条。

（3）用毛细滴管或牙签取叶绿素溶液划线于窄条的上方，注意一次划线溶液不可过多导致线条过粗，可等风干后重复划线几次，使展层后效果好一些。

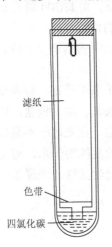

滤纸——

色带——

四氯化碳——

图 7-1 纸层析示意图

（4）在大试管或展层缸中加入四氯化碳 3～5 mL 及少许无水 Na_2SO_4。然后将滤纸条固定于软木塞上，插入试管内，使窄条浸入溶剂中（色素带要略高于液面，滤纸条边缘不可碰到试管壁），盖紧软木塞，直立于阴暗处进行层析（图 7-1）。待溶剂前沿达滤纸条上沿 1.5～2.0 cm 时，取出滤纸条，立即用铅笔在溶剂前沿画线作记号。并从滤纸条前端沿至窄条方向观察分离后色素带的分布。最上端橙黄色为胡萝卜素，其次黄色为叶黄素，再下面蓝绿色为叶绿素 a，最后的黄绿色为叶绿素 b。

2. 叶绿体色素的理化性质

（1）叶绿体色素的荧光现象。取上述较浓色素丙酮提取液少许于试管中，分别观察反射光和透射光一侧，提取液的颜色有无不同。反射光侧观察到的血红色，即为叶绿体色素产生的荧光颜色。

（2）光对叶绿素的破坏作用。取上述色素丙酮提取液少许分装于 2 支试管中，

1 支试管放在黑暗处（或用黑纸包裹），另一支试管放在强光下，经 2～3 h 后，观察两支试管中溶液的颜色有何不同。

（3）铜代反应。取上述色素丙酮提取液 3 mL 左右于试管中，一滴一滴加浓盐酸，直至溶液出现褐色，此时叶绿素分子已遭破坏，形成去镁叶绿素。然后加醋酸铜晶体少许，慢慢加热溶液，则又产生鲜亮的绿色。此即形成了铜代叶绿素。

（4）黄色素与绿色素的分离。取上述色素丙酮提取液 10 mL，加到盛有 20 mL乙醚的分液漏斗中，摇动分液漏斗，并沿漏斗边缘加入 30 mL 蒸馏水，轻轻摇动分液漏斗，静止片刻，溶液即分为两层。色素已全部转入上层乙醚中，弃去下层丙酮和水，再用蒸馏水冲洗乙醚溶液 1～2 次。然后于色素乙醚溶液中加入 5 mL30% KOH 甲醇溶液，用力摇动分液漏斗，静置约 10 min，再加蒸馏水约 10 mL，摇动后静置分离，则得到黄色素层和绿色素层，分别保存于试管中。

（5）观察色素溶液的吸收光谱。①调节分光计，观察电灯光的光谱；②观察色素丙酮提取液，用丙酮将溶液稀释 1 倍比较之；③观察黄色素乙醚溶液，用乙醚将溶液稀释 1 倍比较之；④观察皂化叶绿素甲醇溶液，用甲醇将溶液稀释 1 倍比较之；⑤观察被光破坏的色素丙酮提取液，试与黑暗处的色素丙酮提取液做比较；⑥观察铜代叶绿素溶液。

【注意事项】

提取得到的叶绿体色素先观察是否有血红色的荧光，如无荧光或荧光很弱，则表明提取不够完全，残渣加少许丙酮再研磨提取。

【思考题】

（1）通过实验你对叶绿体的色素获得哪些认识？
（2）提取叶绿素时为什么要加入少量 $CaCO_3$？加多了会出现什么问题？
（3）铜在叶绿素中取代镁的作用，有何实用意义？

实验 3-2　叶绿素 a、叶绿素 b 含量测定

【实验目的】

熟悉在未经分离的叶绿体色素溶液中测定叶绿素 a 和叶绿素 b 的方法及其计算。

【实验原理】

如果混合液中的两个组分，它们的光谱吸收峰虽然有明显的差异，但吸收曲

线彼此有些重叠，在这种情况下要分别测定两个组分，可根据朗伯-比尔定律，通过代数方法，计算一种组分由于另一种组分存在时对 OD 值的影响，最后分别得到两种组分的含量。由图 7-2 可见，叶绿素 a 和叶绿素 b 的 80%丙酮提取液在红光区的最大吸收峰分别为 663 nm 和 645 nm。

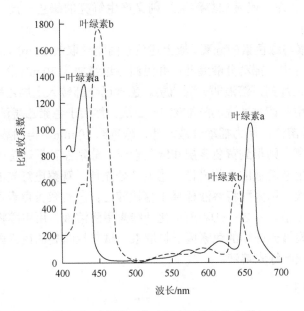

图 7-2　叶绿素 a 和叶绿素 b 的吸收光谱

　　根据朗伯-比尔定律，最大吸收光谱峰不同的两个组分的混合液，它们的质量浓度 ρ 与光密度 OD（A）之间有如下的关系：

$$A_1 = \rho_a \cdot k_{a1} + \rho_b \cdot k_{b1} \tag{7-1}$$

$$A_2 = \rho_a \cdot k_{a2} + \rho_b \cdot k_{b2} \tag{7-2}$$

式中，ρ_a 为组分 a 的质量浓度（g/L）；ρ_b 为组分 b 的质量浓度（g/L）；A_1 为在波长 λ_1（即组分 a 的最大吸收峰波长）时，混合液的 OD 值；A_2 为在波长 λ_2（即组分 b 的最大吸收峰波长）时，混合液的 OD 值；k_{a1} 为组分 a 的比吸收系数，即组分 a 质量浓度为 1 g/L 时，于波长 λ_1 时的 OD 值；k_{b2} 为组分 b 的比吸收系数，即组分 b 质量浓度为 1 g/L 时，于波长 λ_2 时的 OD 值；k_{a2} 为组分 a（质量浓度为 1 g/L）于波长 λ_2 时的 OD 值；k_{b1} 为组分 b（质量浓度为 1 g/L）于波长 λ_1 时的 OD 值。

　　叶绿素 a 和叶绿素 b 的 80%丙酮提取液，当质量浓度为 1 g/L 时，比吸收系数 k 值如表 7-1 所示。

表 7-1 叶绿素 a 和叶绿素 b 在 663 nm 和 645 nm 下的比吸收系数

波长/nm	比吸收系数 k	
	叶绿素 a	叶绿素 b
663	82.04	9.27
645	16.75	45.60

将表中数值代入式（7-1）、（7-2），则得：

$$A_{663} = 82.04 \times \rho_a + 9.27 \times \rho_b$$

$$A_{645} = 16.75 \times \rho_a + 45.60 \times \rho_b$$

经过整理之后，即得到下式：

$$\rho_a = 0.0127 A_{663} - 0.00259 A_{645}$$

$$\rho_b = 0.0229 A_{645} - 0.00467 A_{663}$$

如果把 ρ_a、ρ_b 的单位从原来的 g/L 改为 mg/L，则上式可改写为下列形式：

$$\rho_a = 12.7 A_{663} - 2.59 A_{645} \tag{7-3}$$

$$\rho_b = 22.9 A_{645} - 4.67 A_{663} \tag{7-4}$$

$$\rho_T = \rho_a + \rho_b = 8.03 A_{663} + 20.31 A_{645} \tag{7-5}$$

式（7-5）中 ρ_T 为总叶绿素质量浓度，单位是 mg/L。

利用式（7-3）～（7-5），即可计算出叶绿素 a 和叶绿素 b 及总叶绿素的质量浓度（mg/L）。

【器材与试剂】

1. 实验仪器与用具

分光光度计，离心机，电子天平，研钵，剪刀，漏斗，移液管。

2. 实验试剂

丙酮，$CaCO_3$，石英砂。

3. 实验材料

植物叶片。

【实验步骤】

（1）色素的提取。取新鲜叶片，剪去粗大的叶脉并剪成碎块，称取 0.5 g 放入研钵中加纯丙酮 5 mL、少许 $CaCO_3$ 和石英砂，研磨成匀浆，再加 80% 丙酮 5 mL，将匀浆转入离心管，并用适量 80% 丙酮洗涤研钵，一并转入离心管，离心后弃沉淀，上清液用 80%丙酮定容至 20 mL。

（2）测定 OD 值。取上述色素提取液 1 mL，加 80%丙酮 4 mL 稀释后转入比色杯中，以 80%丙酮为对照，分别测定 663 nm、645 nm 处的 OD 值。

【计算方法】

先按式（7-3）、式（7-4）、式（7-5）分别计算出色素提取液中叶绿素 a、叶绿素 b 及总叶绿素的质量浓度。

再根据稀释倍数按式（7-6）分别计算新鲜叶片中叶绿素 a、叶绿素 b 及总叶绿素的含量（mg/g）。

$$叶绿体色素的含量(mg/g) = \frac{\rho_{色} \times V \times n}{m_f \times 1000} \tag{7-6}$$

式中，$\rho_{色}$ 为色素质量浓度（mg/L）；V 为提取液体积（mL）；n 为稀释倍数；m_f 为样品鲜重（g）；1000 为 1000 mL。

【注意事项】

（1）由于植物叶子中含有水分，故先用纯丙酮进行提取，以使色素提取液中丙酮的最终浓度近似 80%。

（2）叶绿素 a、叶绿素 b 的吸收峰很陡，吸收峰的波长相差仅 18 nm（663～645 nm），因此，对仪器的波长精确度要求较高，一般低级类型的分光光度计（如72 型、721 型），因仪器的狭缝较宽，单色光的纯度低（±5～7）难以满足要求，要用单色光纯度高（±1～2）的中级或高级类型（756 型、UV-2800 型等）。如果对测定结果产生疑问时，不妨用已知波长的滤光片验证一下，仪器的波长是否正确，如无滤光片，可用商品叶绿素 a 或叶绿素 b（厂家会标明 λ_{max} 数据），对仪器的波长进行验证。叶绿素 a 或叶绿素 b 也可以自行用纸层析法分离制备，代替商品叶绿素。

【思考题】

（1）试比较阴生植物和阳生植物的叶绿素 a、叶绿素 b 的比值有无不同。

（2）叶绿素 a 和叶绿素 b 在红光区和蓝光区都有最大吸收峰，能否用蓝光区的最大吸收峰波长进行叶绿素 a 和叶绿素 b 的定量分析，为什么？

实验 3-3 植物光合强度的测定

植物光合强度是以光合速率作为衡量指标的。光合速率通常是指单位时间、

单位叶面积的 CO_2 吸收量或 O_2 的释放量或干物质的积累量。利用气体分析方法测定光合强度比较迅速、准确，而且不损伤植株，在光合作用的研究中测定 CO_2 吸收量可用便携式光合作用测定仪；O_2 的释放量用氧电极法测定；干物质的积累可用改良半叶法测定，该方法的优点是简单，可以直接测出有机物的实际积累量，但较费时，且损伤植株，不能对指定的叶片或植株进行动态研究。这里分别介绍这几种方法，可以择其中一两个做，有条件的也可以进行分组实验，各组之间采取的方法不同，然后比较和讨论各方法的利弊和实验结果的差异原因。

【实验目的】

熟悉测定植物光合强度的不同方法。

I　改良半叶法

【实验原理】

改良半叶法系将植物对称叶片的一部分遮光或取下置于暗处，另一部分则留在光下进行光合作用，过一定时间后，在这两部分叶片的对应部位取同等面积，分别烘干称重。因为对称叶片的两对应部位的等面积的干重，开始时被视为相等，照光后的叶片质量超过暗中的叶片质量，超过部分即为光合作用产物的产量，并通过一定的计算可得到光合强度。

【器材与试剂】

1. 实验仪器与用具

分析天平，烘箱，剪刀，称量皿，刀片，金属模板，纱布，锡纸。

2. 实验试剂

三氯乙酸。

3. 实验材料

田间植物叶片。

【实验步骤】

1. 选择测定样品

在田间选定代表性叶片（如叶片在植株上的部位、叶龄、受光条件等基本一致）20 片，用小纸牌编号。

2. 叶子基部处理

为了不使选定叶片中光合作用产物往外运，而影响测定结果的准确性，可采用下列方法进行处理。

（1）可将叶子输导系统的韧皮部破坏。如棉花等双子叶植物的叶片，可用刀片将叶柄的外皮环割约 0.5 cm 宽。

（2）如果是小麦、水稻等单子叶植物，由于韧皮部和木质部难以分开处理，可用刚在开水中浸过的纱布或棉花做成的夹子，将叶子基部烫伤一小段（一般用 90℃以上的开水烫 20 s）。

（3）由于棉花叶柄木质化程度低，叶柄易被折断。用开水烫，又难以掌握烫伤的程度，往往不是烫得不够便是烫得过重而使叶片下垂，改变了叶片的角度。因此，可改用化学方法来环割，选用适当浓度的三氯乙酸，点涂叶柄以阻止光合作用产物的输出。三氯乙酸是一种有效的常见蛋白质沉淀剂，其特点是沉淀效果好，不易引起蛋白质变性。三氯乙酸渗入叶柄后可将筛管细胞杀死，起到阻止有机养料运输的作用。三氯乙酸的浓度，视叶柄的幼嫩程度而异。以能明显灼伤叶柄，而又不影响水分供应，不改变叶片角度为宜。一般使用 5%三氯乙酸。

为了使烫后或环割等处理后的叶片不致下垂，影响叶片的自然生长角度，可用锡纸或塑料管包围之。使叶片保持原来的着生角度。

3. 剪取样品

叶基部处理完毕后，即可剪取样品，记录时间，开始光合作用测定。一般按编号顺序分别剪下对称叶片的一半（主脉不剪除），按编号顺序夹于湿润的纱布中，储于暗处。过 4～5 h 后，再依次剪下另外一半叶片，同样按编号夹于湿润纱布中，两次剪叶的速度应尽量保持一致，使各叶片经历相等的照光时间。

4. 称重比较

将各同号叶片之两半对应部位叠在一起，在无粗叶脉处放上已知面积（如棉花可用 1.5 cm×2 cm）的金属模板，用刀片沿边切下两个叶块，分别置于照光及暗中的两个称量皿中，80～90℃下烘至恒重（约 5 h），在分析天平上称重比较。

【计算方法】

所测叶片干重增加总数（mg）除以叶面积（换算成 dm^2，$1dm^2 = 100 \ cm^2$）及照光时间（h），即得光合强度，以干物质计，单位为 $mg/(dm^2 \cdot h)$。计算公式如下：

$$光合强度 = \frac{干重增加总数}{切取叶面积总和×照光时间}$$

由于叶内储存的光合产物一般为蔗糖和淀粉等，可将干物质质量乘以系数1.5，得到 CO_2 同化量。

【注意事项】

实验成功的关键在于对叶柄的环割或伤害处理。

【思考题】

与其他测定光合强度方法相比本方法有何优缺点？

Ⅱ　氧　电　极　法

【实验原理】

植物进行光合作用放出氧气，可以用薄膜氧电极进行测定，它具有灵敏度高，操作简便，可以连续测定水溶液中溶解氧含量及其变化过程等优点。

【器材与试剂】

1. 实验仪器与用具

测氧仪，记录仪，电磁搅拌器，超级恒温水浴锅，放映灯，照度计，大号注射器，玻璃方缸，透镜。

2. 实验试剂

$NaHCO_3$，饱和 Na_2SO_3，稀 $CuSO_4$，0.5 mol/L KCl（37.28 g/L），0.1 mol/L 磷酸缓冲液（pH7.0）。

3. 实验材料

田间有代表性的植物叶片。

【实验步骤】

（1）将测氧仪、记录仪、超级恒温水浴锅的管路和电（线）路连接好，然后进行仪器的标定，以求得记录纸上每小格相当的含氧量。

（2）光源可用 500 W 低压放映灯，在光源与反应杯之间用一个 10 cm 厚的玻璃方缸，缸中注入水或稀硫酸铜溶液，以吸收光源的辐射热。最好再用透镜把光聚焦在反应杯上，然后用照度计测量光强度。

（3）用大号注射器将含 0.1% $NaHCO_3$ 的磷酸缓冲液[0.1 g $NaHCO_3$ 溶于100 mL 0.1 mol/L 磷酸缓冲液（pH7.0）中]渗入待测叶片中，然后取 2 cm² 叶片并

剪成 $1 mm^2$ 大小的颗粒，放入盛有 0.1 mol/L 磷酸缓冲液（pH7.0）的反应杯中，放上电极，平衡数分钟，用移位旋钮把记录笔调到适当位置，约为全量程的 20%。

（4）待记录稳定后，开启光源，此时由于光合作用放氧，记录笔向上移动，数分钟后停止照光。

【计算方法】

根据记录笔移动的格数、时间及面积按公式计算光合强度[$\mu mol/ (dm^2 \cdot h)$]：

$$光合强度 = \frac{a \times n \times 100 \times 60}{s \times t}$$

式中，a 为记录纸上每小格代表的氧量（μmol），根据灵敏度标定求得；s 为叶面积（dm^2）；t 为测定时间（min），即记录纸走的距离（mm）/笔速（mm/min）；n 为测定呼吸时记录笔走的小格数。

【注意事项】

加光不要使反应杯的温度升高，以免得到错误的结果。

【思考题】

氧电极法测定光合作用和其他方法相比有何优缺点？

Ⅲ　便携式光合作用测定仪法

【实验原理】

ECA 型光合作用测定仪是利用先进的单片机技术对相应的 CO_2、湿度、温度和光合有效辐射（photosynthetically active radiation，PAR）等传感器，进行信号采集，经模数（A/D）转换处理获得数据。可显示光合速率（P_n）、蒸腾速率（T_r）、水分利用效率（water use efficiency，WUE）和气孔阻抗（SR）等，其最大优点是可以进行活体测定，多数据测定，还便于携带进行野外测量。

ECA 型光合作用测定仪的测量方式有两种，即闭路测量和开路测量。闭路测量叶室出气口接主机进气口，叶室进气口接主机出气口；开路测量叶室出气口接主机进气口，其他不连接。

【器材与试剂】

1. 实验仪器与用具

ECA-PB04025 光合作用测定仪。

仪器主要由主机和叶室两个部分组成，主机是数据采集及模数转换处理的微型机。当待测叶片被夹住后，则形成固定的空间（即叶室），室内装有叶片温度传感器、叶室温度传感器、CO_2 传感器、湿度传感器、光合有效辐射传感器。它们能测量的幅度为：CO_2 体积分数为 $0\sim1000\ \mu L/L$；相对湿度为 $0\sim100\%$；有效辐射为 $0\sim2742\ \mu mol/(m^2\cdot s)$，大致相当于 $0\sim1.6\times10^5\ lx$；叶片温度为 $0\sim50℃$。叶室通过信号电缆和气路与主机相连，进行相应的开路或闭路处理。所有数值可显示于屏幕上，或存储或打印。

2. 实验试剂

无。

3. 实验材料

田间有代表性的植物叶片或叶片发育完全的活体植物。

【实验步骤】

（1）打开主机前后面板上的电源、气泵开关，打开前面板的开关 ON。

（2）按照屏幕提示，按数字键选择中英文菜单、数据保存、用户设置、测量方式（默认单叶闭路）等内容。

（3）核对测量参数。系统容积为测量系统的空气容积，包括叶室、气管及内部测量系统的容积，ECA-PB04025 光合作用测定仪系统容积为 0.25 L；间隔时间为系统内部自动采集的间隔时间，如 C_3 作物，设为 3 s；C_4 作物，设为 2 s；作物叶子在叶室夹紧后见光部分的面积为测定面积，ECA-PB04025 光合作用测定仪标准叶室的透光窗口面积为 11 cm^2，为叶子夹满透光口的默认值，未夹满时应输入实际值。

（4）测定状态界面操作调零。把仪器后面板上的旋钮切换到"调零"状态，当屏幕显示的 CO_2 浓度值大于 0 时，将调零旋钮逆时针方向调到 001；为 0 时，顺时针调到 001；然后把旋钮切换到"测量"状态。每次重新开机都需调零。

（5）测量。打开叶室，手柄轻轻摆动，待 CO_2 浓度稳定后开始操作。

夹紧叶片，把透光口对准阳光（获得 PAR 最大值），CO_2 值平稳下降时按"ENT"键进行数据采集，屏幕上第一行中间的采集时间显示 0 s，然后依次开始自动数据采集，直到采集完毕，自动进入下一级菜单。

确认与修改——本次测量的叶面积数和样品名称，如需重输，按前面方法输入，否则直接按"ENT"键进入下一级菜单；显示结果——如不需要存储数据，则按"ESC"键，否则按"ENT"键进入测量界面，进行多个样品的测量；结果输出——根据提示进入界面操作，记录数据。

第 八 章

综合设计实验 4　种子生理和果实生理

【创新经典导读】

植物在生存资源和生存环境的保障下，在生长发育过程中可通过其各个器官积累物质（水分、无机物、有机物）。种子植物将大量和丰富的物质储存在种子和果实中，从自然角度来看，这是种子植物为其繁殖建立的"粮仓"，但因为生态系统的种群关系，种子和果实也成为一切能以植物为食的其他生物的营养来源。因此，种子生物学的创新探究，直接影响人类对种子资源的利用能力与水平。

种子生物学的发展与人类从事植物栽培，农林生产密不可分。中国古代许多农书记述了有关采种，处理、保存种子和播种等方面的内容。早在 19 世纪中后期，研究工作几乎涉及植物生理各个方面的现代植物生理学创始人萨克斯，就研究了种子发芽时储存物质的转化。但科学的系统论述，则要追溯到德国人诺贝（Nobbe）1876 年所著的《种子学手册》和德特默（Detmer）1880 年著的《种子萌发过程的比较生理学》。中国种子生物学的研究，始于 1940 年罗宗洛研究微量锰促进水稻、绿豆、玉米、油菜种子发芽和小麦种子内糖化酶活性，使其胚乳中淀粉、糊精消失速率加快。

生产上，人们在利用发育成熟、形态正常的种子时，必须衡量种子生理质量，种子生理质量有发芽力、生活力和活力三个指标，三者密切相关，但含义完全不同：种子生活力是指种子发芽的潜在能力或胚具有的生命力，通常用供检样品中活种子数占样品总数的百分率表示；种子发芽力是指种子在适宜条件下（检验室控制条件下）长成正常植株的能力，通常用供检样品中长成正常幼苗数占样品总数的百分率，即发芽率表示；种子活力是指一批高发芽率种子在田间表现的差异。种子活力是比发芽率更敏感的指标，在一批高发芽率种子中，仍然表现出活力的差异，通常高发芽率的种子具有较高的活力，但两者不存在正相关。

值得注意的是，在下列几种情况下，种子生活力和发芽力没有明显的差异，结果基本是一致的：无休眠、无硬实或通过适宜的预处理破除了休眠和硬实；没有感染或已经过适宜的清洁处理；在加工时未受到不利条件或储藏期间未用有害化学药品处理；尚未发生萌芽；在正常或延长的发芽试验中未发生劣变；发芽试验是在适宜的条件下进行的。

　　发芽率已作为世界各国制定种子质量标准的主要指标，在种子认证和种子检验中得到广泛应用，但由于生活力快速，有时可用来暂时替代来不及发芽的发芽率，但最后的结果还是要用发芽率作为正式的依据。

　　自然界中，种子萌发可产生不寻常的力量克服各种阻挡物，破土而出。

　　果实是被子植物的雌蕊经过传粉受精，由子房或花的其他部分（如花托、花萼等）参与发育而成的器官。一般包括果皮和种子两部分，其中，果皮又可分为外果皮、中果皮和内果皮。植物界演化到一定阶段才出现果实。中生代裸子植物在地球上占优势时，其种子尚没有果皮包裹，裸子植物不形成果实。被子植物在新生代大量出现，其种子包藏在果皮内，既保护种子，又助力种子传播。果实使种子度过不良环境，促进被子植物种族繁衍。果实富含水分和营养物质的食用部分俗称果肉，果肉通常是果皮的一部分或假种皮（荔枝、龙眼）。

　　种子和果实的产量形成与品质转化，一方面以植物光合作用、呼吸作用的有机物初生代谢为基础，另一方面与植物有机物次生代谢密切相关。20世纪上半叶，与植物有机物初生和次生代谢有关的诺贝尔奖高达 5 项：22 岁即获波恩大学博士学位的德国化学家赫尔曼·埃米尔·菲舍尔（Hermann Emil Fischer，1852～1919），以在糖类化学和含氮有机化合物——嘌呤合成中的突出成就，荣获 1902 年第二届诺贝尔化学奖。他阐明了糖的结构，从而解决了长期以来有机化学领域中糖结构的问题；发明了用苯肼鉴定糖类的方法，合成了葡萄糖及其他糖类化合物近 30 种。他认为生物学领域中糖类分子的形状比他们结构的作用更重要。他还合成了 150 多种嘌呤化合物，并首次合成了 18 个氨基酸的多肽。菲舍尔的研究为有机化学广泛应用于现代工业奠定了基础。1910 年，由文学而转行攻读化学的德国化学家奥托·瓦拉赫（Otto Wallach，1847～1931），因"在脂环族化合物领域的开创性工作促进了有机化学和化学工业的发展的研究"，荣获诺贝尔化学奖。瓦拉赫最早制备纯化了萜烯类化合物并对萜烯加以命名。他测定出萜烯类化合物的结构都是由含 5 个碳原子的异戊二烯单位构成的聚合物，并指出在强酸和高温作用下，萜烯能从一种类型转变成另一种类型，这是尔后人工合成萜烯的基础。他还最早人工合成香料，成为脂环族和萜烯化学研究以及人造香精和合成树脂工业的奠基人。1937 年，英国化学家沃尔特·诺曼·霍沃思（Walter Norman Haworth，1883～1950）爵士，凭借"对碳水化合物和维生素 C 的研究"，携手因"对类胡萝卜素、黄素、维生素 A 和维生素 B_2 的研究"的瑞士化学家保罗·卡勒（Paul Karrer，1889～1971），共获诺贝尔化学奖。霍沃思发现糖的碳原子不是排列成直线而是环状，此结构称为"哈沃斯投影式"（Haworth projection）。此后，他转而研究维生素 C，并发现其结构与单糖相似。1934 年成功合成维生素 C，系人工合成的第一种维生素。这一成果不仅丰富了有机化学的知识内容，而且还可人工合成廉价的医药用维生素 C（即抗坏血酸）。卡勒早在 1926 年开始研究植物色素，尤其是黄色的类胡萝卜素，并阐明了其化学结构，证明其中数种在动物体内可以转变为维生素 A，并确定了维生素 A 的分子结构。他还研究了维生素 B，证明了核黄素是维生素 B 的一部分。1938 年，出生于奥地利维也纳，合成了约 300 种植物性颜料，发表了约 700 篇论文，内容涉及化学、维生素生物化学和辅酶等方面研究工作的德国高产而坎坷的生物化学家里夏德·库恩（Richard Kuhn，1900~1967），因"对类胡萝卜素和维生素的研究"获诺贝尔化学奖（但由于希特勒的禁止，1949 年库恩才仅仅领到金质奖章和荣誉证书）。库恩曾在威尔斯泰特的指导下研究酶化学，后来发现了 8 种类胡萝卜素，制备出纯品并确定了它们的化学结构。他还与卡勒共同阐明了核黄素的结构，并首次提纯出 1 g 核黄素。他还分离出维生素 B$_6$，先后人工合成核黄素、维生素 A 和维生素 B$_2$ 等。1947 年诺贝尔化学奖被英国化学家罗伯特·罗宾逊（Robert Robinson，1886~1975）摘取，表彰他"对具有重要生物学意义的植物产物，特别是生物碱的研究"的突出贡献。罗宾逊致力于有机结构和有机理论的研究并应用于生理学方面，成功地测出生物碱如罂粟碱、尼古丁、吗啡等的化学成分和结构式，更突出的是他与一名澳大利亚学生精确地测定了青霉素等一批抗菌素药物的结构及在生理和药理方面的作用机理，成功合成青霉素、马钱子碱等药物，系统阐述了有机化合物分子结构稳定性的电子理论。1955 年，他在《天然产物的结构关系》一书中提出了著名的生源学说（Biogenesis Biogenetic Origin）。这一学说对天然产物结构的阐明和化学合成都有很大的促进作用。20 世纪下半叶，植物有机物代谢的诺贝尔奖成就，虽然不如 20 世纪上半叶那样丰富，但是人类对其探究的步伐永远不会停歇。1970 年，阿根廷籍法裔生物化学家卢伊斯·弗德里科·莱洛伊尔（Luis Federico Leloir，1906~1987），因"发现了糖核苷酸及其在碳水化合物的生物合成中所起的作用（复杂的糖类分解为简单碳水化合物的过程）"而获诺贝尔化学奖。1949 年莱洛伊尔找到了一种糖核苷酸（今日已知的核苷酸约 100 种），即尿苷二磷酸葡糖。1953 年分离出尿核苷二磷酸酯乙酰葡萄胺，1959 年提出糖原生成机理，1960 年提出淀粉生物合成机理，1964 年从谷物中分离出腺嘌呤核苷酸。

　　果实与人类的生活关系极为密切。在人类的粮食中，绝大部分是禾本科植物的果实，不仅可鲜食，而且还能加工制成丰富的食品。此外，一些果实或果实的一部分还能以中药材入药。随着生产的发展和人们生活水平的提高，关于果实品质构成及其调控规律的研究与相关技术的应用，将日益受到重视并愈加显示广阔的前景。

【种子生理模块实验目的】

　　种子是高等植物所特有的营养储存器官和繁殖器官，与人类生活密切相关。当种子发育完全后，在田间状态下，高活力的种子迅速萌发形成整齐度高且健壮的幼苗。种子活力在种子发育中形成，在生理成熟期达到高峰，它是衡量种子好坏的一个重要指标，是种子萌发的生理基础，因此寻找实用且准确的种子活力的测定方法是很有必要的。种子活力主要取决于遗传性以及种子发育成熟程度与储藏期间的环境因子，是一项综合性指标，因此靠单一的活力指标判定其总活力水平或健壮度是不科学的，需要掌握多种种子活力的测定方法，便于综合考察。

种子萌发需要适宜的条件，即足够的水分、充足的氧、适宜的温度和光照强度。种子中储藏有大量淀粉、脂类和蛋白质。淀粉类种子在萌发时，种子所储藏的淀粉在淀粉酶的作用下被水解为可溶性糖运送到正在生长的幼胚中，以供幼胚生长发育所需。根据作用方式的不同，淀粉酶可分为 α-淀粉酶与 β-淀粉酶。粗脂肪是油类种子的主要储藏成分之一，可通过其含量的高低来鉴别种子品质的优劣，是食品工业中常用的检测指标。

禾谷类作物（玉米、水稻、高粱、大麦、小麦和黑麦等）种子和油类作物（芝麻、花生、油菜、大豆等）种子常作为种子研究的实验材料，本模块实验利用玉米种子，介绍测定种子活力的几种方法，以及测定萌发过程中 α-淀粉酶与 β-淀粉酶活性的方法，同时介绍测定粗脂肪含量的方法。

【种子生理流程图】

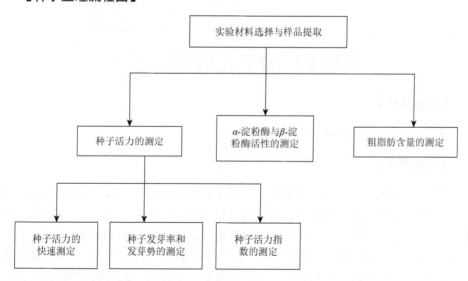

【果实生理模块实验目的】

果实含有蛋白质、碳水化合物、维生素 C、矿质元素等人体必需的营养成分。对果实品质的分析包括测定可溶性总糖含量、可溶性蛋白质含量、可溶性固形物含量、有机酸含量、维生素 C 含量等，其中维生素 C 含量是评价果实质量的重要参数之一，可溶性糖直接影响果实品质，可溶性固形物与有机酸含量的比值影响果实风味。

本模块介绍测定可溶性总糖、维生素 C、可溶性蛋白质、可溶性固形物、有机酸含量及水果产地的方法，为学习评价果实品质提供基础。

【果实生理流程图】

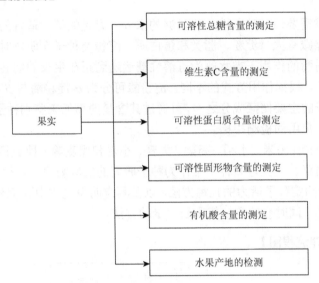

实验 4-1　种子活力的快速测定

【实验目的】

掌握种子活力快速测定的几种方法。

【实验原理】

种子活力指在广泛的田间条件下，种子本身具有的决定其迅速而整齐出苗及正常苗发育的全部潜力的所有特性。通过检测种子的正常生理代谢功能是否受到损害以及胚是否存活，可判断种子的发芽潜力。本实验介绍测定种子活力的三种方法：氯化三苯基四氮唑（TTC）法、溴麝香草酚蓝（BTB）法和红墨水染色法。

活种子的胚在呼吸作用过程中能进行氧化还原反应，而死种子则无此反应。当 TTC 渗入活种子胚细胞内作为氢受体而被脱氢辅酶（$NADH_2$ 或 $NADPH_2$）上的氢还原时，无色的 TTC 转变为红色的三苯基甲腙（TTF）。

活种子进行呼吸作用吸收空气中的 O_2，放出 CO_2。CO_2 溶于水成为 H_2CO_3，H_2CO_3 解离为 H^+ 和 HCO_3^-，使得种子周围环境的酸度增加。溴麝香草酚蓝（BTB）

法通过测定酸度的变化来判断种子活力。BTB变色范围为pH6.0~7.6，酸性呈黄色，碱性呈蓝色，中间经过绿色（变色点为pH7.1）。色泽差异显著，易于观察。

红墨水染色法是根据活种子细胞的原生质膜具有选择性吸收物质的透性，而死种子的胚细胞原生质膜则丧失此性质，于是染料进入死细胞而染色。

【器材与试剂】

1. 实验仪器与用具

培养箱，烧杯，培养皿，镊子，单面刀，电子天平。

2. 实验试剂

0.5% TTC溶液：称取0.5 g TTC，加入少量95%乙醇助溶后，用蒸馏水稀释定容至100 mL。避光保存，现用现配。

0.1% BTB溶液：称取0.1 g BTB放入烧杯中，用煮沸过的自来水溶解（配制指示剂的水应为微碱性，溶液呈蓝色或蓝绿色，蒸馏水为微酸性而不宜用），用滤纸滤去残渣。滤液若为黄色，加数滴稀氨水，使之变为蓝色或蓝绿色。此液储于棕色瓶。

1% BTB琼脂凝胶：0.1% BTB溶液100 mL置于烧杯中，将1 g琼脂剪碎后加入烧杯，用小火加热并不断搅拌。待琼脂完全溶解后，趁热倒在数个干净的培养皿中，厚度以能埋没玉米种子为宜，冷却后用。

5%（体积分数）红墨水：在盛有95 mL蒸馏水的烧杯中，加入5 mL红墨水。

3. 实验材料

玉米、水稻、小麦等种子。

【实验步骤】

1. 浸种

待测适量种子在30~35℃温水中浸种5 h。

2. 0.5% TTC显色实验

将吸胀的种子100粒用单面刀沿种子胚的中心线纵切为两半，其中一半置于培养皿中，每皿100个半粒种子，加入0.5% TTC溶液，以覆盖种子为宜，置于30℃培养箱中培养0.5~1 h，设3个重复。另100个半粒种子置于沸水中5 min以杀死胚，同样加入0.5% TTC溶液，置于30℃培养箱中染色处理作为对照。培养完毕后，迅速倒出TTC溶液，再用清水将种子冲洗1~2次，即刻观察实验组和对照组的种胚被染色的情况，凡种胚全部或大部分被染成红色的即为具有生命力的种子。种胚不被染色的为死种子，种胚中非关键性部位（如子叶的一部分）被染色，而胚根或胚芽的尖端不染色的都属于不能正常发芽的种子。

3. 1% BTB 染色

将吸胀的玉米种子 100 粒整齐地埋于 1% BTB 琼脂凝胶培养皿中，平放，间距至少 1cm。培养皿置于 30℃ 培养箱中培养 2～4 h，在蓝色背景下观察，种子附近呈现深黄色晕圈的是活种子，设 3 个重复。用沸水中杀死的种子进行对照观察。

4. 5%红墨水显色

将吸胀的种子 100 粒用单面刀沿种子胚的中心线纵切为两半，其中一半置于培养皿中，每皿 100 个半粒种子，加入 5%红墨水，以覆盖种子为宜，置于 30℃ 培养箱中培养 5～10 min（染色时间不能超过此范围，否则不易区分染色与否），设 3 个重复。染色后倒去红墨水并用水冲洗多次至冲洗液无色为止。凡种胚不着色或着色很浅的为活种子，种胚与胚乳着色程度相同的为死种子。另 100 个半粒种子置于沸水中 5 min 以杀死胚，同样加入红墨水染色处理作为对照观察。

【计算方法】

按公式（8-1）计算 TTC 法活种子的百分率，即为种子活力（%）。

$$种子活力 = \frac{染成红色的种子粒数}{总种子数} \times 100\% \tag{8-1}$$

按公式（8-2）计算 BTB 法活种子的百分率，即为种子活力（%）。

$$种子活力 = \frac{出现黄色晕圈的种子粒数}{总种子数} \times 100\% \tag{8-2}$$

按公式（8-3）计算红墨水染色法活种子的百分率，即为种子活力（%）。

$$种子活力 = \frac{不着色或着色很浅的种子粒数}{总种子数} \times 100\% \tag{8-3}$$

【注意事项】

种子发芽实验需要注意几个环节：①取样品要准确，必须有代表性；②方法一定要适当；③要保持足够的水分；④要保持适宜的温度；⑤保持空气流通；⑥观察时要保持对各种子着色现象与着色程度判断标准一致；⑦要计算精确。

【思考题】

（1）各种方法测定种子活力的结果是否相同？
（2）指出种子活力与种子发芽率概念上的区别？

实验 4-2 种子发芽率和发芽势的测定

【实验目的】

掌握测定种子发芽率和发芽势的方法。

【实验原理】

种子在适宜的水分、氧气、温度条件下萌发。在最适条件和规定天数内，发芽的种子数与供试的种子数的百分比，称作发芽率。为了表示萌发速度和整齐度，反映种子活力程度，规定在较短的时间内能正常萌发的种子数为发芽势。发芽数与相应发芽天数之比的总和称为发芽指数。

【器材与试剂】

1. 实验仪器与用具

培养箱，培养皿，滤纸或湿砂，镊子，微量移液枪。

2. 实验试剂

1% NaClO 溶液：吸取 1 mL NaClO 溶液，用蒸馏水定容至 100 mL。

3. 实验材料

玉米、水稻、小麦等种子。

【实验步骤】

（1）选取完整、饱满的待测种子 100 粒，用 1% NaClO 溶液消毒 1 min 后，均匀排列在有滤纸的培养皿中（注意种子间留有一定间隔），加入适量蒸馏水，置于 30℃ 培养箱中暗萌发，每天注意补充水分，使滤纸保持湿润即可。

（2）每天记录发芽粒数。3 d 后测定种子的发芽势，7 d 后测定种子的发芽率。

【计算方法】

根据测定结果，利用公式（8-4）～（8-6），计算玉米种子的发芽率（%）、发芽势（%）和发芽指数，并用表格呈现结果。

$$发芽率 = \frac{发芽结束时正常发芽的种子数}{供试种子数} \times 100\% \qquad (8-4)$$

$$发芽势 = \frac{3\,d后正常发芽的种子数}{供试种子数} \times 100\% \tag{8-5}$$

$$GI = \sum \left(\frac{G_t}{D_t} \right) \tag{8-6}$$

式中，GI 为发芽指数；D_t 为发芽时间（d）；G_t 为与 D_t 相对应的 t 日发芽数。

【注意事项】

对于在 1～2 d 萌发并迅速发芽的种子不适用于进行发芽指数的测定。

【思考题】

（1）农业上种子发芽实验有哪些具体的规定？

（2）测定种子的发芽率和发芽势在农业上有何应用？

实验 4-3　种子活力指数的测定

【实验目的】

掌握种子活力指数的测定及计算方法。

【实验原理】

萌发种子幼苗的生长势是反映种子活力的一个较好的生理指标，将发芽指数与幼苗生长量相乘，称为活力指数，是表示种子活力的指标之一。幼苗生长量可用质量或长度表示。

【器材与试剂】

1. 实验仪器与用具

玻板，培养箱，发芽箱（或缸），尺子或天平，滤纸，镊子，细绳或橡皮筋，微量移液枪。

2. 实验试剂

1% NaClO 溶液：吸取 1 mL NaClO 原液，用蒸馏水定容至 100 mL。

3. 实验材料

玉米等种子。

【实验步骤】

（1）选取完整、健壮的种子100粒，3个重复。用1% NaClO溶液消毒1 min，在30~35℃温水中浸种5 h后采取玻板直立发芽法。

（2）玻板直立发芽法：发芽箱由塑料板制成，规格为20 cm×15 cm×20 cm，玻板规格为20 cm×15 cm，滤纸规格为42 cm×15 cm。对折滤纸，平铺在玻板上，掀开上层滤纸，用蒸馏水湿润下层滤纸，将种子横向排列在滤纸中部，胚向下，保持一定粒距。将上层滤纸覆盖在种子上。若种子较大，可用细绳或橡皮筋扎在覆盖种子处的滤纸外面，以防种子滑落。玻板垂直插入发芽箱中，玻板间保持一定的距离。在发芽箱中加入约2 cm深蒸馏水层，加盖，留气孔，置于30℃的培养箱中萌发。

（3）萌发3 d（72 h）后统计种子的发芽率、生长量。

【计算方法】

根据测定结果，利用公式计算玉米种子的活力指数和简化活力指数，并用柱形图表示结果。

$$活力指数 = 发芽指数 × 幼苗生长量(长度或质量) \qquad (8-7)$$

$$简化活力指数 = 发芽率 × 幼苗生长量(长度或质量) \qquad (8-8)$$

【注意事项】

对于萌发迅速的种子适宜用简化活力指数（发芽率乘以幼苗生长量）表示；对于具有明显主根的种子（如花生、大豆等）可用胚根长度或胚根质量乘以发芽率来表示。

【思考题】

测定种子活力指数适用于哪种类型种子？

实验4-4 α-淀粉酶与β-淀粉酶活性的测定

【实验目的】

掌握α-淀粉酶与β-淀粉酶活性的测定。

【实验原理】

α-淀粉酶和β-淀粉酶各有其一定的特性，如β-淀粉酶不耐热，在高温下易钝化，

而 α-淀粉酶不耐酸，在 pH3.6 以下则发生钝化。通常提取液中同时有两种淀粉酶存在，测定时，可根据它们的特性加以处理，钝化其中之一，即可测出另一酶的活性。将提取液加热到 70℃维持 15 min 以钝化 β-淀粉酶，便可测定 α-淀粉酶的活性，或者将提取液用 pH3.6 乙酸在 0℃加以处理，钝化 α-淀粉酶，以求出 β-淀粉酶的活性。

淀粉酶水解淀粉生成的麦芽糖，可用 3,5-二硝基水杨酸试剂（DNS 试剂）测定。由于麦芽糖能将后者还原生成 3-氨基-5-硝基水杨酸的显色基团，在一定范围内其颜色的深浅与糖的浓度成正比，故可求出麦芽糖的含量。以单位重量样品在一定时间内生成的麦芽糖的量表示酶活力。

本实验采用钝化 β-淀粉酶测出 α-淀粉酶活性，再与非钝化条件下测定的 $(\alpha + \beta)$ 淀粉酶活性比较，求出 β-淀粉酶的活性。

【器材与试剂】

1. 实验仪器与用具

电子天平，研钵，容量瓶，具塞刻度试管，试管，1 mL、2 mL、10 mL 刻度吸管，离心机，恒温水浴锅，分光光度计。

2. 实验试剂

1%淀粉：称取 1.0 g 淀粉溶于 100 mL 0.1 mol/L pH5.6 的柠檬酸缓冲液中。

0.1 mol/L pH5.6 的柠檬酸缓冲液：A 液：称取柠檬酸 20.01 g，溶解后稀释至 1000 mL；B 液：称取柠檬酸钠 29.41 g，溶解后稀释至 1000 mL。取 A 液 55 mL 与 B 液 145 mL 混匀，即为 pH5.6 之缓冲液。

DNS 试剂：精确称取 3,5-二硝基水杨酸 1 g 溶于 20 mL 2 mol/L 氢氧化钠中，加入 50 mL 蒸馏水，再加入 30 g 酒石酸钾钠，待溶解后，用蒸馏水稀释至 100 mL，盖紧瓶塞，勿使二氧化碳进入。

麦芽糖标准液：称取麦芽糖 0.100 g 溶于少量蒸馏水中，仔细移入 100 mL 容量瓶中，用蒸馏水稀释至刻度。

石英砂。

3. 实验材料

萌发的小麦（芽长 1 cm 左右）。

【实验步骤】

1. 酶液的提取

称取 1.0 g 萌发的小麦种子，置研钵中加 2 mL 蒸馏水和少量石英砂，研磨成匀浆后转入离心管中,用 7 mL 蒸馏水分次将残渣洗入离心管,提取液在室温下放置提取 15～20 min,每隔数分钟搅动 1 次使其充分提取。然后在 3000 r/min 转速下离心 10 min,将上清液倒入 50 mL 容量瓶中加蒸馏水定容至刻度,摇匀,即为淀粉酶原液。吸取上述淀粉酶原液 5 mL,放入 50 mL 容量瓶中,用蒸馏水定容至刻度摇匀,即为淀粉酶稀释液。

2. 麦芽糖标准曲线制作

取 7 支干净的具塞刻度试管,编号,按表 8-1 加入试剂:摇匀,置于沸水浴中煮沸 5 min。取出后流水冷却,加蒸馏水定容至 20 mL。以 1 号管作为空白调零点,在 540 nm 波长下比色测定。以麦芽糖含量为横坐标,吸光度值为纵坐标,绘制标准曲线。

表 8-1　制作麦芽糖标准曲线配方表

	试管管号						
	1	2	3	4	5	6	7
麦芽糖标准液/mL	0	0.2	0.4	0.8	1.2	1.6	2.0
蒸馏水/mL	2	1.8	1.6	1.2	0.8	0.4	0
麦芽糖含量/mg	0	0.2	0.4	0.8	1.2	1.6	2.0
DNS 试剂/mL	2	2	2	2	2	2	2

3. 酶活力的测定

取 6 支干净的具塞刻度试管,编号,按表 8-2 进行操作。

表 8-2　酶活力的测定配方表

	操作项目管号					
	I-1	I-2	I-3	II-1	II-2	II-3
淀粉酶原液/mL	1.0	1.0	1.0	0	0	0
钝化 β-淀粉酶	置 70℃水浴中 15 min,取出后在流水中冷却					
淀粉酶稀释液/mL	0	0	0	1.0	1.0	1.0
DNS 试剂/mL	2.0	0	0	2.0	0	0
预保温	40℃恒温水浴保温 10 min					
40℃1%淀粉溶液/mL	1.0	1.0	1.0	1.0	1.0	1.0
保温	40℃恒温水浴中准确保温 5 min					
DNS 试剂/mL	0	2.0	2.0	0	2.0	2.0

摇匀,置于水浴中煮沸 5 min,取出后流水冷却,加蒸馏水定容至 20 mL。摇匀,在 540 nm 波长下比色,记录吸光度值。

【计算方法】

分别用Ⅰ-2、Ⅰ-3与Ⅰ-1吸光度值，从麦芽糖标准曲线中查出麦芽糖含量，计算 α-淀粉酶水解淀粉生成的麦芽糖平均含量 m_{I}（mg），再按式（8-9）计算 α-淀粉酶的活性：

$$\alpha\text{-淀粉酶活性} = \frac{m_{\mathrm{I}} \times V_{\mathrm{T}} \times n}{m_0 \times V_{\mathrm{S}} \times t} \tag{8-9}$$

分别用Ⅱ-2、Ⅱ-3与Ⅱ-1吸光度值，从麦芽糖标准曲线中查出麦芽糖含量，计算 $(\alpha+\beta)$-淀粉酶水解淀粉生成的麦芽糖平均含量 m_{II}（mg），再按式（8-10）计算 $(\alpha+\beta)$-淀粉酶的活性：

$$(\alpha+\beta)\text{-淀粉酶活性} = \frac{m_{\mathrm{II}} \times V_{\mathrm{T}} \times n}{m_0 \times V_{\mathrm{S}} \times t} \tag{8-10}$$

式中，m_{I} 为 α-淀粉酶水解淀粉生成的麦芽糖（mg）；m_{II} 为 $(\alpha+\beta)$-淀粉酶共同水解淀粉生成的麦芽糖量（mg）；V_{T} 为淀粉酶原液总体积（mL）；V_{S} 为测定时所用样品液体积（mL）；n 为样品稀释倍数；m_0 为样品质量（g）；t 为酶反应时间（min）。

β-淀粉酶活性由 α-淀粉酶的活性与非钝化条件下测定的 $(\alpha+\beta)$-淀粉酶活性比较获得。

【思考题】

（1）萌发种子和干种子的 α-淀粉酶和 β-淀粉酶活性有何差异？这种变化有何生物学意义？

（2）α-淀粉酶和 β-淀粉酶性质有何不同？作用特点有何不同？

实验 4-5　种子粗脂肪含量的测定

【实验目的】

掌握粗脂肪的提取和含量测定方法。

【实验原理】

脂肪广泛存在于油料植物的种子和果实中，脂肪不溶于水，易溶于有机溶剂（如石油醚）。利用这一特性，选用有机溶剂直接浸提出样品中的脂肪进行测定。提取物中除了脂肪之外，还有游离脂肪酸、石蜡、磷脂、固醇、色素、有机酸等物质，故浸提物称粗脂肪。

粗脂肪的定量分析有油重法和残余法。

油重法：适于测定油料作物种子和木本植物油质果实的粗脂肪含量，它用石油醚浸提待测样品的全部粗脂肪，再将石油醚蒸尽，称重剩下提取物的质量，即可计算出粗脂肪含量。

残余法：适宜测定谷物、油料作物种子的粗脂肪含量。它是将代测样品脱水称重后，用石油醚（或其他有机溶剂）将样品中粗脂肪物质全部浸提出来，残渣中的石油醚挥发之后，烘干至恒重，根据两次质量之差即可得出样品中的粗脂肪含量。本实验用残余法进行。

【器材与试剂】

1. 实验仪器与用具

索氏抽提器，水浴锅，烘箱，分析天平，研钵，脱脂滤纸。

2. 实验试剂

石油醚。

3. 实验材料

玉米种子或柚种子等。

【实验步骤】

1. 样品预处理

将待测物质烘至恒温（70℃条件下）、磨碎均匀，再烘至恒重制成样品装入广口瓶保存于干燥器中以备测定。

2. 取样

（1）将脱脂滤纸折包放入称量瓶中（滤纸包和量瓶上标上同样的编号），烘干至恒重（70℃条件下10 h）。冷却、称量滤纸包质量（m_0）。

（2）准确称取样品1～2 g放入脱脂滤纸包内，放入称量瓶中，再将样品包连同称量瓶仪器烘至恒重（105℃条件下约2 h），取出，放置于干燥器中，冷却至室温时称质量（m_1）。

3. 抽提

（1）将索氏抽提器（图8-1）、冷凝管洗净，烘干至无水，不必称重。

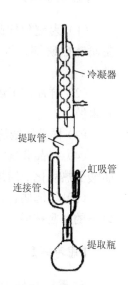

冷凝器

提取管

虹吸管

连接管

提取瓶

图8-1　索氏抽提器

（2）将已烘至恒重的样品包放入抽提器的提取管中，注意样品包的高度不得高于虹吸管的高度。

（3）在提取瓶中加入石油醚至提取瓶容积的约 1/2 处。然后将提取瓶、提取管、冷凝管组装为抽提装置。

（4）将索氏抽提器的提取管置于恒温水浴中（温度约 40℃）进行抽提。抽提 8～10 h。

（5）抽提结束后，将样品滤纸包取出，让石油醚全部挥发后，放入原用称量瓶中置于烘箱 105℃烘干，取出，放置于干燥器内冷却之后，再称取质量（m_2）至恒重。

【计算方法】

根据测定结果，利用公式（8-11）计算粗脂肪含量：

$$粗脂肪含量 = \frac{粗脂肪质量}{样品干重} \times 100\% = \frac{m_1 - m_2}{m_1 - m_0} \times 100\% \qquad (8\text{-}11)$$

式中，m_1 为样品包质量（g）；m_2 为抽提后滤纸包的质量（g）；m_0 为空滤纸包质量（g）。

【注意事项】

（1）为避免样品中的脂肪黏附在研钵内，造成误差，可取少量待测种子，在研钵内研细，以使研钵内黏附有脂肪，倾去研碎的种子，再用该研钵研细样品。

（2）样品应干燥后研细，装样品的滤纸筒一定要紧密，不能往外漏样品，否则重做。

（3）样品滤纸筒的高度不能超过虹吸管，否则上部脂肪不能提尽而造成误差。

（4）样品和醚浸出物在烘箱中干燥时，时间不能过长，以防止极不饱和的脂肪酸受热氧化而增加质量。

（5）粗脂肪含量测定，样品质量应根据脂肪含量而定，通常脂肪含量在 10%以下的，应称样 5～10 g；脂肪含量为 50%～60%的，应称样 1～4 g。

【思考题】

油重法和残余法测定种子脂肪含量的原理是什么？测定结果为何是粗脂肪含量？

实验 4-6 果实可溶性总糖含量的测定

【实验目的】

掌握蒽酮法测定可溶性总糖含量的原理和方法。

【实验原理】

糖（还原糖与非还原糖）在硫酸作用下生成糠醛，糠醛再与蒽酮作用形成蓝绿色络合物，其颜色的深浅与糖含量高低呈正相关。利用蓝绿色物质在 625 nm 波长处有最大吸收值的特性进行比色测定，方法简便，但专一性不强，绝大部分碳水化合物都能与蒽酮试剂反应，产生颜色。

【器材与试剂】

1. 实验仪器与用具

分光光度计，恒温水浴锅，天平，离心机，烘箱，研钵，剪刀，具塞刻度试管，玻璃棒，移液管，锥形瓶，容量瓶。

2. 实验试剂

葡萄糖标准液（200 μg/mL）：葡萄糖在 80℃烘箱中烘至恒重，称取 100 mg，用蒸馏水定容至 500 mL，即得含糖量为 200 μg/mL 的标准液。

蒽酮试剂：1 g 蒽酮溶于 1000 mL 稀硫酸（向 760 mL 相对密度为 1.84 的浓硫

酸加蒸馏水稀释成 1000 mL）溶液中，储于棕色瓶内，冰箱保存，最好使用当天配制。

乙醇（80%）、活性炭。

3. 实验材料

柚、苹果、梨、香蕉、柑橘等果实。

【实验步骤】

1. 可溶性总糖的提取

称取新鲜果肉 0.5~1.0 g（或干样粉末 50~100 mg），剪碎研磨至匀浆，倒入锥形瓶（50 mL）中，加入 10 mL 80%乙醇，80℃水浴 40 min，不断搅拌，冷却，4000 g 离心 10 min，残渣中加 5 mL 80%乙醇，重复在 80℃水浴中提取 2 次，合并上清液，加入 10 mg 活性炭，80℃水浴 30 min，过滤，定容至 25 mL，取滤液待测。

2. 制作标准曲线

用蒸馏水将葡萄糖标准液稀释成一系列 0~100 μg/mL 的不同浓度标准溶液。取 7 支具塞刻度试管，分别吸取 1 mL 标准溶液，各加入 5 mL 蒽酮试剂，混匀，沸水浴 10 min，冷却。用分光光度计测定 625 nm 处的 OD 值，绘制标准曲线。

3. 显色和比色

吸取 0.2 mL 样品提取液，加入 0.8 mL 蒸馏水，混合，再加入 5 mL 蒽酮试剂，小心混合，沸水浴 10 min，冷却。用分光光度计测定 625 nm 处的 OD 值。从标准曲线上查出提取液中糖的含量。

【计算方法】

按式（8-12）计算测定的不同果实可溶性总糖含量（mg/g）：

$$可溶性总糖含量 = \frac{C_{葡萄糖} \times V_1 \times n}{m \times V_0 \times 10^3} \tag{8-12}$$

式中，$C_{葡萄糖}$ 为从标准曲线查到的待测果实样品葡萄糖的量（μg）；V_0 为样品提取液体积（mL）；V_1 为提取液定容体积（mL）；n 为稀释倍数；m 为果肉质量（g）。

【注意事项】

（1）蒽酮试剂与糖反应的呈色程度随时间发生变化，故样品要尽快比色。

（2）该显色反应非常灵敏，所用器皿需洁净。

【思考题】

（1）应用蒽酮法测得的糖包括哪些类型？测定糖含量还有哪些方法？

（2）蒽酮法测定糖的实验结果的干扰因素有哪些？如何避免？

实验 4-7 果实维生素 C 含量的测定

I 2,6-二氯酚靛酚滴定法

【实验目的】

学习并掌握 2,6-二氯酚靛酚滴定法定量测定维生素 C（抗坏血酸）的原理和方法。

【实验原理】

维生素 C 是具有 L 系糖构型的不饱和多羟基物，属于水溶性维生素。它分布很广，在植物体绿色部分及许多果实（如柑橘、苹果、草莓等）、蔬菜（黄瓜、番茄等）中含量丰富。

维生素 C 具有很强的还原性，能将染料 2,6-二氯酚靛酚还原成无色，而维生素 C 本身被氧化成脱氢维生素 C，氧化型 2,6-二氯酚靛酚在酸性溶液中呈粉红色，在中性或碱性溶液中呈蓝色。当用此染料滴定含有维生素 C 的碱性溶液时，滴下的染料立即使溶液显示粉红色，即为滴定终点，表示溶液中的维生素 C 刚刚被氧化完全。从滴定时 2,6-二氯酚靛酚标准液的消耗量，可以计算出被检物质中维生素 C 的含量。维生素 C 含量的表示单位一般为 mg/100 g。

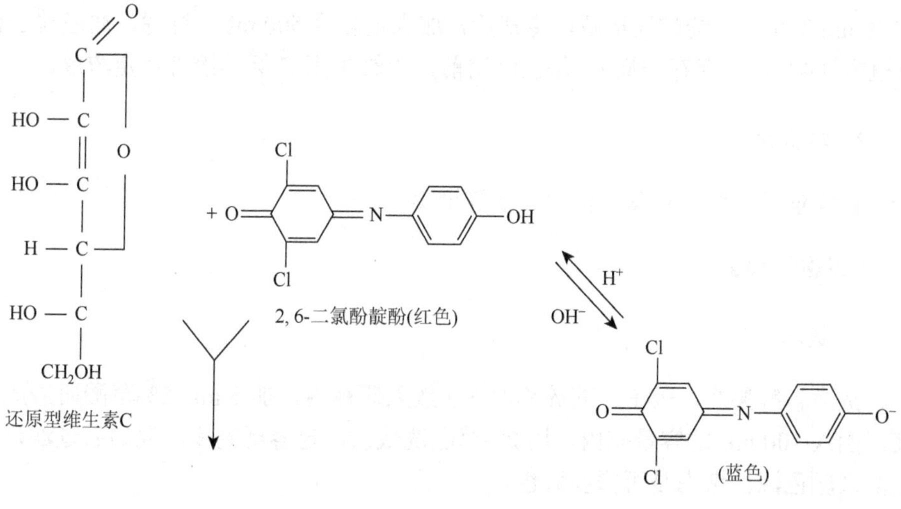

还原型维生素C

2,6-二氯酚靛酚(红色)

(蓝色)

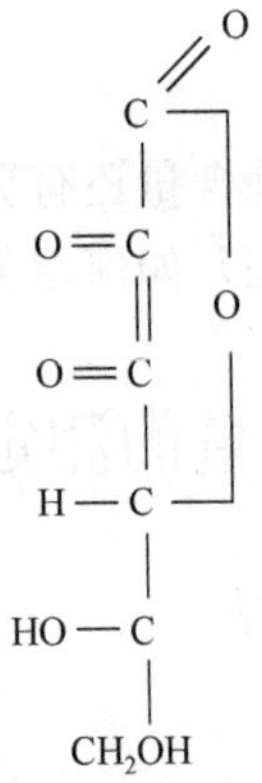

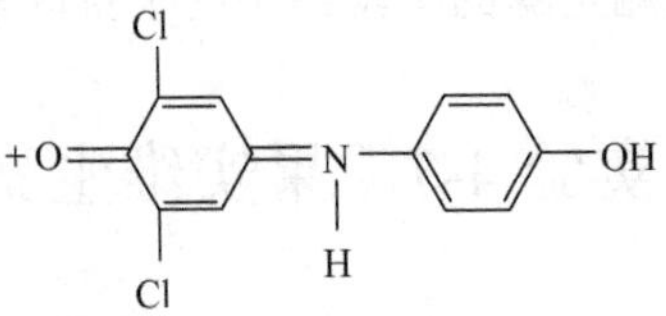

还原型2,6-二氯酚靛酚(无色)

氧化型脱氢维生素C

【器材与试剂】

1. 实验仪器与用具

锥形瓶（50 mL），移液管（1 mL 和 10 mL），容量瓶（100 mL 和 500 mL），微量滴定管（3 mL 或 5 mL），剪刀，研钵。

2. 实验试剂

维生素 C 标准溶液：准确称取 50 mg 抗坏血酸，溶于 1% 的草酸溶液中，稀释至 500 mL，用棕色瓶储藏，冷藏保存，最好现用现配。

2% 草酸溶液：草酸 2 g，溶于 100 mL 蒸馏水中。

1% 草酸溶液：1 g 草酸溶于 100 mL 蒸馏水中。

0.01% 2,6-二氯酚靛酚溶液：称取 104 mg $NaHCO_3$ 溶于 300 mL 热水中，加入 50 mg 2,6-二氯酚靛酚溶解，冷却后，加水定容至 500 mL，过滤，滤液储于棕色瓶内（4℃，可保存一周）。每次临用前，用维生素 C 标准溶液标定浓度。

3. 实验材料

新鲜苹果、梨、香蕉、柑橘、柚等果实。

【实验步骤】

1. 提取

洗净新鲜果实，吸干，剪碎称取 5 g 放入研钵内，加 5 mL 2% 草酸研磨成匀浆，倒入 100 mL 的容量瓶内，用 2% 草酸洗数次，定容至刻度，混匀后过滤，根据滤液颜色深浅考虑是否需要脱色。

2. 滴定

取 2 个 50 mL 锥形瓶，其中 1 个加入 1 mL 维生素 C 标准溶液和 9 mL 1%草酸溶液，混合；另外 1 个锥形瓶只加入 10 mL 1%草酸溶液（为空白对照），分别用已标定的 2,6-二氯酚靛酚溶液（染料）滴定至粉红色出现，15 s 不褪色。记录所用的 2,6-二氯酚靛酚溶液体积（mL），由所用染料的体积计算出 1 mL 染料能氧化维生素 C 的质量（mg），用 K 表示。取 2 个 50 mL 锥形瓶，各加入样品提取液 10 mL，同样的方法用标定的 2,6-二氯酚靛酚溶液滴定，记录两次滴定所用的 2,6-二氯酚靛酚溶液体积（mL），平均值为滴定样品提取液所用的体积 V_1。

3. 填写表 8-3

表 8-3　维生素 C 含量测定

样品名称	样品质量 m/g	样品提取液总体积 V/mL	样品测定时所用滤液体积 V_3/mL	滴定提取液所用染料体积 V_1/mL	滴定空白所用染料体积 V_2/mL	1 mL 染料氧化维生素 C 的量 K/(mg/mL)	维生素 C 含量/(mg/100 g)

【计算方法】

按式（8-13）计算维生素 C 含量（mg/100 g）：

$$维生素 C 含量 = \frac{(V_1 - V_2) \times K \times V}{m \times V_3} \times 100 \tag{8-13}$$

式中，V_1 为滴定提取液所用染料体积（mL）；V_2 为滴定空白所用染料体积（mL）；V_3 为样品测定时所用滤液体积（mL）；V 为样品提取液的总体积（mL）；K 为 1 mL 染料氧化维生素 C 的量（mg/mL）；m 为称取样品质量（g）。

【注意事项】

（1）滴定维生素 C 时不要超过 2 min，因为样品内一般都含有其他物质，其还原染料的能力比维生素 C 迟缓，快速滴定可以减少它们的影响。

（2）染料 2,6-二氯酚靛酚溶液的用量在 1~4 mL，超出此范围则应减少样品量或将提取液适当稀释。

（3）样品提取液要避免日光直射，否则会加速维生素 C 的氧化。

（4）提取物中存在色素类物质，会影响滴定终点的观察，可加入适量白陶土进行脱色过滤后再滴定。每次滴定时以维生素 C 标准溶液标定。

【思考题】

（1）在测定过程中，样品的草酸提取液为什么不能暴露在日光下？

（2）实验过程中要测得准确的维生素 C 含量，应注意哪些步骤？为什么？

Ⅱ　分光光度计法

【实验目的】

学习利用分光光度计法测定维生素 C（抗坏血酸）含量的原理和方法。

【实验原理】

维生素 C（抗坏血酸）具有较强的还原力，可以把铁离子（Fe^{3+}）还原成亚铁离子（Fe^{2+}），亚铁离子与红菲咯啉（4,7-二苯基-1,10-菲咯啉，BP）反应形成红色螯合物。此化合物在波长 534 nm 处具有强的吸收峰，且吸光度与反应液中维生素 C 含量呈正相关。因此，可用分光光度计法来测定抗坏血酸含量。

【器材与试剂】

1. 实验仪器与用具

离心机，分光光度计，剪刀，研钵，电子天平，容量瓶（50 mL 和 100 mL），漏斗，滤纸，离心管，试管。

2. 实验试剂

50 g/L 三氯乙酸（TCA）溶液：称取 5 g 三氯乙酸（分析纯），用蒸馏水溶解，稀释至 100 mL。

0.4%磷酸-乙醇溶液：量取 0.47 mL 85%磷酸溶液加入到无水乙醇中，并用无水乙醇稀释至 100 mL。

5 g/L BP-乙醇溶液：称取 0.25 g BP（纯度＞97%）加入到无水乙醇中溶解，并用无水乙醇稀释至 50 mL。

0.3 g/L $FeCl_3$-乙醇溶液：称取 0.03 g $FeCl_3$ 加入到 100 mL 无水乙醇中，摇匀。

100 μg/mL 维生素 C 标准溶液：称取 10 mg 维生素 C（应为洁白色，如变为黄色则不能用），用 50 g/L TCA 溶液溶解，定容至 100 mL，即 1 mL 溶液含 100 μg 维生素 C。现用现配，保存于棕色瓶中，低温冷藏。

3. 实验材料

苹果、梨、香蕉、柑橘、柚等果实。

【实验步骤】

1. 制作标准曲线

取 7 支试管，编号，按表 8-4 加入各种溶液，将混合液置于 30℃ 反应 60 min，然后以 0 号试管混合液为参照，于波长 534 nm 处测定吸光度值。以维生素 C 质量为横坐标，吸光度为纵坐标绘制标准曲线，求得线性回归方程。

表 8-4　制作维生素 C 标准曲线试剂含量

项目	试管号						
	0	1	2	3	4	5	6
维生素 C 标准溶液/mL	0	0.1	0.2	0.3	0.4	0.5	0.6
50 g/L TCA/mL	2.0	1.9	1.8	1.7	1.6	1.5	1.4
无水乙醇/mL	1.0	1.0	1.0	1.0	1.0	1.0	1.4
				混合、摇匀			
0.4%磷酸-乙醇溶液/mL	0.5	0.5	0.5	0.5	0.5	0.5	0.5
5 g/L BP-乙醇溶液/mL	1.0	1.0	1.0	1.0	1.0	1.0	1.0
0.3 g/L $FeCl_3$-乙醇/mL	0.5	0.5	0.5	0.5	0.5	0.5	0.5
相当于维生素 C 量/μg	0	10	20	30	40	50	60

2. 提取

洗净新鲜果实，吸干，剪碎后混匀，称取 5 g 样品置于研钵中，加入 20 mL 50 g/L TCA 溶液，在冰浴条件下研磨成浆状，转入到 100 mL 容量瓶中，并用 50 g/L TCA 溶液定容至刻度，混合、提取 10 min 后，过滤收集滤液备用。

3. 测定

取 1 mL 样品提取液于试管中，加入 1 mL 50 g/L TCA 溶液，再按制作标准曲线相同的方法，加入其他成分，进行反应、测定。记录反应体系在波长 534 nm 处吸光度。重复 3 次。

【计算方法】

根据吸光度值，在标准曲线上查出相应的混合液中维生素 C 质量，按式(8-14)计算植物组织中维生素 C 含量。植物组织中维生素 C 含量以 100 g 样品（鲜重）中含有的维生素 C 的质量表示，即 mg/100 g。

$$维生素 C 含量 = \frac{V \times m_1}{V_S \times m_0 \times 100} \times 1000 \tag{8-14}$$

式中，m_1 为由标准曲线求得的维生素 C 的质量（μg）；V_S 为滴定时所用样品提取液体积（mL）；V 为样品提取液总体积（mL）；m_0 为样品质量（g）。

【实验扩展】

利用此法还可以测定植物组织中脱氢维生素 C 和总维生素 C 的含量。

测定原理：利用二硫苏糖醇（DTT）将脱氢维生素 C 还原成还原型的维生素 C，这样可以通过测定维生素 C 的含量对脱氢维生素 C 进行定量分析。

测定方法：取 1 mL 样品提取液，加入 0.5 mL 60 mmol/L DTT-乙酸溶液，再用 Na₂HPO₄-NaOH 溶液调 pH 至 7～8，置于室温下 10 min，使脱氢维生素 C 还原。然后加入 0.5 mL 0.2 g/mL 三氯乙酸溶液，调节 pH 至 1～2。按测定维生素 C 相同的方法进行测定，计算出总维生素 C 含量，从中减去样品中原有的还原型维生素 C 含量，即得脱氢维生素 C 含量。

【思考题】

（1）本方法与滴定法测定维生素 C 含量的方法比较，有哪些特点？

（2）用分光光度计法进行某样品浓度测定时，常需用标样制作一定浓度范围的标准曲线。假定现测得某样品溶液浓度超出标准曲线浓度范围的最大值，如何使样品溶液处于标准曲线浓度范围内？

实验 4-8　果实可溶性蛋白质含量的测定

I　考马斯亮蓝染料结合法

【实验目的】

掌握考马斯亮蓝染料结合法测定蛋白质含量的基本原理和方法。

【实验原理】

蛋白质的存在会影响酸碱滴定中所用某些指示剂的颜色，从而改变这些染料的光吸收。在此基础上发展了蛋白质染色测定方法，涉及的指示剂有甲基橙、考马斯亮蓝、溴甲酚绿和溴甲酚紫。考马斯亮蓝是目前广泛使用的染料之一。

考马斯亮蓝 G-250 是测定蛋白质含量的一种染料。该染料依其存在形式的不同表现为红色和蓝色，游离状态下呈红色，在稀酸溶液中与蛋白质结合后可变为蓝色，2～5 min 后在 595 nm 处具有最大光吸收，可以稳定 1 h 以上。蓝色的深浅与溶液中的蛋白质含量（1～1000 μg）成正比，所以，可利用这一特性进行蛋白质的定量测定。该方法简便迅速、消耗样品量少、重复性好，但是不同种类的蛋白质之间差异大，当蛋白质含量偏高时，标准曲线线性较差。

【器材与试剂】

1. 实验仪器与用具

电子天平，分光光度计，离心机，研钵，具塞刻度试管及试管架，移液枪，移液管（1 mL和5 mL），容量瓶（10 mL）。

2. 实验试剂

考马斯亮蓝G-250染色液：称取考马斯亮蓝100 mg，用50 mL95%乙醇溶解，加100 mL85%磷酸，加水稀释至1L，储于棕色瓶中。

牛血清蛋白标准溶液（0.1 mg/mL）：称取10 mg牛血清蛋白，用0.9%氯化钠溶解，定容至100 mL。

3. 实验材料

苹果、梨、香蕉、柑橘、柚等果实。

【实验步骤】

（1）取7支具塞刻度试管，按表8-5依次在各试管加入试剂。盖上各试管塞，摇匀（各管振荡程度尽量一致），放置3～5 min。用分光光度计，在595 nm或620 nm下测定 OD_{595} 或 OD_{620} 值。以 OD_{595} 或 OD_{620} 为纵坐标，标准蛋白质浓度为横坐标，绘制标准曲线。

表 8-5　考马斯亮蓝法标准曲线的各种试剂加入量

	0	2	3	4	5	6
牛血清蛋白标准液/mL	0	0.2	0.4	0.6	0.8	1.0
蒸馏水/mL	1	0.8	0.6	0.4	0.2	0
考马斯亮蓝G-250试剂/mL	5	5	5	5	5	5
蛋白质量/μg	0	20	40	60	80	100

（2）称取果肉样品2 g放入研钵中，加2 mL蒸馏水研磨成匀浆，移到离心管中，用6 mL蒸馏水分次洗涤研钵，转移至离心管中，4000 r/min离心15 min，上清液转入容量瓶，蒸馏水定容至10 mL，摇匀后待测。

（3）吸取样品提取液1 mL，放入具塞刻度试管中，加入5 mL考马斯亮蓝G-250溶液，充分混合，放置5~20 min后，在595 nm处，测定吸光度，并通过标准曲线（或回归方程计算）查得样品提取液中蛋白质含量。

【计算方法】

按式（8-15）计算所测定的果实蛋白质含量（mg/g）：

$$蛋白质含量 = \frac{m_{蛋} \times V_T}{1000 V_1 \times m_{鲜}} \qquad (8\text{-}15)$$

式中，$m_{蛋}$为查标准曲线所得的蛋白质量（μg）；V_T为提取液体积（mL）；V_1为测定时加样量（mL）；$m_{鲜}$为样品鲜重（g）。

【注意事项】

试剂背景值因与蛋白质结合的染料增加而不断降低，因此，当蛋白质浓度较大时，标准曲线稍有弯曲，但直线弯曲程度很轻，不会影响测量。

【思考题】

分析用考马斯亮蓝染料结合法测定果实可溶性蛋白质含量的优缺点。

附：制作标准曲线的步骤

1. 打开Excel，进入Excel工作表状态

2. 在 Excel 工作表输入数据和说明文字

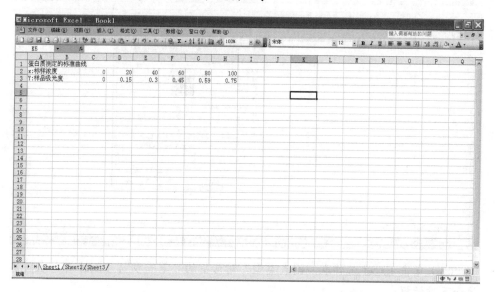

3. 作图

（1）用鼠标选中 Excel 工作表中已输入的数据。

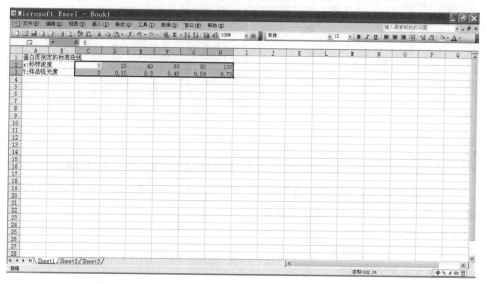

（2）选中 Excel 工作表中的图表类型的"XY 散点图"。

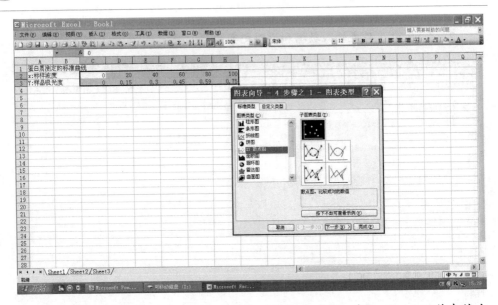

（3）点击 Excel 工作表"图表类型"对话框的"下一步"，Excel 工作表将出现如下对话框：

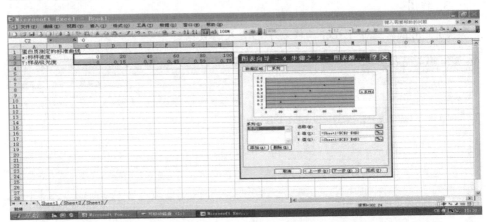

（4）选中对话框的"系列1"选项，在"系列1"选项中嵌（输）入系列（图表）名称——蛋白质测定的标准曲线。

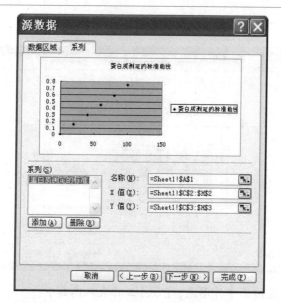

（5）点击对话框的"下一步"，出现如下对话框：

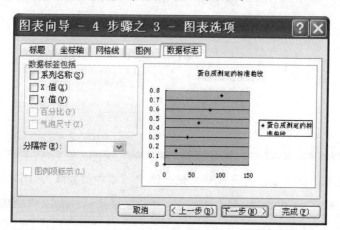

（6）再点击"下一步"按键，即出现：

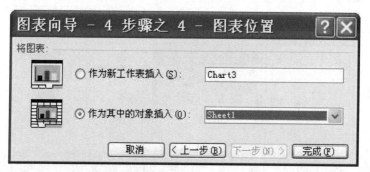

（7）再点击"完成"按钮，工作表出现散点图：

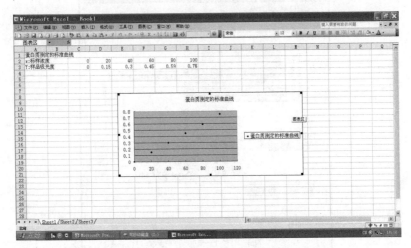

（8）用鼠标左键选中作图点，Excel 工作表状态如下：

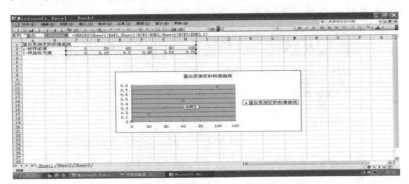

（9）选定作图点后，再点鼠标右键并选中"添加趋势线"，此时对话框显示：

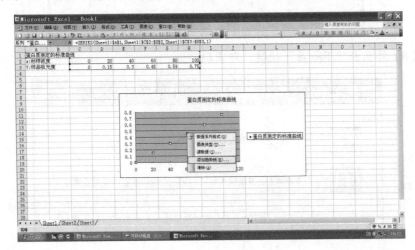

（10）单击上图对话框的"添加趋势线"，出现如下弹框：

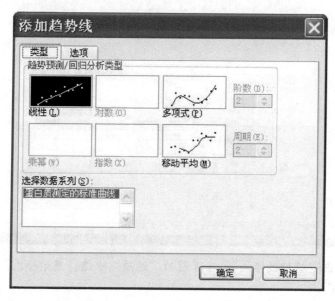

（11）在上图选"确定"，即为：

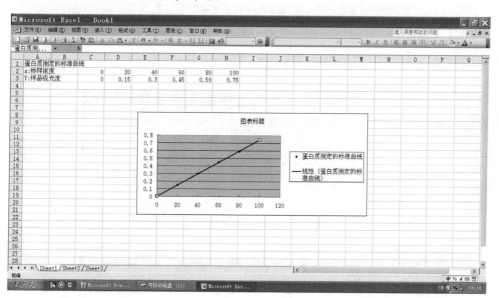

4. 求直线方程

（1）选中趋势线，按下鼠标右键并选中"趋势线格式"，显示如下：

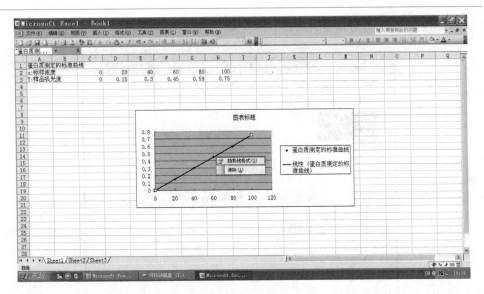

　　（2）点击"趋势线格式"，在下图的"选项"中选"显示公式"和"显示 R 平均值（R）"。

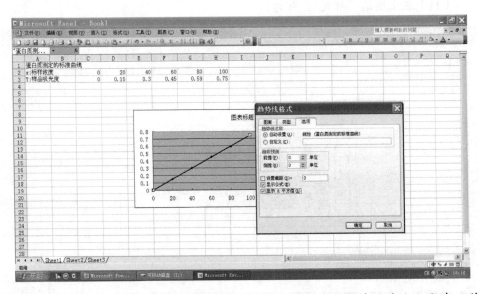

　　（3）选中后，即在弹框中点击"确定"，蛋白质测定的标准曲线方程即在工作表界面的图表框显现，如下图所示：

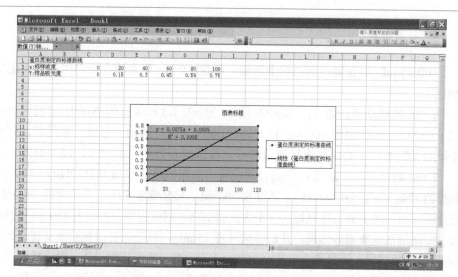

注：在科研上，R^2 至少要达到 0.999（即至少要有三个点完全落在标准曲线的直线上），如果不能达到，则要重新配制标准溶液和制作标准曲线。标准曲线达到要求后，如上图所示，就得出可以应用的标准曲线方程 $x = (y-0.0005)/0.0075$。此时，可测定各个待测样品，将所测得的各样品的"吸光度"代入该方程 y 项，利用 Excel 的计算功能即可方便求出 x 项的"蛋白质浓度"。据蛋白质浓度，可进一步换算出样品中的"蛋白质含量"。

Ⅱ　Folin-酚试剂法

【实验目的】

学习用福林（Folin）-酚试剂法测定蛋白质含量的原理和方法。

【实验原理】

蛋白质与碱性铜盐发生双缩脲反应产生蓝色铜-蛋白质复合物，同时蛋白质中存在的酪氨酸和色氨酸与磷钼酸-磷钨酸试剂反应也能产生深蓝色的钼蓝和钨蓝的混合物，呈色强度与蛋白质含量成正比，可用比色法测定。Folin-酚试剂法是测定蛋白质浓度的常用方法之一，方法简便，灵敏度高。

【器材与试剂】

1. 实验仪器与用具

分光光度计，恒温水浴锅，磨口回流器，天平，移液管，容量瓶，离心机，量筒，烧杯，试管，研钵。

2. 实验试剂

100 μg/mL 牛血清白蛋白标准溶液：称取 10 mg 牛血清白蛋白用蒸馏水配成 100 mL。

Folin-酚试剂甲：将 1 g Na_2CO_3 溶于 50 mL 0.1 mol/L 的 NaOH 溶液；另将 0.5 g $CuSO_4 \cdot 5H_2O$ 溶于 100 mL 的 1%酒石酸钾（酒石酸钠）溶液。临用前，将前者和后者按 50∶1 的比例进行混合即可。该试剂有效期只有一天，过期失效！

Folin-酚试剂乙：在 2 L 的磨口回流器内加入钨酸钠（$Na_2WO_4 \cdot 2H_2O$）100 g、钼酸钠（$Na_2MoO_4 \cdot 2H_2O$）25 g、蒸馏水 700 mL、85%磷酸 50 mL 及浓盐酸 100 mL，充分混匀后，接上磨口冷凝管，以小火回流 10 h。回流完毕，再加入 150 g 硫酸钾、50 mL 蒸馏水及数滴液体溴，开口继续沸腾 15 min，以便除去过量的溴（在通风橱内进行）。冷却后，用蒸馏水定容至 1000 mL，过滤，滤液呈微绿色，置于棕色试剂瓶中保存。使用时用试剂滴定标准氢氧化钠溶液（1 mol/L），以标定试剂的酸度，以酚酞为指示剂，当溶液的颜色由红色变为紫红色、紫灰色，再突然转变为墨绿色时，即为终点。最后用蒸馏水将试剂稀释成 1 mol/L 酸度，即为试剂乙溶液。

该试剂储于棕色瓶内，4℃冰箱中可长期保存。

3. 实验材料

苹果、梨、香蕉、柑橘、柚等果实。

【实验步骤】

1. 标准曲线的制作

取不同浓度（0～100 μg/mL）的牛血清白蛋白标准溶液各 0.6 mL 于试管中，分别加入 3 mL Folin-酚试剂甲，摇匀，25℃水溶保温 10 min，再加入 0.3 mL Folin-酚试剂乙，混匀。25℃水浴保温 30 min，于 500 nm 处比色（若蛋白质浓度为 5～25 μg/mL，则波长用 750 nm；浓度在 25 μg/mL 以上，波长用 500 nm 为宜），以蒸馏水加 Folin-酚试剂作为比色空白对照。根据结果绘制出光密度–蛋白质浓度的标准曲线。

2. 样品的提取

称取果肉样品 2 g 放入研钵中，加 2 mL 蒸馏水研磨成匀浆，移到离心管中，用 6 mL 蒸馏水分次洗涤研钵，转移至离心管中，4000 r/min 离心 15 min，上清液转入容量瓶，蒸馏水定容至 10 mL，摇匀后待测。

3. 样品的测定

吸取样品液 0.6 mL 于试管内，加入 3 mL Folin-酚试剂甲，摇匀，25℃水浴保温 10 min，再加入 0.3 mL Folin-酚试剂乙，混匀，25℃水浴保温 30 min 后，于 500 nm 波长处比色。最后对照标准曲线求出样品液的蛋白质浓度或根据直线方程式计算蛋白质的浓度。

【计算方法】

按式（8-16）计算测定水果的可溶性蛋白质含量（mg/g）：

$$蛋白质含量 = \frac{m_{蛋} \times V_T}{1000V_1 \times m_{鲜}} \qquad (8\text{-}16)$$

式中，$m_{蛋}$ 为查标准曲线所得的蛋白质量（μg）；V_T 为提取液体积（mL）；V_1 为测定时加样量（mL）；$m_{鲜}$ 为样品鲜重（g）。

【注意事项】

Folin-酚试剂法所用的试剂由两部分组成：试剂甲相当于双缩脲试剂，可与蛋白质中的肽键起显色反应；试剂乙在碱性条件下极不稳定，容易被铜-蛋白质复合物还原成钼蓝和钨蓝。因此，在测定时加 Folin-酚试剂要特别小心，因为 Folin-酚试剂乙仅在酸性条件下稳定，但是还原反应是在 pH10 的条件下发生。故当 Folin-酚试剂乙加到碱性的铜-蛋白质溶液中时，必须立即混匀，以便在磷钼酸-磷钨酸试剂被破坏之前，能有效地被铜-蛋白质结合物所还原。

【思考题】

有哪些因素干扰 Folin-酚试剂法测定蛋白质的含量？

实验 4-9　果实可溶性固形物含量的测定

【实验目的】

（1）果蔬组织中可溶性固形物的含量，可大致表示果蔬的糖含量，可用手持折射仪测定。通过测定果蔬可溶性固形物的含量，评价果蔬采收后的成熟品质以及储运过程中的品质变化。

（2）掌握用手持折射仪测定果实可溶性固形物（植物组织汁液）的方法。

【实验原理】

光线从一种介质进入另一种介质时会产生折射现象，其入射角正弦与折射角正弦之比值称为折射率，对于恒定的两种介质，折射率为一常数。一般果汁中产生折光性的物质是一些溶于水的可溶性固体，所以称为可溶性固形物。果蔬汁液中可溶性固形物含量与折射率在一定条件下（同一温度、压力）成正比，故可用手持折射仪测定果蔬汁液的折射率，通常以百分比表示浓度，表示 100 g 样品中可溶性固体的溶解量（图 8-2）。

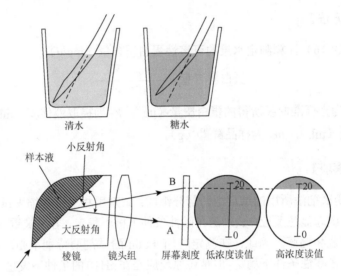

图 8-2　不同浓度糖水折射原理[引自（李小方和张志良，2016）]

【器材与试剂】

1. 实验仪器与用具

手持折射仪（也称测糖仪、手持式测糖仪、糖镜，测量时糖量浓度最小分值为 0.5%，可估读至 0.25%。该仪器结构如图 8-3 所示），榨汁钳，打孔器，烧杯，滴管，吸水纸。

图 8-3　手持折射仪的结构[引自（李小方和张志良，2016）]

2. 实验试剂

蒸馏水。

3. 实验材料

苹果、梨、柑橘、柚、青瓜等瓜果。

【实验步骤】

1. 零点校正

水平拿起手持折射仪并使测试窗对准光源，打开盖板，在测试窗的棱镜玻璃面上滴 2 滴蒸馏水，盖上盖板，将测试窗对向光源，旋转聚焦柄使刻度清晰，检查视野中明亮区域和黑暗区域的交界线与刻度底部的零线是否重合。若与零线不重合，则旋动刻度调节螺丝，使分界线面恰好落在零线上。

2. 待测液的制备

用打孔器在大型多汁的果实（如柑橘、青瓜等）待测部位打出圆柱状组织，切下适当大小的块，置于榨汁钳上榨汁；小型多汁材料（如草莓、荔枝、龙眼等）直接榨汁即可。

3. 测量读数、记录

打开盖板，用吸水纸将测试窗棱镜玻璃表面的蒸馏水擦干，然后如上法在棱镜玻璃面上滴 2 滴待测果蔬汁液，进行观测，观察和读取视野中明暗交界线上的刻度值，即为该待测样品可溶性固形物的含量（%），做好记录。取同一样品，重复测定 3~5 次。

【注意事项】

（1）柚类果实不同部位所含可溶性固形物不同，所以对于这类果实，需要取样部位固定，也可将整个果实榨汁混匀测定。

（2）溶液折射率受温度影响很大。若待测材料需要精确测定、比较时，应利用恒温循环水控制折射仪棱镜的温度，最好将温度调整到 20~25℃。目前，一些数显式测糖仪已带有温度自动校正。

（3）折射仪使用时需用柔软的布或擦镜纸将测试窗表面擦拭干净，不要划伤镜面。测量结束后用擦镜纸擦拭测试窗。

（4）若待测果汁存在固体颗粒物，宜用 4 层纱布滤除，因为折射仪上不能反映出悬浮的固体粒子的折射率。

（5）折射仪切忌受潮，尽量避免用水龙头直接冲洗，可用小流量水洗涤，之后，应立即擦干，避免水汽浸入光路系统导致视野不清、读数不准。

（6）折射仪使用或保存时，防止异常高温，避免棱镜结合部脱胶；不能测定腐蚀性样品；防止跌落和经受冲击。

【思考题】

测定植物组织中汁液浓度有何意义？

实验 4-10　果实有机酸含量的测定

【实验目的】

学习并掌握用指示剂滴定法测定有机酸含量的原理和方法。

【实验原理】

有机酸广泛存在于植物中，不同植物中有机酸的种类和数量不同，有机酸在植物体内存在的状况也随植物的不同部位而不同。有机酸在新陈代谢中占有重要地位，在呼吸作用中，它是碳水化合物代谢的中间产物，又是三大物质代谢的重要连接者。植物组织中的有机酸易溶于水、醇和醚，可用这些溶剂先将有机酸提出，然后用氢氧化钠标准溶液滴定，以酚酞为指示剂，通过消耗的氢氧化钠标准溶液的体积计算植物组织内有机酸的含量。

【器材与试剂】

1. 实验仪器与用具

电子天平，电热恒温水浴锅，研钵，量筒，移液管，烧杯，容量瓶，漏斗，锥形瓶，碱式滴定管等玻璃仪器和滤纸。

2. 实验试剂

0.1 mol/L 氢氧化钠标准溶液，酚酞指示剂，石英砂，10 g/L 95%乙醇溶液等。

3. 实验材料

苹果、梨、香蕉、柑橘、柚等果实。

【实验步骤】

1. 样品提取

称取 5 g 果实，放入研钵中，加少许石英砂研磨成匀浆，用蒸馏水洗入 50 mL 锥形瓶中，加水约 20 mL，放入 80℃水浴中浸提 30 min，其间不断搅拌。取出冷却，过滤入 50 mL 容量瓶中，并用蒸馏水洗残渣数次，定容至刻度，充分摇匀做测定用。

2. 测定

根据预测酸度，用移液管吸取 10～15 mL 样液到 50 mL 锥形瓶中，加入酚酞指示剂 3～5 滴，用 0.1 mol/L 氢氧化钠标准溶液滴定至出现微红色，摇 30～60 s 不褪色为滴定终点，记下所消耗的体积。取 3 次平均值。

【计算方法】

按式（8-17）以果实含有的主要酸来计算有机酸含量（%）：

$$有机酸含量 = \frac{c \times V_1 \times k \times 50}{V_0 \times m} \times 100\% \tag{8-17}$$

式中，c 为氢氧化钠标准溶液摩尔浓度（mol/L）；V_1 为滴定时所消耗的氢氧化钠标准溶液体积（mL）；k 为换算为某种酸（如苹果酸、柠檬酸、酒石酸等）的系数，即 1 mol/L 氢氧化钠相当于主要酸的质量（g），几种有机酸的换算系数见表 8-6；50 为试样浸提后定容体积（mL）；V_0 为吸取滴定用的样液体积（mL）；m 为试样质量（g）。

表 8-6　几种有机酸的换算系数 k

有机酸	换算系数 k	果蔬与制品
苹果酸	0.067	仁果类、核果类水果
结晶柠檬酸（1 个结晶水）	0.070	柑橘类、浆果类水果
酒石酸	0.075	葡萄
草酸	0.045	菠菜
乳酸	0.090	盐渍、发酵制品
乙酸	0.060	醋渍制品

【思考题】

（1）本实验所用的蒸馏水不能含 CO_2，应如何操作？

（2）测定有机酸含量要注意哪些问题？

实验 4-11　快速判断水果产地的检测方法

【实验目的】

（1）采用气相离子迁移谱（GC-IMS）技术，通过检测果实中挥发性有机物的种类及含量，根据挥发性有机物的指纹图谱判断果实产地。

（2）了解气相离子迁移谱（GC-IMS）的工作原理。

（3）掌握气相离子迁移谱的实验操作流程及数据处理方法。

【实验原理】

气相离子迁移谱（GC-IMS）可使用高纯氮气或合成空气等作为载气和漂移气，常压工作，无须真空环境。仪器结合了气相色谱的高分离度和离子迁移谱的高灵敏度（无须富集，ppb 级检测限），非常适合痕量挥发性有机物的分析。

样品中的化合物经过气相色谱预分离后由载气带入到离子迁移谱的电离区（图 8-4），在电离区中，样品分子与反应离子进行化学反应生成产物离子，产物离子在电场力作用下进入离子迁移迁漂移区发生漂移（图 8-5），在漂移过程中产物离子由于离子质量和一维碰撞截面的不同而得到二次分离，分离后的离子到达迁移管末端并与检测器（通常是法拉第盘）碰撞时，迁移时间和保留时间被确定，离子与法拉第盘碰撞后就被中和，形成电流，并通过增益放大器转化为电压形成信号。得到的 GC-IMS 的离子迁移谱图为三维谱图，其中 X 轴代表迁移时间，Y 轴代表气相保留时间，Z 轴代表信号强度。经过软件处理分析后，给出果实中挥发性有机物的指纹图谱，据此指纹图谱和主成分分析（PCA），即可判断水果产地。

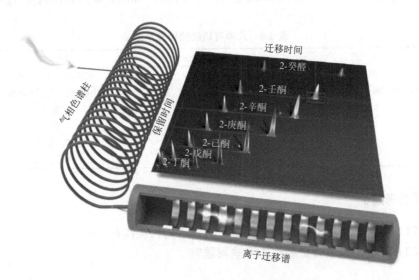

图 8-4　气相离子迁移谱技术原理示意图

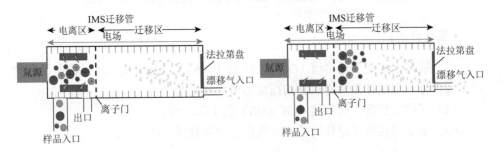

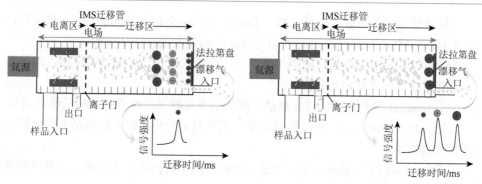

图 8-5　气相离子迁移谱原理示意图

【器材与试剂】

1. 实验仪器与用具

气相离子迁移谱（型号：FlavourSpec®风味分析仪 G.A.S，Dortmund，Germany），20 mL 顶空进样瓶，镊子，水果刀，天平（精确至 0.1 g）。

2. 实验试剂

无。

3. 实验材料

柚子（沙田柚等）、苹果、梨、香蕉、柑橘等果实。

【实验步骤】

（1）将已知两个或两个以上不同产地的水果（如沙田柚）分别取 3 个重复样品，即每个产地取 3 个果实样品进行实验。

（2）将果实分为果皮和果肉两部分，分别进行编号（如 GXP-广西皮、GXR-广西肉、GDP-广东皮、GDR-广东肉等），重复样品编号分别记为 1、2、3。

（3）分别称取果皮、果肉各 1 g 直接置于 20 mL 顶空进样瓶中，拧紧顶空瓶盖，上机进行分析。

（4）按照仪器设定程序顶空进样瓶在孵化器中 40℃加热振荡 10 min 后，进样针自动移取 500 μL 顶空进样瓶中气体，注入 GC-IMS 中进行分析。

（5）GC-IMS 按照设定程序控制载气和漂移气流量，20 min 后得到待测果皮或果肉的挥发性有机物的气相离子迁移谱图。

（6）使用 GC-IMS 的软件将谱图进行分析，得到待测果皮和果肉挥发性有机物的指纹图谱和主成分分析图谱。

　　仪器配套的分析软件包括 LAV（Laboratory Analytical Viewer）和三款插件，以及 GC×IMS Library Search，可以分别从不同角度进行样品分析。

　　①LAV：用于查看分析谱图，图中每一个点代表一种挥发性有机物；对其建立标准曲线后可进行定量分析。

　　②Reporter 插件：直接对比样品之间的谱图差异（二维俯视图和三维谱图）。

　　③Gallery Plot 插件：指纹图谱对比，直观且定量地比较不同样品之间的挥发性有机物差异。

　　④Dynamic PCA 插件：动态主成分分析，用于将样品聚类分析，以及快速确定未知样品的种类。

　　⑤GC×IMS Library Search：应用软件内置的 NIST 数据库和 IMS 数据库可对物质进行定性分析，用户可根据需求利用标准品自行扩充数据库。

【注意事项】

　　（1）建立数据模型时，样品数据越多建立的模型的真实性越可靠。

　　（2）加热孵化时，温度越高，样品的挥发性有机物越多，为更佳贴近样品的真实状态，果蔬加热时尽量使孵化温度接近室温。

扫二维码查看彩图

【分析案例】

以某种分别产于广东、广西的水果果皮挥发性有机物分析为例

1. 直接对比不同产地某种水果果皮中挥发性有机物差异（Reporter 插件）（图 1）

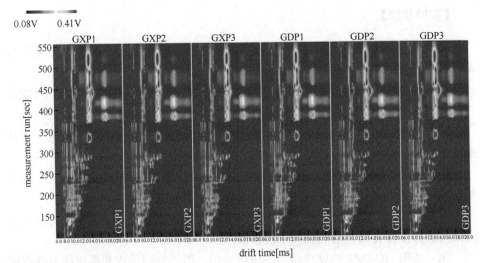

图 1

说明：①纵坐标代表气相色谱的保留时间(s)，横坐标代表离子迁移时间(ms)。②整个图背景为蓝色，横坐标 8.0 处红色竖线为 RIP 峰（反应离子峰，未经归一化处理）。③RIP 峰两侧的每一个点代表一种挥发性有机物。颜色代表物质的浓度，白色表示浓度较低，红色表示浓度较高，颜色越深表示浓度越大。

为了更加明显比较不同样品的差异，选取其中一个样品的谱图 GXP1（广西皮 1）作为参比，其他样品的谱图扣减参比（图 2）。如果二者挥发性有机物一致，则扣减后的背景为白色，而红色代表该物质的浓度高于参比，蓝色代表该物质的浓度低于参比。

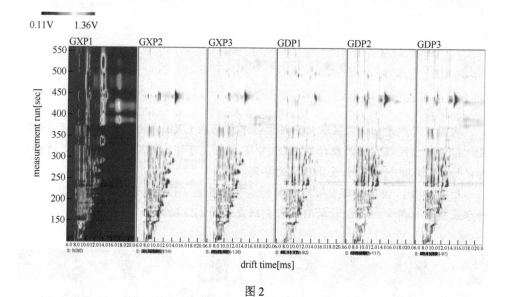

图 2

从以上直接对比和差异对比的图中都可以看出，不同产地某种水果皮中的挥发性有机物差异很大，为了更好地比较，框选这些挥发性有机物的峰，形成样品指纹图谱进行对比。

2. 某种水果果皮样品挥发性有机物指纹图谱（图 3）对比（Gallery Plot 插件）

图 3

说明：①图 3 中每一行代表一个果皮样品中选取的全部信号峰。②图 3 中每一列代表同一挥发性有机物在不同果皮样品中的信号峰。③从图 3 中可以看出每种样品的完整挥发物信息以及样品之间挥发性有机物的差异。

由于图 3 太小，因此选取可以区分两个产地水果的特异性挥发性有机物放大显示，如图 4 所示。

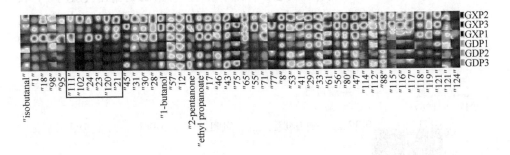

图 4

从图 4 可以看出，该区域标出挥发性有机物在 GXP 中的含量明显高于 GDP，且红框中标出的挥发性有机物在 GDP 中不存在，可作为 GXP 原产地鉴定的特征标记物，用以进行该种水果原产地的鉴定。

由图 5 知：该区域挥发性有机物的总体浓度在 GDP 中含量高于 GXP，从该种水果皮整体挥发性有机物的浓度可判断是否为 GD 所产。

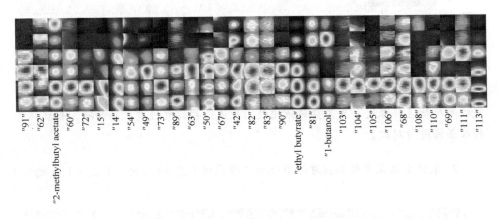

图 5

该种水果皮中特有的香气成分为柠檬烯、柠檬醇、蒎烯，两个产地中均含有该类香气成分（图 6）。

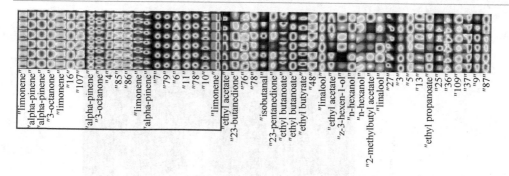

图 6

3. 某种水果果皮聚类分析（动态主成分分析）

由图 7 可以看出，3 个 GDP 聚类在一起，GXP 聚类在一起，该种水果在 GD 主产地地区，在 PCA 上聚集效果更好，GX 该种水果的产地较为分散，PCA 聚集效果较为分散。

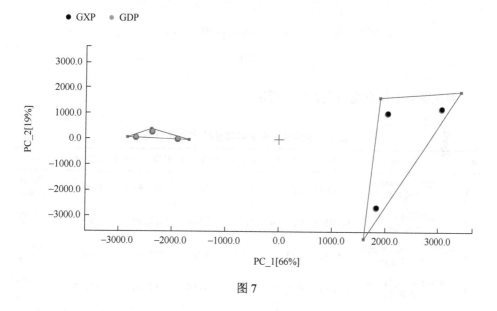

图 7

4. 某种水果皮中的挥发性有机物定性分析（GC×IMS Library Search）（图 8）

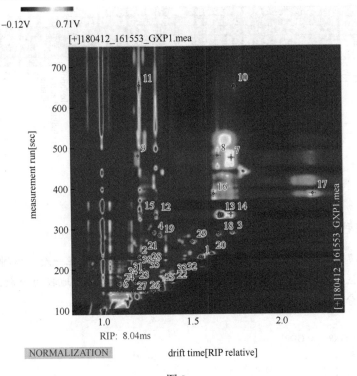

图 8

对应图 8 的化合物列表如表 1 所示。

表 1　样品水果皮中的挥发性有机物种类

编号	化合物	CAS 号	分子式	分子量	保留指数	保留时间/s	相对迁移时间	备注
1	Ethyl butanoate 丁酸乙酯	C105544	$C_6H_{12}O_2$	116.2	793.2	233.084	1.554 8	Dimer 二聚体
2	Ethyl butanoate 丁酸乙酯	C105544	$C_6H_{12}O_2$	116.2	792.4	232.599	1.209 6	Monomer 单体
3	3-Methylbutyl acetate 乙酸异戊酯	C123922	$C_7H_{14}O_2$	130.2	878.2	292.666	1.735 3	Dimer 二聚体
4	4-Methylbutyl acetate 乙酸异戊酯	C123922	$C_7H_{14}O_2$	130.2	877.6	292.181	0.129 7	Monomer 单体
5	Isobutanal 异丁醛	C78842	C_4H_8O	72.1	578.1	149.077	1.286 2	Dimer 二聚体
6	Isobutanal 异丁醛	C78842	C_4H_8O	72.1	579.8	149.565	1.095 6	Monomer 单体
7	Limonene 柠檬烯	C138863	$C_{10}H_{16}$	136.2	1 020.2	477.293	1.735 5	

续表

编号	化合物	CAS 号	分子式	分子量	保留指数	保留时间/s	相对迁移时间	备注
8	Limonene 柠檬烯	C138863	$C_{10}H_{16}$	136.2	1 023.0	482.787	1.654 5	Dimer 二聚体
9	Limonene 柠檬烯	C138863	$C_{10}H_{16}$	136.2	1 023.0	482.787	0.120 8	Monomer 单体
10	Linalool 芳樟醇	C78706	$C_{10}H_{18}O$	154.3	1 100.2	654.171	1.751 7	Dimer 二聚体
11	Linalool 芳樟醇	C78706	$C_{10}H_{18}O$	154.3	1 101.1	656.283	1.215 5	Monomer 单体
12	alpha-Pinene α-蒎烯	C80568	$C_{10}H_{16}$	136.2	925.7	337.837	1.306 9	
13	alpha-Pinene α-蒎烯	C80568	$C_{10}H_{16}$	136.2	925.7	337.837	0.166 4	
14	alpha-Pinene α-蒎烯	C80568	$C_{10}H_{16}$	136.2	927.0	339.237	1.729 5	
15	alpha-Pinene α-蒎烯	C80568	$C_{10}H_{16}$	136.2	928.4	340.637	1.215 2	
16	3-Octanone 3-辛酮	C106683	$C_8H_{16}O$	128.2	968.2	388.231	1.631 2	Monomer 单体
17	3-Octanone 3-辛酮	C106683	$C_8H_{16}O$	128.2	968.2	388.231	2.188 2	Dimer 二聚体
18	n-Hexanol 正己醇	C111273	$C_6H_{14}O$	102.2	870.6	288.976	1.658	Monomer 单体
19	n-Hexanol 正己醇	C111273	$C_6H_{14}O$	102.2	867.1	286.337	1.328 1	Dimer 二聚体
20	1-Butanol 1-丁醇	C71363	$C_4H_{10}O$	74.1	655.9	17.628	1.392 8	Dimer 二聚体
21	1-Butanol 1-丁醇	C71363	$C_4H_{10}O$	74.1	654.2	17.099	1.183 8	Monomer 单体
22	Butanal 丁醛	C123728	C_4H_8O	72.1	635.5	165.262	1.096 2	
23	Ethyl Acetate 乙酸乙酯	C141786	$C_4H_8O_2$	88.1	635.5	165.262	1.096 2	Monomer 单体
24	Ethyl Acetate 乙酸乙酯	C141786	$C_4H_8O_2$	88.1	637.1	165.75	1.329 6	Dimer 二聚体
25	1-Propanol 1-丙醇	C71238	C_3H_8O	60.1	572.4	147.225	1.242 1	
26	2-Butanone 2-丁酮	C78933	C_4H_8O	72.1	572.4	147.225	1.242 1	
27	2, 3-Butanedione 2, 3-丁二酮	C431038	$C_4H_6O_2$	86.1	570.7	146.737	1.172 4	

编号	化合物	CAS号	分子式	分子量	保留指数	保留时间/s	相对迁移时间	备注
28	1-Pentanol 1-戊醇	C71410	$C_5H_{12}O$	88.1	758.1	215.719	1.254 7	
29	(Z)-3-Hexen-1-ol (Z)-3-己烯-1-醇	C928961	$C_6H_{12}O$	100.2	845.7	270.45	1.509 7	
30	Hexan-2-one 2-己酮	C591786	$C_6H_{12}O$	100.2	745.6	209.028	1.201 3	
31	Ethylpropanoate 丙酸乙酯	C105373	$C_5H_{10}O_2$	102.1	712.0	192.855	1.151 2	Monomer 单体
32	ethyl propanoate 丙酸乙酯	C105373	$C_5H_{10}O_2$	102.1	704.5	189.62	1.451 8	Dimer 二聚体
33	Butanal 丁醛	C123728	C_4H_8O	72.1	635.5	165.262	10.962	
34	2-Pentanone 2-戊酮	C107879	$C_5H_{10}O$	86.1	683.3	181.177	1.118 2	
35	2, 3-Pentanedione 2, 3-戊二酮	C600146	$C_5H_8O_2$	100.1	727.1	199.776	1.234 4	

5. 结论

使用该技术，仪器在无须真空且无须样品前处理前提下，经顶空进样后可快速检测该水果果皮和果肉的挥发性有机物，经过强大的软件分析，可得以下信息：

（1）GXP 和 GDP 中含有很多种挥发性有机物，某些挥发性有机物的含量在 GXP 中的含量高，且 GXP 中含有特异性挥发性成分，据此可判断该种水果的产地是否为 GX；某些挥发性有机物在 GDP 中含量高于 GXP，根据这些挥发性有机物的综合信息可判断该种水果的原产地或具体产地。

（2）该种水果可食部分（果肉）中挥发性有机物的种类明显少于皮的，如柠檬烯、柠檬醇、蒎烯等具有令人愉悦香气的成分在果肉中的含量很少，而在果皮中的含量很多；通过果肉中总体挥发性有机物的种类亦可判断该种水果的原产地或具体产地。

（3）不论采用果皮或者果肉 PCA 分析均可将不同产地的水果分开，通过建立不同产地的水果分析模型后，可快速鉴定未知来源的该种水果的原产地或具体产地。

（4）通过 GC-IMS 可以快速检测待测水果果皮和果肉中的挥发性有机物，即水果的气味，将传统闻气味的方法数据化，协助科研工作者和生产者或商家进行水果原产地或具体产地的鉴定等。

第 九 章

综合设计实验5　植物对衰老和逆境的生理响应

【创新经典导读】

导致植物自然死亡的生命活动衰退过程称为植物衰老。一年生、二年生植物及某些多年生植物（竹、龙舌兰）在开花结实后，整株植物衰老死亡。大多数多年生草本植物每年秋季地上部分衰老死亡，而根与地下茎仍延存。多年生木本落叶植物每年秋季叶片和幼枝衰老脱落，但其他部分仍然生存。植物衰老并不被认为是一个纯粹消极和被动的过程，因为衰老器官在死亡前，已将其储藏物质甚至解体的原生质运往新生器官或其他器官，利于植物个体的生存或种的延续。

逆境是对植物生长和生存不利的各种环境因素的总称，又称胁迫。植物在逆境下的生理反应称为逆境生理。植物对环境胁迫的最直观反应表现在形态上，即植物的形态建成和生长发育进程受影响。但是，植物对环境胁迫的直观形态反应，往往滞后于其生理反应，逆境伤害的形态反应一旦造成，往往难以完全恢复。研究植物对环境胁迫的生理反应，不但有助于揭示植物适应逆境的生理机制，更有助于生产上采取切实可行的技术措施提高植物的抗逆性或保护植物免受伤害，为植物的生长创造有利条件。

对植物生长发育规律的不断解析，都将促进人们对植物衰老和逆境的认识，进而促进人们对植物生命特征的科学认知，促进人们更科学和可持续地保护植物和开展植物生产。近半个多世纪以来，科学家在这些领域取得了巨大的突破。

在细胞发育上，细胞周期是保证细胞正确增殖的过程，是细胞分裂的完整体现。由于与细胞周期相关的基因在时间和空间上能进行有序表达，细胞周期的运转（G1→S→G2→M）严格遵循基因的有序调控，不能正常完成一个周期的细胞将进入程序性死亡或发生癌变。有趣和特别的是，21世纪初的连续两次诺贝尔生理学或医学奖就授予这一领域的伟大发现。其中，2001年诺贝尔生理学或医学奖，授予三位发现具有调控功能的真核细胞周期关键因子的科学家，他们是美国利兰·哈里森·哈特韦尔（Leland Harrison Hartwell，1939～，发现和研究了细胞周期分裂基因 *cdc*），英国的保罗·纳斯（Paul Nurse，1949～，发现调节细胞周期的关键分子周期蛋白依赖性激酶 CDK）和理查德·蒂莫西·蒂姆·亨特（Richard

Timothy Tim Hunt，1943～，发现调节 CDK 功能的因子周期蛋白）。2002 年，诺贝尔生理学或医学奖的获奖者是英国的约翰·苏尔斯顿（John Sulston，1942～）、悉尼·布伦纳（Sydney Brenner，1927～）和美国的罗伯特·霍维茨（Robert Horvitz，1947～），他们发现了器官发育和细胞程序性死亡过程中的基因规则。

植物细胞信号转导的研究与应用，是当今生命科学最活跃和最有成果的领域之一。早在 1971 年，美国生物化学家厄尔·威尔伯·萨瑟兰（Earl Wilbur Sutherland，1915～1974）凭借发现细胞内信使 cAMP 和提出"第二信使学说"而获得诺贝尔生理学或医学奖。出生于中国上海的瑞士-美国籍生物化学家埃德蒙·费希尔（Edmond Fischer，1920～2021）和同事埃德温·克雷布斯（Edwin Krebs，1918～2009），提纯出第一种磷酸化和去磷酸化酶，并发现可逆性的蛋白质磷酸化过程是生物体内最基本的自身调节机制。一个细胞内含有的数千种蛋白质是机体生命活动的基础，这些蛋白质之间是相互作用的，其中一个重要的调节机制就是可逆性的蛋白质磷酸化过程。二人由于这一发现而获得 1992 年诺贝尔生理学或医学奖。1994 年，美国的阿尔弗里德·古德曼·吉尔曼（Alfred Goodman Gilman，1941～）和马丁·罗德贝尔（Martin Rodbell，1925～1998）提纯了 G 蛋白，并阐明 G 蛋白是耦联膜受体和效应器蛋白（酶或离子通道）的膜蛋白，能将从外界接收的信息进行调整、集合和放大，从而控制最基本的生命过程，参与细胞信号跨膜转导，起信息换能器的作用而分享诺贝尔生理学或医学奖。

【模块实验目的】

植物生长过程中经常会遇到干旱、低温、水淹、热害、盐碱、病虫害等不良环境（逆境）。不良环境会使植物形态结构及生理生化发生明显的变化。例如，逆境会使植物叶片萎蔫、变黄；生长延缓；叶绿体、线粒体等细胞器结构遭到破坏；细胞膜的功能受损或结构破坏，细胞膜透性增大，膜上蛋白质和酶的结构变形及活性紊乱；光合速率下降，有机物质分解加快；过剩的光能引起光合量子效率和光化学效率降低，即发生光抑制；等等。逆境会对植物的生长发育造成伤害，严重时可导致死亡。为求得生存和发育，植物有多种抵抗逆境的形态和生理机制。在生理上，植物可以通过维持细胞膜的完整性、增加脱落酸含量、积累渗透调节物质、活性氧平衡、表达抗逆基因等方式来提高植物细胞对逆境的抵抗力。本模块实验学习丙二醛含量、细胞膜透性（电导仪法）、游离脯氨酸含量、氧自由基以及细胞内自由基清除系统的主要酶——超氧化物歧化酶（SOD）活性、过氧化氢酶（CAT）活性、抗坏血酸过氧化物酶（AsA-POD）活性的测定；学习测定植物体内氧自由基、光合速率-光强响应曲线和光合日变化，以及叶绿素荧光参数 F_v/F_m 变化的测定。

【流程图】

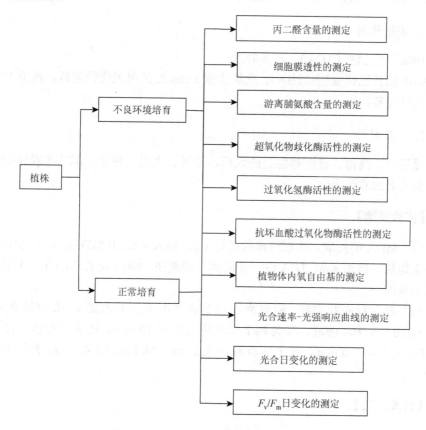

实验 5-1　丙二醛含量的测定

【实验目的】

学习测定植物组织内丙二醛含量的测定常用方法。

【实验原理】

丙二醛（MDA）是常用的膜脂过氧化作用的指标，在酸性和高温条件下，可以与硫代巴比妥酸（TBA）反应生成红棕色的三甲川（3,5,5-三甲基噁唑-2,4-二酮），其最大吸收波长在 532 nm。

【器材与试剂】

1. 实验仪器与用具

紫外-可见分光光度计，TDL-5000B 型低速多管离心机，电子天平，水浴锅，

10 mL 离心管，研钵，试管，10 mL、2 mL 刻度吸管，剪刀。

2. 实验试剂

10%三氯乙酸（TCA），石英砂。

0.6%硫代巴比妥酸（TBA）：先加少量 1 mol/L 的氢氧化钠溶解，再用 10%的三氯乙酸定容。

3. 实验材料

受干旱、高温、低温等胁迫的水稻、玉米、大豆、棉花、烟草等农作物叶片或自然衰老的农作物叶片。

【实验步骤】

（1）MDA 的提取。称取剪碎的试材 1 g，加入 2 mL 10%TCA 和少量石英砂，研磨至匀浆，再加 8 mL TCA 进一步研磨，匀浆在 3000 g 离心 10 min，上清液为样品提取液。

（2）显色反应和测定。吸取离心的上清液 4 mL（对照加 2 mL 蒸馏水），加入 4 mL 0.6%TBA 溶液，混匀物于沸水浴上反应 15 min，迅速于冰水中冷却后于 3000 g 离心 10 min。取上清液测定 532 nm、600 nm 和 450 nm 波长下的吸光度。

【计算方法】

1. 计算植物样品中 MDA 的浓度

（1）直线方程法。按式（9-1）求得其摩尔吸光系数 ε：

$$\varepsilon = (A_{532} - A_{600} - Y_{532})/(155 \times d) \tag{9-1}$$

式中，Y_{532} 为样品中糖分在 532 nm 处的吸光度值，由公式 $Y_{532} = -0.00198 + 0.088A_{450}$ 求得；A_{532} 为实测吸光度值；A_{600} 为 600 nm 非特异吸收的吸光度值；d 为比色杯厚度（cm）。MDA 在 532 nm 处的摩尔吸光系数为 155 mmol/(L·cm)。

（2）双组分分光光度法。按式（9-2）可直接求得植物样品提取液中 MDA 的浓度：

$$c_1 = 11.71A_{450},\ c_2 = 6.45(A_{532} - A_{600}) - 0.56A_{450} \tag{9-2}$$

式中，c_1 为可溶性糖的浓度（mmol/L）；c_2 为 MDA 的浓度（mol/L）；A_{450} 为 450 nm 波长下的吸光度值；A_{532} 为 532 nm 波长下的吸光度值；A_{600} 为 600 nm 波长下的吸光度值。

2. 计算植物样品中 MDA 的含量

用上述任一方法求得 MDA 的浓度，根据植物组织的重量计算测定样品中 MDA 的含量：

MDA 含量(mol/g) = MDA 浓度(mol/L)×提取液总体积(mL)×反应液总体积(mL)×10^3/[材料鲜重(g)×参加反应的提取液体积(mL)]

【注意事项】

（1）植物遭受干旱、高温、低温等胁迫时可溶性糖增加，因此测定植物组织中 MDA-TBA 反应物质含量时须排除可溶性糖的干扰。

（2）低浓度的 Fe^{3+} 能够显著增加 TBA 与蔗糖或 MDA 显色反应物在 532 nm、450 nm 处的吸光度，所以在蔗糖、MDA 与 TBA 显色反应中需一定量的 Fe^{3+}，通常植物组织干重中 Fe^{3+} 含量为 100～300 μg/g，根据植物样品量和提取液的体积，加入 Fe^{3+} 的终浓度为 0.5 mol/L。

（3）TBA 试剂最好现配现用。

【思考题】

（1）什么是膜脂过氧化作用？
（2）什么是自由基伤害学说？

实验 5-2　细胞膜透性的测定（电导仪法）

【实验目的】

了解植物逆境对植物细胞膜的伤害作用，学会使用电导仪。

【实验原理】

植物组织受到逆境伤害时，由于膜的功能受损或结构破坏透性增大，细胞内各种水溶性物质不同程度地外渗，将植物组织浸入无离子水中，水的电导率将因电解质的外渗而加大，伤害越重，外渗越多，电导率的增加也越大。故可通过电导率仪测定外液的电导率值得知伤害程度，从而反映植物的抗逆性强弱。

【器材与试剂】

1. 实验仪器与用具

电导率仪，真空泵，恒温水浴，水浴试管架，20 mL 具塞刻度试管，打孔器（或双面刀片），10 mL 移液管（或定量加液器），试管架，铝锅，电炉，镊子，剪刀，搪瓷盘，记号笔，滤纸适量，塑料纱网（约 3 cm²）。

2. 实验试剂

去离子水。

3. 实验材料

受干旱、高温、低温等胁迫的水稻、玉米、大豆、棉花、烟草等农作物叶片或自然衰老的农作物叶片和正常生长的相应植物叶片。

【实验步骤】

（1）容器的洗涤。电导率仪法对水和容器的洁净度要求严格，水的电导率要求为 1～2 μS/cm；所用容器必须用去离子水彻底清洗干净，倒置于洗净而垫有洁净滤纸的搪瓷盘中备用。为了检查试管是否洁净，可向试管中加入 1～2 mL 电导率在 1～2 μS/cm 的新制去离子水，用电导率仪测定是否仍维持原电导率。

（2）实验材料的处理。分别在正常生长和胁迫的植株上取同一叶位的功能叶若干片。若没有胁迫的植株，可取正常生长的植株叶片若干，分成 2 份，用纱布擦净表面灰尘。将一份放在 −20℃ 左右的温度下冷冻 20 min（或置 40℃ 左右的恒温箱中处理 30 min）进行胁迫处理，另一份裹入潮湿的纱布中放置在室温下作对照。

（3）测定。将处理组叶片与对照组叶片用去离子水冲洗 2 次，再用洁净滤纸吸净表面水分。用 6～8 mm 的打孔器避开主脉打取叶圆片（或切割成大小一致的叶块），每组叶片打取叶圆片 60 片，分装在 3 支洁净的具塞刻度试管中，每管放 20 片。

在装有叶片的各管中加入 10 mL 的去离子水，并将大于试管口径的塑料纱网放入试管距离液面 1 cm 处，以防止叶圆片在抽气时翻出试管。然后将试管放入真空干燥箱中用真空泵抽气 10 min（也可直接将叶圆片放入注射器内，吸取 10 mL 的去离子水，堵住注射器口进行抽气）以抽出细胞间隙的空气，当缓缓放入空气时，水即渗入细胞间隙，叶片变成半透明状，沉入水下。将以上试管置 20℃ 下保持 1 h，其间要多次摇动试管，或者将试管放在振荡器上振荡 1 h。

1 h 后将各试管摇匀，用电导率仪测定处理组和对照组的初电导率值（σ_1）

测完后，将各试管盖塞封口，置沸水浴中 10 min。取出冷却至 20℃，并在 20℃下平衡 20 min，摇匀，测其终电导率值（σ_2）。

【计算方法】

据需要，按下述方法计算相应结果。

计算相对电导率 $\sigma_{相对}$：

$$\sigma_{相对} = \sigma_1 / \sigma_2 \tag{9-3}$$

式中，σ_1 为处理组的或对照组的初电导率值；σ_2 为处理组的或对照组的终电导率值。相对电导率的大小表示细胞膜受伤害的程度。

由于对照组（在室温下）也有少量电解质外渗，故可按式（9-4）计算由于低温或高温胁迫而产生的电解质外渗，称为伤害度（%）。

$$伤害度 = (\sigma_{相对,t} - \sigma_{相对,ck}) \times 100\% / (1 - \sigma_{相对,ck}) \tag{9-4}$$

式中，$\sigma_{相对,t}$ 为处理叶片的相对电导率；$\sigma_{相对,ck}$ 为对照叶片的相对电导率。

在电导率测定中一般应用去离子水，若制备困难可用普通蒸馏水代替，但需要设一空白试管（蒸馏水作空白），测定样品时同时测定空白试管的电导率值，按式（9-5）计算相对电导率：

$$\sigma_{相对} = (\sigma_t - \sigma_0) / (\sigma_c - \sigma_0) \tag{9-5}$$

式中，σ_t 为处理叶片的电导率；σ_c 为对照叶片的电导率；σ_0 为蒸馏水的电导率。

【注意事项】

（1）CO_2 在水中的溶解度较高，测定电导率时要防止高 CO_2 气源和口中呼出的 CO_2 进入试管，以免影响结果的准确性。

（2）温度对溶液的电导率影响很大，故 σ_1 和 σ_2 必须在相同温度下测定。

（3）如果没有真空抽气装置时，在叶片浸入去离子水后，尽量不时摇动，让叶片与去离子水发生充分的交换，使电解质外渗。

（4）叶片电解质外渗以 1～2 h 为宜。

【思考题】

（1）处理时间长短对电导率值测定会有影响吗？为什么？

（2）细胞受伤害后为何细胞膜透性会变大？

（3）据你所知，还有哪些因素会使细胞膜透性发生变化？透性增大，是否都属于反常现象？

实验 5-3　游离脯氨酸含量的测定

【实验目的】

了解逆境对植物体内脯氨酸含量的影响，学会测定脯氨酸的方法。

【实验原理】

在酸性条件下，脯氨酸与茚三酮反应生成稳定的红色缩合物，用甲苯萃取后，此缩合物在波长 520 nm 处有一最大吸收峰。脯氨酸浓度在一定范围内与其吸光度成正比。

【器材与试剂】

1. 实验仪器与用具

分析天平，分光光度计，水浴锅，20 mL 大试管，具塞刻度试管，玻璃球，2 mL 移液管，5 mL 移液管，容量瓶。

2. 实验试剂

甲苯。

3%磺基水杨酸溶液：将 3 g 磺基水杨酸加蒸馏水溶解后定容至 100 mL。

2.5%酸性茚三酮显色液：冰乙酸和 6 mol/L 磷酸以 3∶2 的体积混合，作为溶剂在 4℃下储存备用，2～3 d 有效。

脯氨酸标准溶液：准确称取 25 mg 脯氨酸，用蒸馏水溶解后定容至 250 mL，其浓度为 100 μg/mL。再取此液 10 mL，用蒸馏水稀释至 100 mL，即成 10 μg/mL 的脯氨酸标准液。

3. 实验材料

受干旱、高温、低温等胁迫的水稻、玉米、大豆、棉花、烟草等农作物叶片或自然衰老的农作物叶片。

【实验步骤】

1. 标准曲线的制作

取 7 支具塞刻度试管按表 9-1 加入各试剂。混匀后加玻璃塞，在沸水中加热 40 min。取出冷却后向各管加入 5 mL 甲苯充分振荡，以萃取红色物质。静置待分层后吸取甲苯层，以 0 号管为对照在波长 520 nm 下比色。以吸光度值为纵坐标，对应各脯氨酸标准溶液所换算出的脯氨酸含量（μg）为横坐标，绘制标准曲线，并求线性回归方程。

表 9-1 各试管中试剂加入量

试剂	0	1	2	3	4	5	6
脯氨酸标准溶液/mL	0	0.2	0.4	0.8	1.2	1.6	2.0
H₂O/mL	2	1.8	1.6	1.2	0.8	0.4	0
冰乙酸/mL	2	2	2	2	2	2	2
显色液/mL	3	3	3	3	3	3	3
脯氨酸质量/μg	0	2	4	8	12	16	20

2. 样品测定

取剪碎混匀待测植物叶片 0.2～0.5 g（干样根据水分含量酌减），分别置于大试管中，加入 5 mL 3%磺基水杨酸溶液，管口加盖玻璃球，于沸水浴中浸提 10 min。

取出试管，待冷却至室温后，吸取上清液 2 mL，加 2 mL 冰乙酸和 3 mL 显色液，于沸水浴中加热 40 min，后续步骤按标准曲线制作方法进行甲苯萃取和比色。

【计算方法】

从标准曲线中查出测定液中脯氨酸含量，按式（9-6）计算样品中脯氨酸含量（μg/g）：

$$脯氨酸含量 = m \times V_1 / (V_2 \times m_{样}) \qquad (9\text{-}6)$$

式中，m 为提取液中脯氨酸量，由标准曲线求得（μg）；V_1 为提取液总体积（mL）；V_2 为测定时所吸取的体积（mL）；$m_{样}$ 为样品质量（g）。

【注意事项】

配制的酸性茚三酮溶液仅在 24 h 内稳定，最好现配现用。茚三酮的用量与待测样品的脯氨酸的浓度相关。当脯氨酸浓度在 10 μg/mL 以下时，显色液中茚三酮的浓度要达到 10 mg/mL，才能保证脯氨酸充分显色。

【思考题】

为什么在逆境条件下会导致植物体内游离脯氨酸的积累？

实验 5-4　超氧化物歧化酶（SOD）活性的测定

【实验目的】

学习测定超氧化物歧化酶活性的方法。

【实验原理】

依据 SOD 抑制氮蓝四唑（NBT）在光下的还原作用来测定酶活性大小。在有可氧化物存在下，核黄素可被光还原，被还原的核黄素在有氧条件下极易再氧化而产生，可将 NBT 还原为蓝色的化合物，后者在 560 nm 处有最大吸收。

【器材与试剂】

1. 实验仪器与用具

高速台式离心机，分光光度计，研钵，微量进样器，试管或指形管，荧光灯[反应试管处照度为 80 μmol/(m·s)]，黑色硬纸套。

2. 实验试剂

50 mmol/L 磷酸缓冲液（pH7.8）。

提取介质：内含 1% 聚乙烯吡咯烷酮的 50 mmol/L（pH7.8）磷酸缓冲液。

130 mmol/L 甲硫氨酸（Met）溶液：称 1.399 g Met，用磷酸缓冲液溶解并定容至 100 mL。

750 μmol/L NBT 溶液：称取 61.33 mg NBT，用磷酸缓冲液溶解并定容至 100 mL，避光保存。

100 μmol/L Na_2-EDTA 溶液：取 37.21 mg Na_2-EDTA 用磷酸缓冲液稀释至 1000 mL。

20 μmol/L 核黄素溶液：取 7.5 mg，定容至 1000 mL，避光保存，现用现配。

3. 实验材料

受干旱、高温、低温等胁迫的水稻、玉米、大豆、棉花、烟草等农作物叶片或自然衰老的农作物叶片。

【实验步骤】

1. 酶液提取

取待测植物叶片（去叶脉）0.5 g 于预冷的研钵中，加 2 mL 预冷的提取介质在冰浴下研磨成匀浆，加入提取介质冲洗研钵，并使终体积为 10 mL。取 5 mL 于 4℃下 9000 g 离心 15 min，上清液即为 SOD 粗提液。

2. 显色反应

取透明度好、质地相同的 5 mL 试管或指形管 4 支，2 支测定、2 支对照，按表 9-2 加入试剂。

表 9-2　显色反应试剂配制表

试剂名称	用量/mL	终浓度（比色时）
50 mmol/L 磷酸缓冲液	1.5	5 mmol/L
130 mmol/L 甲硫氨酸溶液	0.3	13 mmol/L
750 μmol/L NBT 溶液	0.3	75 μmol/L
100 μmol/L Na$_2$-EDTA 溶液	0.3	10 μmol/L
20 μmol/L 核黄素溶液	0.3	2 μmol/L
酶液	0.1	对照试管中以缓冲液代替
蒸馏水	0.5	
总体积	3.3	

试剂加完后充分混匀，给 1 支对照管罩上比试管稍长的双层黑色硬纸套遮光，与其他各管同时置于 80 μmol/(m·s)日光灯下反应 20～30 min（要求各管照光情况一致，反应温度控制在 25～35℃，视酶活性高低适当调整反应时间）。

3. 比色测定

反应结束后，以不照光的对照管作空白，分别测定其他各管在 560 nm 波长下的吸光度，记录结果。

【计算方法】

按式（9-7）计算植物样品 SOD 活性：

$$SOD活性 = (A_0 - A_s) \times V_t / (A_0 \times 0.5 \times m_鲜 \times V_s) \qquad (9\text{-}7)$$

$$SOD 比活力 = SOD 活性/蛋白质质量分数 \qquad (9\text{-}8)$$

式中，SOD 的活性以每克鲜重酶活单位表示（U/g），比活力以每毫克蛋白酶活单位表示（U/mg）；A_0 为照光对照管的吸光度；A_s 为样品管的吸光度；V_t 为样液总体积（mL）；V_s 为测定时样品用量（mL）；$m_鲜$ 为样品鲜重（g）；蛋白质质量分数为每克鲜重含蛋白质的量（mg/g）。

【注意事项】

（1）核黄素产生氧自由基，NBT 还原为蓝色的化合物都与光密切相关，因此，测定时要严格控制光照的强度和时间。

（2）植物中的酚类对测定有干扰，制备粗酶液时可加入聚乙烯吡咯烷酮（PVP），尽可能除去植物组织中的酚类等次生代谢物质。

（3）测定 SOD 活性时加入的酶量，以能抑制反应的 50% 为佳。

（4）当测定样品数量较大时，可在临用前根据用量将显色反应试剂配制表中各试剂（酶液和核黄素溶液除外）按比例混合后一次性加入 2.90 mL，然后依次加入核黄素溶液和酶液，使终浓度不变，其余各步与上相同。

【思考题】

测定 SOD 活性有何生理意义？

实验 5-5　过氧化氢酶（CAT）活性的测定（紫外吸收法）

【实验目的】

掌握紫外吸收法（具有简便、快速和不需要特殊试剂和仪器的特点）测定植物组织中过氧化氢酶（CAT）活性。

【实验原理】

过氧化氢（H_2O_2）在 240 nm 下有强烈吸收，过氧化氢酶能分解过氧化氢，使反应溶液吸光度 A_{240} 随反应时间而降低。根据测定吸光度的变化速度即可测出过氧化氢酶的活性。

【器材与试剂】

1. 实验仪器与用具

紫外分光光度计，离心机，研钵，25 mL 容量瓶 1 个，0.5 mL 刻度吸管 2 支，2 mL 刻度吸管 1 支，10 mL 试管 3 支，恒温水浴。

2. 实验试剂

0.2 mol/L pH7.8 磷酸缓冲液（内含 1% 聚乙烯吡咯烷酮）、0.1 mol/L H_2O_2（用 0.1 mol/L 高锰酸钾标定），石英砂。

3. 实验材料

受干旱、高温、低温等胁迫的水稻、玉米、大豆、棉花、烟草等农作物叶片或自然衰老的农作物叶片。

【实验步骤】

1. 酶液提取

称取新鲜小麦叶片或其他植物组织 0.5 g 置于研钵中，加入 2~3 mL 4℃下预冷的 pH7.0 磷酸缓冲液和少量石英砂研磨成匀浆后，转入 25 mL 容量瓶中，并用缓冲液冲洗研钵数次，合并冲洗液，并定容到刻度。混合均匀将量瓶置 5℃冰箱中静置 10 min，取上部澄清液在 4000 r/min 下离心 15 min，上清液即为过氧化氢酶粗提液。5℃下保存备用。

2. 测定

取 10 mL 试管 3 支，其中 2 支为样品测定管，1 支为空白管，按表 9-3 顺序加入试剂。

将 S0 号管在沸水浴煮 1 min 以杀死酶液，冷却。接着将所有试管在 25℃下预热，然后逐管加入 0.3 mL 0.1 mol/L H_2O_2，每加完一管立即计时，并迅速倒入石英比色杯中，240 nm 下测定吸光度，每隔 1 min 读数 1 次，共测 4 min，待 3 支管全部测定完后，计算酶活性。

表 9-3　紫外吸收法测定 H_2O_2 样品液配制表

管号	S0	S1	S2
酶液/mL	0.2	0.2	0.2
pH7.8 磷酸缓冲液/mL	1.5	1.5	1.5
蒸馏水/mL	1.0	1.0	1.0

【计算方法】

以 1 min 内 A_{240} 每减少 0.1 为 1 个酶活单位（U），按式（9-9）计算过氧化氢酶活性[U/(g·min)]：

$$过氧化氢酶活性 = \Delta A_{240} \times V_t / (0.1 \times V_1 \times t \times m_鲜) \tag{9-9}$$

式中，$\Delta A_{240} = A_{S0} - (A_{S1} + A_{S2})/2$，$A_{S0}$ 为加入煮死酶液的对照管吸光度，A_{S1}、A_{S2}

为样品管吸光度；V_t 为酶液总体积（mL）；V_1 为测定用酶液体积（mL）；$m_{鲜}$ 为样品鲜重（g）；0.1 为 A_{240} 每下降 0.1 为 1 个酶活单位（U）；t 为加过氧化氢到最后一次时的读数时间（min）。

【注意事项】

凡在 240 nm 下有强吸收的物质对本实验都有干扰。

【思考题】

（1）影响过氧化氢酶活性测定的因素有哪些？
（2）过氧化氢酶与哪些生化过程有关？

实验 5-6 抗坏血酸过氧化物酶（AsA-POD）活性的测定

【实验目的】

学习抗坏血酸过氧化物酶（AsA-POD）活性的测定方法。

【实验原理】

抗坏血酸过氧化物酶（AsA-POD）催化抗坏血酸（AsA）与 H_2O_2 反应，使 AsA 氧化成单脱氢抗坏血酸（MDAsA）。随着 AsA 被氧化，溶液中 290 nm 波长下的吸光度值（A_{290}）下降，根据单位时间内 A_{290} 减少值，计算 AsA-POD 活性。AsA 氧化量按摩尔吸光系数 2.8 mmol/(L·cm)计算。

【器材与试剂】

1. 实验仪器与用具

离心机，紫外分光光度计，研钵，试管。

2. 实验试剂

50 mmol/L K_2HPO_4-KH_2PO_4 缓冲液（pH7.0）、0.1 mmol/L Na_2-EDTA、0.3 mmol/L AsA、0.06 mmol/L H_2O_2。

3. 实验材料

受干旱、高温、低温等胁迫的水稻、玉米、大豆、棉花、烟草等农作物叶片或自然衰老的农作物叶片。

【实验步骤】

1. 酶液制备

取 1.0 g 植物叶片剪碎，按质量体积比 1∶3 加入预冷的 50 mmol/L K_2HPO_4-KH_2PO_4 缓冲液进行研磨提取，用 2 层纱布过滤，滤液在 4000 g 离心 10 min，上清液作酶粗提液供测定。

2. 酶活性测定

3 mL 反应混合液中含 50 mmol/L K_2HPO_4-KH_2PO_4 缓冲液（pH7.0）、0.1 mmol/L Na_2-EDTA、0.3 mmol/L AsA、0.06 mmol/L H_2O_2 和 0.1 mL 酶液。加入 H_2O_2 后立即在 20℃下测定 10～30 s 内 A_{290} 的变化，根据单位时间内 AsA 减少量计算酶活性。

【计算方法】

$$酶活性 = \frac{\Delta OD \times V_t}{\varepsilon \times d \times V_s \times m_{鲜} \times \Delta t}$$

式中，ΔOD 为反应时间内吸光度的变化；Δt 为反应时间（min）；V_t 为提取液体积（mL）；ε 为摩尔吸光系数，2.8 mmol/(L·cm)；d 为比色杯厚度（cm）；V_s 为测定液体积（mL）；$m_{鲜}$ 为样品鲜重（g）。

【思考题】

（1）抗坏血酸在植物体内有何生理意义？
（2）简述抗坏血酸过氧化物酶活性的测定原理。

实验 5-7 植物体内氧自由基的测定

【实验目的】

学习植物体内氧自由基的测定方法。

【实验原理】

·O_2^- 与羟胺反应生成 NO_2^-，NO_2^- 在对氨基苯磺酸和 α-萘胺作用下，生成粉红色的偶氮化合物，该偶氮化合物在 530 nm 处有显著吸收，根据 OD_{530} 可以计算出样品中的 ·O_2^- 含量。

【器材与试剂】

1. 实验仪器与用具

低温离心机，恒温水浴锅，分光光度计。

2. 实验试剂

0.5 μmol/L、10 μmol/L、15 μmol/L、20 μmol/L、30 μmol/L、40 μmol/L 和 50 μmol/L $NaNO_2$，冰乙酸，50 μmol/L 磷酸缓冲液（pH7.8），1 mmol/L 盐酸羟胺，17 mmol/L 对氨基苯磺酸（以体积比冰乙酸：水 = 3：1 的溶液配制），7 mmol/L α-萘胺（以体积比为冰乙酸：水 = 3：1 的溶液配制）。

3. 实验材料

正常生长和缺光黄化的大豆、绿豆、花生等 3 日龄黄化幼苗。

【实验步骤】

1. 亚硝酸根标准曲线的制作

1 mL 系列浓度的 $NaNO_2$（0.5 μmol/L、10 μmol/L、15 μmol/L、20 μmol/L、30 μmol/L、40 μmol/L 和 50 μmol/L）分别加入 1 mL 对氨基苯磺酸和 1 mL α-萘胺，于 25℃中保温 20 min，然后测定 OD_{530}，以 NO_2^- 和测得的 OD_{530} 值互为函数作图，制得亚硝酸根标准曲线。

2. 植物提取液的制备

取大豆、绿豆、花生 3 日龄黄化幼苗的下胚轴，按实验 5-4 中 SOD 活性测定中的方法制备粗酶液。

3. $\cdot O_2^-$ 含量测定

0.5 mL 样品提取液中加入 0.5 mL 50 μmol/L 磷酸缓冲液（pH7.8），1 mL 1 mmol/L 盐酸羟胺，摇匀，于 25℃中保温 1 h，然后再加入 1 mL 17 mmol/L 对氨基苯磺酸和 1 mL 7 mmol/L α-萘胺，混合，于 25℃中保温 20 min，以分光光度计测定波长 530 nm 的 OD 值。

【计算方法】

根据测得的 OD_{530}，查 NO_2^- 标准曲线，将 OD_{530} 换算成 $[NO_2^-]$，然后依照羟胺与 O_2 的反应式：

$$NH_2OH + 2 \cdot O_2^- + H^+ \longrightarrow NO_2^- + H_2O_2 + H_2O$$

从[NO_2^-]对[$\cdot O_2^-$]进行化学计量，即将[NO_2^-]乘以 2，得到[$\cdot O_2^-$]，根据记录样品与羟胺反应的时间和样品中的蛋白质含量，可求得产生速率[nmol/(min·mg)]。

【注意事项】

如果样品中含有大量叶绿素会干扰测定，可在样品与羟胺温浴后，加入等体积的乙醚萃取叶绿素，然后再加入对氨基苯磺酸和 α-萘胺作 NO_2^- 的显色反应。

【思考题】

（1）植物体内哪些部位可生成 $\cdot O_2^-$？
（2）植物体内抗氧化系统的组成如何？

实验 5-8　植物光抑制

Ⅰ　光合速率-光强响应曲线的测定

【实验目的】

掌握便携式光合作用测定仪测定植物光合速率-光强响应曲线的方法；了解 C_4 植物比 C_3 植物具有更高的光合效率。

【实验原理】

随光强增加光合速率上升的曲线叫作光合速率-光强响应曲线。暗条件下叶片不能进行光合作用，只有呼吸作用释放 CO_2。随着光强的增加，光合速率相应提高，当达到某一光强时，叶片的光合速率与呼吸速率相等，净光合速率为零，这时的光强称为光补偿点。在一定范围内（低光强区），光合速率随光强增加而成比例增加；超过一定光强后，光合速率增加变慢；当达到某一光强时，光合速率就不再随光强而增加，呈现光饱和现象。开始达到光合速率最大值时的光强称为光饱和点。

不同植物具有不同的光合速率-光强响应曲线，光补偿点和光饱和点也有很大差异。一般来说，光补偿点高的植物，其光饱和点也高。草本植物的光补偿点与光饱和点通常高于木本植物；阳生植物的光补偿点和光饱和点高于阴生植物；C_4 植物的光饱和点高于 C_3 植物。光补偿点和光饱和点是植物需光特性的两个主要指标，光补偿点低的植物较耐阴，如大豆的光补偿点仅 0.5 klx，适合与玉米间作。

影响光合速率-光强响应曲线测定结果的主要因素除了光强外，还有测定时叶

室的温度与 CO_2 浓度。叶室温度控制在室温 25℃，叶室 CO_2 浓度一般设定为大气 CO_2 浓度，即 380 μmol/mol。

【器材与试剂】

1. 实验仪器与用具

便携式光合作用测定仪（LI-6400，LI-COR 公司，美国）。

2. 实验试剂

无。

3. 实验材料

花生、玉米等幼苗。

【实验步骤】

（1）对种子消毒后，浸种萌发，播种于装有泥土的塑料花盆中（盆口的直径约 10 cm），每盆播 3 颗出芽整齐的种子，待幼苗生长约一周且稳定后，每盆留 2 棵苗，进行常规水肥管理。

（2）挑选长势一致的 5 盆幼苗，每株选取成熟叶片两片，做好标记。叶片在 1000 μmol/(m²·s) 的光强下先诱导 20 min。叶室为红蓝光源叶室，测定温度为（25± 0.5）℃，CO_2 浓度为（380±10）μmol/mol，设定光强梯度为 2000 μmol/(m²·s)、1800 μmol/ (m²·s)、1500 μmol/(m²·s)、1200 μmol/(m²·s)、1000 μmol/(m²·s)、800 μmol/(m²·s)、600 μmol/(m²·s)、400 μmol/(m²·s)、200 μmol/(m²·s)、100 μmol/(m²·s)、50 μmol/(m²·s)、20 μmol/(m²·s)、0 μmol/(m²·s)，以光量子通量密度（PPFD）为横轴，净光合速率（P_n）为纵轴绘制光合速率-光强响应曲线。

根据光合速率-光强响应曲线得到最大净光合速率（P_{max}）和光饱和点（LSP）。在曲线中低光强[PPFD＜200 μmol/(m²·s)]部分，做 P_n 与 PPFD 直线回归方程 $y = Bx + C$，得到直线与 x 轴的交点为光补偿点（LCP），与 y 轴的交点为暗呼吸速率（R_d），直线的斜率为表观量子效率（AQY）。重复测定同一株植物的其他叶片的光合速率-光强响应曲线值，计算平均值和误差。

（3）填表 9-4。

表 9-4　玉米或花生幼苗的光合速率-光强响应曲线反映的光合作用指标

	LSP/ μmol/(m²·s)	LCP/ μmol/(m²·s)	AQY	R_d/ μmol/(m²·s)	P_{max}/ μmol/(m²·s)
玉米					
花生					

【注意事项】

便携式光合作用测定仪属于贵重仪器，使用时应非常小心，严格遵守仪器的操作规程。

【思考题】

比较分析玉米与花生的 P_{max}、LSP 和 AQY 值的差异及其原因。

Ⅱ　光合日变化的测定

【实验目的】

掌握 C_3 植物和 C_4 植物光合日变化的测定方法；了解植物光合速率随日变化的节律和植物午休的概念。

【实验原理】

在一天之内，由于光强、温度、土壤和大气的水分、空气中 CO_2 浓度不断变化，使植物体内的水分状况、光合作用的中间产物含量及气孔开度等也不断发生相应变化，从而使光合速率出现明显的日变化。

在温暖的日子里，水分供应充足，光照则成为主要限制因子，光合过程一般与太阳辐射进程相符合。从早晨开始，光合作用逐渐加强，中午可达到高峰，之后逐渐降低，到日落则停止，成为单峰曲线。这是对无云的晴天而言。如果白天云量变化不定，光合速率随到达地面的光强度的变化而变化，为不规则的曲线。但当晴天无云而太阳光照强烈时，光合进程便形成双峰曲线：一个高峰在上午，一个高峰在下午。中午前后光合速率下降，呈现"午休"现象。南方夏季日照强，作物"午休"会更普遍一些，在生产上应适时灌溉或选用抗旱品种，以缓和"午休"现象，增强光合能力。

【器材与试剂】

1. 实验仪器与用具

便携式光合作用测定仪。

2. 实验试剂

无。

3. 实验材料

花生、玉米等幼苗。

【实验步骤】

（1）植物培养。同实验 5-8-Ⅰ，挑选长势一致的花生和玉米盆栽苗各 5 盆待测，每盆两株，每株选取成熟叶片两片，并做好标记。

（2）光合日变化的测定。利用便携式光合作用测定仪的透明叶室，选一稳定的晴天（最好是夏天），光源为自然光，叶片正对太阳，分别在 8:00、10:00、12:00、14:00、16:00、18:00 测定净光合速率（P_n）。

（3）将测定结果填写表 9-5，分别以一天的时间点为横坐标，以玉米和花生每时间点的 P_n 平均值为纵坐标做连线图，绘制玉米或花生的光合速率日变化图。

表 9-5　C_4 植物玉米与 C_3 植物花生叶片的净光合速率（P_n）日变化　　[单位：$\mu mol/(m^2 \cdot s)$]

	8:00	10:00	12:00	14:00	16:00	18:00
玉米						
花生						

【注意事项】

测定光合日变化一定要选择在天气晴朗的日子进行，如果是在多云或阴天测定，获得的结果无规律。

【思考题】

比较分析玉米和花生的光合速率日变化峰型变化的差异及其原因。

Ⅲ　F_v/F_m 日变化的测定

【实验目的】

了解光抑制的定义，掌握测定 F_v/F_m 日变化的方法。

【实验原理】

$F_v/F_m = (F_m - F_0)/F_m$，其中 F_m 为最大荧光，F_0 为初始荧光，F_v/F_m 表示原初光能转化效率，其值的大小与光合电子传递活性成正比。F_v/F_m 的下降是植物光抑制发生的指标之一。

叶绿素荧光动力学技术在测定叶片光合作用过程中光系统对光能的吸收、传递、耗散、分配等方面具有独特的作用。与"表观性"的气体交换指标相比，叶绿素荧光参数更反映"内在性"特点。玉米和花生 F_v/F_m 的日变化呈倒抛物线形，早晨和傍晚弱光下的光化学效率要高于中午强光下的光化学效率，且两种作物在中午光强最强的时候 F_v/F_m 值最低，发生了明显的光抑制现象。

【器材与试剂】

1. 实验仪器与用具

便携式调制叶绿素荧光仪（PAM-2100，WALZ 公司，德国）。

2. 实验试剂

无。

3. 实验材料

花生、玉米等幼苗。

【实验步骤】

（1）植物培养。同实验 5-8-Ⅰ，挑选长势一致的花生和玉米盆栽苗各 5 盆待测，每盆两株，每株选取成熟叶片两片，并做好标记。

（2）F_v/F_m 日变化的测定。选择一晴朗的天气，利用便携式调制叶绿素荧光仪分别在一天中的 8:00、10:00、12:00、14:00、16:00、18:00 测定同一叶片最大荧光（F_m）、初始荧光（F_0）。在测定 F_m 和 F_0 时，叶片暗适应 15 min，$F_v/F_m = (F_m - F_0)/F_m$。

以一天的时间点为横坐标，以玉米或花生每时间点的 F_v/F_m 平均值为纵坐标做连线图，即可以获得两种植物 F_v/F_m 的光合日变化图。

（3）填写表 9-6，分别绘制玉米、花生的 F_v/F_m 日变化图。

表 9-6　C_4 植物玉米与 C_3 植物花生叶片的 F_v/F_m 日变化

	8:00	10:00	12:00	14:00	16:00	18:00
玉米						
花生						

（4）以早上 8:00 的最大值为对照，计算中午 F_v/F_m 最低值和 F_v/F_m 的下降幅度，填写表 9-7，比较两种植物在中午强光下 F_v/F_m 下降的最大幅度。

表 9-7 C$_4$ 植物玉米与 C$_3$ 植物花生叶片在中午 F_v/F_m 下降幅度的比较

	F_v/F_m（最大）	F_v/F_m（最小）	中午强光下 F_v/F_m 的下降幅度
玉米			
花生			

注：中午强光下 F_v/F_m 的下降幅度 = 100%×[F_v/F_m(最大)−F_v/F_m(最小)]/[F_v/F_m(最大)]。

【注意事项】

测定 F_v/F_m 日变化一定要选择在天气晴朗的日子进行，植物的 F_v/F_m 值与叶片暗适应的时间有关，所以 F_v/F_m 测定前叶片测定部分应暗适应 15 min 左右（测定前以叶夹固定测定叶片进行暗适应）。

【思考题】

比较分析玉米与花生在中午强光下的光抑制强度的差异及其原因。

第四篇

开放创新实验

第 十 章

开放创新实验 1　叶绿体色素含量的差异化检测

实验 1-1　叶绿体色素含量的基因型差异

【实验目的】

掌握分光光度计检测叶绿素 a、叶绿素 b 的方法。

【基本内容】

检测不同种植物或者同一植物不同品种成熟叶片叶绿素 a、叶绿素 b 含量的差异。

【实验报告】

不同植物（或者同一植物不同品种）叶绿素 a、叶绿素 b 含量的差异。

实验 1-2　生长条件导致的叶绿体色素含量差异

【实验目的】

熟练掌握分光光度计检测叶绿素 a、叶绿素 b 的方法。

【基本内容】

同一植物（具体植物结合当地条件或学生兴趣，常见的有扶桑、三角梅、金叶假连翘、菊花等）不同生境成熟叶片（不同季节）叶绿素 a、叶绿素 b 含量的差异。

【实验报告】

同一植物不同生境叶片叶绿素 a、叶绿素 b 含量的差异。

第十一章

开放创新实验 2　不定根的诱导与调控

实验 2-1　不定根的诱导与调控的基因型差异

【实验目的】

掌握吲哚丁酸（IBA）或萘乙酸（NAA）等诱导插条不定根形成的方法。

【基本内容】

用 500～1000 μg/mL 高浓度 IBA 或 NAA 等对不同植物嫩枝（具体植物结合当地条件或学生兴趣，常见的有扶桑、三角梅、桂花、菊花等，或者同一植物不同品种也可以）诱导插条形成不定根，观察不同植物对同一种植物调节剂的根形成速度和质量影响。

【实验报告】

同一植物生长调节剂对不同种类插条不定根形成的影响。

实验 2-2　不定根诱导中植物生长调节剂的差异性效应

【实验目的】

理解 IBA 或 NAA 等的作用特点和生理功能。

【基本内容】

用不同浓度（50～500 μg/mL）IBA 或 NAA 等和不同浸泡处理时间诱导植物（具体植物结合当地条件或学生兴趣，常见的有扶桑、三角梅、桂花等）插条形成不定根，观察不同方案对根形成速度和质量的影响。

【实验报告】

植物生长调节剂不同浓度和不同浸泡时间对插条不定根形成的影响；植物生

长调节剂不同处理时间对插条不定根形成的影响。

实验 2-3　插条成熟度及培养条件对不定根诱导的影响

【实验目的】

理解 IBA 或 NAA 等的作用特点和生理功能，掌握插条生根所需的各种条件。

【基本内容】

用相同浓度（50～500 ug/mL）IBA 或 NAA 等和相同浸泡时间诱导不同成熟度植物（具体植物结合当地条件或学生兴趣，常见的有扶桑、三角梅、桂花等）在不同温度条件下插条形成不定根，观察不同方案对根形成速度和质量的影响。

【实验报告】

植物生长调节剂对不同成熟度植物插条不定根形成的影响；植物生长调节剂在不同培养温度下对插条不定根形成的影响。

参 考 文 献

白宝璋，史国安，赵景阳，等，2003. 植物生理学（下：实验教程）[M]. 2 版. 北京：中国农业科技出版社.

陈福明，陈顺伟，1984. 混合液法测定叶绿素含量的研究[J]. 林业科技通讯，1984，（2）：4-8.

陈洪国，彭永宏，2001. 常温泡沫箱加冰运输条件下荔枝的温度、品质、呼吸和乙烯释放变化[J]. 果树学报，（3）：155-159.

陈建勋，王晓峰，2015. 植物生理学实验指导[M]. 广州：华南理工大学出版社.

达拉诺夫斯卡娅，1962. 根系研究法[M]. 李继云，等，译. 北京：科学出版社：158-162.

董园园，董彩霞，卢颖林，等，2005. 植物组织中有机酸的提取方法比较[J]. 南京农业大学学报，28（4）：140-143.

冯美，张宁，2005. 枸杞果实生长发育过程中有机酸变化研究[J]. 农业科学研究，26（4）：19-24.

黄郡声，1996. 用梯度浓度溶液测定植物组织渗透势之我见[J]. 植物生理学通讯，32（3）：211-212.

黄胜琴，陈润政，2004. 不同贮藏条件下豆薯种子的脂质过氧化研究[J]. 热带亚热带植物学报，12（2）：163-166.

黄学林，陈润政，等，1990. 种子生理实验手册[M]. 北京：农业出版社：73-78.

李宝江，林桂荣，崔宽，等，1994. 苹果糖酸含量与果实品质的关系[J]. 沈阳农业大学学报，25（3）：279-283.

李昌厚，2008. 仪器学理论与实践[M]. 北京：科学出版社.

李德耀，叶济宇，1980. 薄膜氧电极的制作与呼吸或光合控制的测定[J]. 植物生理学通讯，（1）：35-40.

李德耀，叶济宇，1986. 氧电极方法操作中的一些技术问题[J]. 植物生理学通讯，（5）：56-58.

李合生，2000. 植物生理生化实验原理和技术[M]. 北京：高等教育出版社.

李琳，焦新之，1980. 应用蛋白染色剂考马斯蓝 G-250 测定蛋白质的方法[J]. 植物生理学通讯，（6）：52-55.

李玲，2009. 植物生理学模块实验指导[M]. 北京：科学出版社.

李小方，张志良，2016. 植物生理学实验指导[M]. 5 版. 北京：高等教育出版社.

李忠光，龚明，2014. 植物生理学综合性和设计性实验教程[M]. 武汉：华中科技大学出版社.

林植芳，彭长连，林桂珠，1999. C_3、C_4 植物叶片叶绿素荧光猝灭日变化和对光氧化作用的响应[J]. 作物学报，25（3）：284-290.

刘国栋，1988. 几本植物生理学教科书及实验教材评析二题[J]. 植物生理学通讯，（6）：74.

刘惠娜，杨和生，范玉琴，等，2010. IBA 对野生蔬菜少花龙葵插条生根的影响[J]. 热带亚热带植物学报，18（4）：449-452.

罗红艺，1996. 种子活力的概念及其测定[J]. 高等函授学报（自然科学版），（4）：47-49.

骆炳山，胡平安，金聿，1980. 大田作物光合作用干重法测定的改进——叶柄化学环割[J]. 植物生理学通讯，（3）：60-62.

裴驱，辛蒙纽斯，1958. 植物代谢生理学实验指导[M]. 朱健人，译. 北京：科学出版社，178-194.

秦家顺，1998. 改进的种子生活力快速测定法[J]. 植物生理学通讯，34（1）：52-54.

沈允钢，李德跃，魏家绵，等，1980. 改进干重法测定光合作用的应用研究[J]. 植物生理学通讯，（2）：37-41.

盛焕银，2003. 种子检验的意义及工作中存在的问题[J]. 种子，（1）：84-85.

唐玉林，张福锁，王震宇，等，1999. 缺硼豌豆植株侧芽生长机理的研究[J]. 植物营养与肥料学报，5（1）：62-66.

王群，郝四平，栾丽敏，等，2004. 玉米、花生叶片光合效率比较分析[J]. 河南农业大学学报，38（3）：243-248.

王学奎，2006. 植物生理生化实验原理和技术[M]. 2版. 北京：高等教育出版社.

魏海姆，鲍勒德斯，戴威林，等，1974. 植物生理学实验[M]. 中国科学院植物研究所生理生化研究室，译. 北京：科学出版社：108-111.

许良政，李坤新，廖富林，等，2009. 少花龙葵种子萌发特性及其果汁对小白菜种子萌发的影响[J]. 西北植物学报，29（10）：2109-2114.

许良政，刘志伟，刘惠娜，等，2008. 不同光照条件对缺铁黄瓜根系 Fe^{3+} 还原酶活性的影响[J]. 中国农业科学，41（6）：1865-1871.

许良政，罗来辉，李坤新，等，2009. 野生蔬菜水茄种子发芽特性的研究[J]. 种子，28（8）：45-47.

许良政，罗来辉，刘惠娜，等，2009. 野生药食两用植物青葙种子萌发的初步研究[J]. 植物生理学通讯，45（6）：583-585.

许良政，张福锁，李春俭，1998. 双子叶植物根系 Fe^{3+} 还原酶活性的 2, 2′-联吡啶比色测定法[J]. 植物营养与肥料学报，4（1）：63-66.

杨建军，王美红，2002. 诺贝尔奖百年大典（第一卷1901~1920）[M]. 呼和浩特：内蒙古少年儿童出版社.

杨善元，1983. 关于测定叶绿素含量及 a：b 值等若干问题[J]. 植物生理学通讯，（4）：61-62.

耶尔马科夫，等，1956. 植物生物化学研究法[M]. 吴相钰，译，北京：科学出版社：36-37.

叶济宇，1985. 关于叶绿素含量测定中的 Arnon 计算公式[J]. 植物生理学通讯，（6）：69.

余沛涛，2006. 植物生理学设计性实验指导与习题汇编[M]. 杭州：浙江大学出版社.

余前媛，2014. 植物生理学实验教程[M]. 北京：北京理工大学出版社.

张守仁，1999. 叶绿素荧光动力学参数的意义及讨论[J]. 植物学通报，16（4）：444-448.

中国科学院上海植物生理研究所，上海市植物生理学会，1999. 现代植物生理学实验指南[M]. 北京：科学出版社.

钟蕾，2012. 植物生理学综合设计实验教程[M]. 北京：中国农业出版社.

Pandey D K，1991. 在常温下法国菜豆种子老化与活力和生活力的关系[J]. 董海洲，译. 种子，（4）：79-80.

Arnon D I，1949. Copper enzymes in isolated chloroplasts polyphenoloxidase in *Beta vulgaris*[J]. Plant Physiol，24（1）：1-15.

Boyer J S，1969. Measurement of the water status of plants[J]. Annual Review of Plant Physiology，20（1）：351-364.

Bruinsma J，1963. The quantitative analysis of chlorophylls a and b in plant extracts[J]. Photochemistry & Photobiology，2：241-249.

Gneulach V A，1973. Plant Function and Structure[M]. New York：Collier-Macmillan Publishers：183-192.

Noggle G R，Fritz G J，1976. Introductory Plant Physiology[M]. New Jersey：Prentice-Hall Inc.：403-406.

Taiz L，Zeiger E，2006. Plant Physiology[M]. 4th ed. Sunderland：Sinauer Associates Inc.

Xu L，Niu J，Li C J，et al.，2009. Growth，and Nitrogen Uptake and Flow in Maize Plants Affected by Root Growth Restriction[J]. Journal of Integrative Plant Biology，2009，51（7）：688-696.

附　录　1

植物生理学开放创新实验管理规范

一、开放创新实验教学的目的

　　开放创新实验教学是本课程的主要特色，是课程教学的核心。通过开放创新实验教学，使学生基本了解植物生理学科研的基本过程和方法，培养学生的基本科研能力和创新精神，推动学生积极参加科研实践。

二、开放创新实验项目的要求

　　（1）选择的项目要进行充分的调研和文献检索，研究方法科学，有一定先进性或创新性。
　　（2）根据实验中心的实验室资源选择项目，使研究项目切实可行。
　　（3）研究项目要短小精悍，观察指标不宜过多，每个开放创新实验小组 4 人左右。
　　（4）项目所用材料（包括药品试剂）费用不宜过高，一般以 200 元为限。
　　（5）实验材料（包括药品试剂）用量要估算出一个上限。
　　（6）开放创新实验项目申请书和实施计划书要填写完整，以便实验室准备。

三、开放创新实验教学的内容

　　（1）开放创新实验专题讲座。包括项目研究背景，提出问题，建立假说，项目研究的意义等。
　　（2）文献检索和阅读。文献数据库及计算机检索，文献阅读要点。
　　（3）项目研究的实验设计。实验对象、观察指标、实验方法、实验分组等。
　　（4）开题报告。以组为单位进行开放创新实验开题报告。
　　（5）实验研究。预实验确定实验方案，正式实验。
　　（6）数据统计。实验结果的整理和数据统计。
　　（7）论文撰写。按《嘉应学院学报》（自然科学版）格式要求撰写论文。
　　（8）论文答辩。以组为单位进行研究论文报告和答辩。

四、开放创新实验教学的要求

（1）采用研究导向式教学，以学生为主体，充分调动学生的积极性，提倡由学生自主立题、实验设计、自主组织实施开放创新实验，教师主要起引导作用。

（2）培养学生严谨求实的科学态度和工作作风，培养学生的创新精神。

（3）充分利用计算机多媒体技术和网络手段进行教学。开放创新实验项目报告、研究创新型实验专题讲座、开题报告、论文答辩全部使用多媒体。

（4）营造浓厚的学术气氛。

（5）开题报告前由学生选举 4 人，加上教师 1 人组成答辩组，答辩组组织开题报告、论文的答辩和评议，答辩和评议须进行记录，答辩结果可作为评定成绩的一项参考内容。

（6）教师要对每堂课的情况进行记录，以作为设计、操作部分成绩评定的依据。

（7）开放创新实验教学的指导教师应为正高、副高职称的教师或高年资（四年）讲师；低年资讲师、博士后、博士研究生、硕士研究生可做助教工作。

五、教学程序

（1）开始实验前 2 周填写"开放创新实验项目申请书"（附表 1-1），并进行开题报告。

附表 1-1 开放创新实验项目申请书

项目名称				
申请人			专业	
指导教师			职称	
项目性质	基金名称：		基金号：	
主要研究内容（特色和创新之处，150字以内）				
需用仪器设备				
时间安排				
实验室意见				
学院意见				

（2）开始实验前 1 周填写完成"开放创新实验实施计划书"（附表 1-2），并递交到实验室。

附表 1-2　开放创新实验实施计划书

项目名称							
申请人				专业			
指导教师				职称			
项目性质	基金名称：			基金号：			
研究目的							
实验方法和技术路线（要求详细、完整）							

试剂、材料计划清单（要求准确、完整）	序号	品名		产品号	规格（单位）	数量	供应商	参考价格	备注
		中文	英文名						
	1								
	2								
	3								
	4								
	5								
	6								
	7								
	8								

设备、器材（要求准确、完整，少量购置需注明供应商和价格）	序号	设备、器材名称	规格型号	数量	备注
	1				
	2				
	3				
	4				
	5				

（3）开放创新实验专题讲座和网上文献检索、开题报告、开放创新实验实施安排见植物生理学实验课程开放创新实验教学进度表。

六、研究论文撰写要求

（1）对实验者的要求。每人独立完成一篇开放创新实验论文。

（2）文字要求。书写工整（建议使用打印稿），文字简练，术语正确，规范使用英文缩写。

（3）格式及内容要求。

①题名：实验名称。

②作者：作者姓名及单位（年级、专业和班级）。

③摘要：按目的、方法、结果（用具体数据表示，并说明显著性检验结果）、结论格式书写。

④研究背景：研究的现状及存在或尚未解决的问题，研究要解决或探索的问题。

⑤材料和方法：材料应包括主要实验器材和实验药品试剂，实验方法应详细完整，写明分组及处理方法，明确数据的表示方法和统计方法。

⑥实验结果：客观的实验结果用数据表示；要求统计的实验结果，用统计表或图表示，显著性检验应标注概率，图表应标注图序、图题和表序、表题。须用文字描述结果，条理清楚。

⑦讨论及结论：从实验结果出发，探讨分析每一项实验结果产生的机理，并得出结论或总结。

⑧参考文献：参考文献引用处，在引用句末根据引用顺序标上序号（用方括弧括住序号，上标）。参考文献索引按引用序号，作者，题名，杂志名称，出版时间，卷（期）格式书写。

（4）原始记录和开题报告。原始记录完整，每组至少有一份经过整理和标注的实验原始记录数据（包括记录曲线）和开题报告，原始记录和开题报告作为论文附件装订在论文后。

七、论文的批改和评价要求

（1）一律用红色笔批改、评价。

（2）圈出或划出错误部分，尽可能改正。

（3）每篇论文均应仔细批改，对格式符合要求、错误很少、质量较好的论文，可在该论文首页标注"范本"字样。

（4）在论文末尾写上评语、成绩和指导教师姓名及批改时间（年-月-日格式）。

（5）开放创新实验成绩由两部分构成：设计操作成绩和论文成绩，两者分别给出，设计操作成绩在前，论文成绩在后，两者之间用"＋"。

八、成绩评定

教师提交课堂记录和设计、操作部分成绩评定记分册以及批改后的学生论文和论文评定成绩记分册。

附　录　2

有关仪器设备的操作规程或使用方法

附录 2-1　光照培养箱的操作步骤

（1）接通电源，合上电源开关"POWER"。

（2）温度设置：将"SET-MEAS"打到"SET"挡，调节温度按"TIME SET"设定温度，LED 数字显示给定值。

（3）将"SET-MEAS"打到"MEAS"挡，此时 LED 数字显示出箱内实际温度。

（4）光照控制箱内 6 盏高效荧光灯分别受面板上的开关控制。

附录 2-2　超净工作台的使用说明

（1）使用超净工作台时，先用经过清洁液浸泡的纱布擦拭台面，然后用消毒剂擦拭消毒。

（2）接通电源，提前 20 min 打开紫外灯照射消毒，处理净化工作区内工作台表面积累的微生物，20 min 后，关闭紫外灯，开启送风机。

（3）工作台面上，不要存放不必要的物品，以保持工作区内的洁净气流不受干扰。

（4）操作结束后，清理工作台面，收集各废弃物，关闭风机及照明开关，用清洁剂及消毒剂擦拭消毒。

（5）最后开启工作台紫外灯，照射消毒 20 min 后，关闭紫外灯，切断电源。

【注意事项】

（1）每次使用完毕，立即清洁仪器，悬挂标识，并填写仪器使用记录。

（2）取样结束后，先用毛刷刷去洁净工作区的杂物和浮尘。

（3）用细软布擦拭工作台表面污迹、污垢，目测无清洁剂残留，用清洁布擦干。

（4）要经常用纱布沾上乙醇将紫外线杀菌灯表面擦干净，保持表面清洁，否则会影响杀菌能力。

（5）效果评价：设备内外表面应该光亮整洁，没有污迹。

附录 2-3　全自动高压灭菌锅的使用说明

（1）使用前必须确认水、电开关及所有仪表、零件正常。

（2）消毒前要将水加至核定水位，压力不足时及时补足水量，锅内物品应保持一定间隙。

（3）使用时不得擅自离开，严密观察各相关仪表的指示状态。

（4）按照不同物品设定消毒程序，严格按照使用说明书进行操作。

（5）消毒完毕，当温度降到 80℃后慢排锅内热气（液体消毒时则尽量自然冷却），及时排水和擦干锅内积水。

（6）每次使用后均应详细记载使用情况，注明开关机时间、消毒的物品和数量、设备运行情况。

附录 2-4　手动灭菌锅的使用说明

（1）灭菌锅使用之前锅内水要淹过加热棒。

（2）插上电源，将要灭菌的物品放到锅内，盖好灭菌锅盖。

（3）灭菌锅压力指针首次升至 0.05 MPa 时，打开放气阀放冷气，待压力降至零后，关闭放气。

（4）压力升至 0.15 MPa（121℃）时，开始计时，并维持在此温度 20 min。

（5）达到灭菌时间后，关掉电源，让灭菌锅自然冷却，当压力降至 0.0 MPa 时，打开放气阀，排气后，可以打开盖子。

【注意事项】

（1）灭菌锅使用之前一定要检查锅内的水位，确保水位淹过加热棒。

（2）灭菌完后，要等压力降下来后才能将灭菌锅打开。

附录 2-5　组织捣碎匀浆机的使用说明

（1）正确安装捣碎匀浆棒，放置捣碎匀浆杯。

（2）将样品放入捣碎匀浆杯中。

（3）接通电源。

（4）设定时间，将定时旋钮调至"定时"或"常开"位置。

（5）缓慢调节调速旋钮，升至所需转速。

（6）工作完毕后，将调速旋钮置于最小位置，定时置于零，关电源。

（7）清洗或烘干匀浆杯和匀浆棒。

附录 2-6　高速冷冻离心机的操作程序

（1）插上电源，打开电源开关。

（2）设定机器的工作参数。

温度的设置：直接通过增、减键来调节上下限温度，上限温度必须大于下限温度 2℃。

转速的设定：转速 = 频率×60

在转速调节功能键区先按功能键□→调到转速功能选择码 CD47→再按功能键□→通过增、减键调节频率数值→再按记忆保存键▭。

时间的设定：在转速调节功能键区先按功能键□→调到转速功能选择码 CD59→再按功能键□→通过增、减键调节时间数值（0.20 表示 20 min）→再按记忆保存键▭。

（3）按控制面板的温度设置区的"T"开通电源，压缩机开始运行，按转速控制版面的运行键①，离心机开始运行。

（4）需要突然停下来就按停止键↻。

【注意事项】

（1）转速不能超过最高转速 16 000 r/min，时间不得超过 60 min。

（2）离心管中的样品一定要平衡后才开始离心。

（3）不得在机器运行中或转子未停稳的情况下打开盖门，以免发生事故。

（4）每次使用完记得及时登记使用情况。

附录 2-7　全自动固相萃取仪的原理与操作

一、全自动固相萃取仪的原理

固相萃取（solid phase extraction，SPE）是利用固体吸附剂将液体样品中的目标化合物吸附，与样品的基体和干扰化合物分离，然后再用洗脱剂洗脱，达到分离和富集的目的。先使液体样品通过一装有吸附剂（固相）的小柱，保留其中某些组分，再选用适当的溶剂冲洗杂质，然后用少量溶剂迅速洗脱，从而达到快速分离净化与浓缩的目的。

二、全自动固相萃取仪的操作步骤

一个完整的固相萃取步骤包括固相萃取柱的活化、上样、淋洗、洗脱四个步骤。

（1）活化。用有机溶剂活化小柱中的吸附剂并除去吸附剂干扰物，然后用与样品溶剂一致的溶液进行平衡，创造合适的上样环境。

（2）上样。将样品溶液加入小柱，目标化合物和部分干扰物被吸附保留，其余干扰物随样品溶剂流出小柱。

（3）淋洗。将一种洗脱强度强于样品溶剂但又不会洗脱目标化合物的溶液加入小柱，清洗小柱上保留的干扰物。

（4）洗脱。将一种能够洗脱目标化合物的溶液加入小柱，接收流出液，直接分析或处理后再分析。

附录 2-8　微波消解仪的原理与操作

一、微波消解仪的原理

微波消解：利用微波加热封闭容器中的消解液（各种酸、部分碱液以及盐类）和试样，从而在高温增压条件下使各种样品快速溶解的湿法消化。有机质被氧化分解，无机物被溶解成离子形态。微波消解是元素检测的主要前处理方法。密闭容器反应和微波加热这两个特点，决定了其完全、快速、低空白的优点，但不可避免地带来了高压、高温、强酸蒸气。

附图 2-1（a）示意传统外热源通过热对流对样品溶剂混合物加热，附图 2-1（b）示意微波能穿透容器使样品溶剂直接吸收微波能被加热（体加热）。

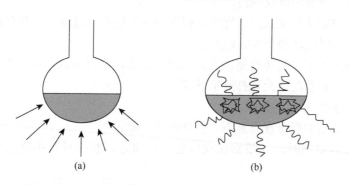

附图 2-1　传统加热（a）与微波加热（b）示意图

二、微波消解仪的操作步骤

（1）将样品加入 100 mL 容器罐，然后加入消解所用的酸。

①样品量严格遵循仪器商提供的方法中的要求；

②加酸的时候可以用酸冲洗容器壁，保证样品全部泡在酸里，容器壁上没有残留的样品；

③加入的酸的总容量要求超过 8 mL；

④确保主控罐容器里装的不是空白。

（2）装配消解罐。

①盖上白色的 PFA 盖子；

②先后加上弹簧片底座以及弹簧片；

③套上白色的 PFA 卸压环；

④移入容器架中，使用专用的力矩扳手拧紧；

⑤装配注意事项：确保所有的容器罐以及保护套、弹簧片、容器架都是干净的；整个过程都要确保容器罐保持水平，以免样品溶液粘到容器壁上；使用力矩扳手时当听到"咔"响声后不允许再往紧的方向拧；如不能确定是否拧到位，可以先松开再拧紧。

（3）把装配好的消解罐放入微波消解仪腔体里的旋转架上，主控罐最后一个放入。

①不允许手动旋转微波消解仪腔体里的旋转架，必须使用控制端上的旋转操作键；

②确保插入的传感器已经插紧；

③确保放入的消解罐保持了对称，如果需要消解的样品罐太少，可以放入空的容器架保持平衡。

（4）关上微波消解仪的门。

（5）在控制端里输入消解程序，程序输入后检查一遍输入是否有误。

（6）启动微波消解仪开始消解。

（7）微波消解完后等自然风冷到 100℃左右，拿出来放入水中冷却。等消解罐里的温度降到室温才允许打开消解罐。

①不能放在冰水中冷却；

②容器罐里的温度在室温下才允许打开容器罐；

③打开容器罐时，人要站在操作台的正前方，整个过程中必须戴防腐蚀的手套；

④不允许侧身去观看容器，以免从卸压圈的小孔里出来的酸喷到身体上。

（8）结束工作，清理仪器和器材。

【注意事项】

（1）禁止随意在密闭微波制样系统中消解以下危险物：有机溶剂、爆炸物、强氧化剂、与硝酸反应产生爆炸的物质（如硝化甘油、苯酚、硫黄等）以及长条或块状金属类。

（2）对不明成分或未知样品的称样量不能大于 0.1 g。

（3）严禁单独使用高氯酸、浓硫酸和过氧化氢等强氧化剂在密闭消解罐中消解样品，尽量避免或极为小心使用高氯酸。

（4）每次放置样品操作时，请务必利用扩口器扩充密封碗，达到盖入时有一种密闭感，避免造成元素的挥发损失。

（5）爆裂块导向头必须正确地落入杯盖的定位孔内，并且爆裂块压住杯盖，绝对不能让爆裂块的导向头骑在杯盖上。

（6）仪器配备扭力扳手的：出厂时设定为 2 N，未经厂家允许，请勿加大扭力。仪器配备电动起子的：选择 3 挡扭力，如果发现消解罐有泄漏现象，可以适当加大挡位，但不要超过 5 挡。

（7）每次运行前，都必须对压力数值进行校正，否则压力数值会有偏差。

（8）每次运行结束，罐体温度降至 60℃以下，同时压力数值为零时，转移到通风橱，冷却到室温才能打开消解罐。

（9）严禁违反操作规程致使消解样品在超过最高工作温度和压力下运行，以防发生危险。

附录 2-9　pH 计的操作流程

1. 开机

连接电源，打开仪器的电源开关，预热 30 min。

2. 标定

（1）在测量电极接口插座处拔去 Q9 短路插头。

（2）在测量电极接口插座处插上复合电极。

（3）按仪器的"模式"键，使仪器 pH 灯亮。

（4）按仪器的"温度"键，"↑""↓"按键使仪器显示数值达到标准溶液温度值。

（5）把用蒸馏水清洗过的电极插入 pH6.86 的缓冲溶液中，等读数稳定，按仪器的"定位"键和"↑""↓"键使仪器显示的读数与该缓冲溶液当时温度下的 pH 一致。

（6）用蒸馏水清洗电极，再插入 pH4.0（或 pH9.18）的标准缓冲溶液中，等读数稳定，按仪器的"定位"键和"↑""↓"键使仪器显示的读数与该缓冲溶液当时温度下的 pH 一致。

3. 测样品

（1）用蒸馏水清洗电极头部，再用被测液体清洗一次。

（2）用温度计测出被测液体的温度，调节仪器上"温度"按钮，使仪器显示的温度为被测液体的温度。

（3）将电极插入被测液体内，用玻棒搅拌溶液，使溶液均匀，读数。

4. 清洗电极

测量后，及时用蒸馏水清洗电极，清洗后将装有 3 mol/L 的氯化钾电极保护套将电极套上。

【注意事项】

pH 计用标准液进行标定校准时，其值越接近被测液体值越好。

【电极的维护】

（1）电极长期使用后，如果发现斜率略有降低，可把电极下端浸泡在 4%的 HF（氢氟酸）中 3～5 s，用蒸馏水洗净，然后在 0.1 mol/L 盐酸溶液中浸泡，使之复新。

（2）如果被测溶液中含有易污染敏感球泡或堵塞物质而使电极钝化，会出现斜率降低，显示读数不准，则要根据污染物的性质，用适当的溶液清洗，使电极复新。

（3）清洗时不能用含有四氯化碳、三氯乙烯、四氢呋喃等能溶解聚碳酸树脂的清洗液，因为电极外壳使用聚碳酸树脂制成，溶解后会污染电极玻璃球。

附录 2-10　旋光仪的原理与操作应用

一、旋光仪的原理

从光源射出的光线，通过聚光镜、滤色镜经起偏镜成为平面偏振光，在半波片处产生三分视场。通过检偏镜及物镜、目镜组可以观察到如附图 2-2 所示的三种情况。转动检偏镜，只有在零度时（旋光仪出厂前调整好）视场中三部分亮度一致，当放进存有被测溶液的试管后，由于溶液具有旋光性，使平面偏振光旋转了一个角度，零度视场便发生了变化。转动检偏镜一定角度，能再次出现亮度一致的视场。这个转角就是溶液的旋光度，它的数值可通过放大镜从度盘上读出。

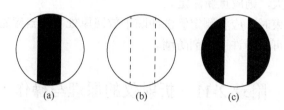

附图 2-2　旋光仪的三分视场

（a）大于（或小于）零度的视场；（b）零度视场；（c）小于（或大于）零度的视场

通过旋光度的测定，可以分析确定物质的浓度、含量及纯度等。

二、旋光仪的操作步骤

（1）测定前应将仪器及样品置（20±0.5）℃的恒温室中或规定温度的恒温室中，也可用恒温水浴保持样品室或样品测试管恒温 1 h 以上，特别是一些对温度影响大的旋光性物质，尤为重要。

（2）如果是自动旋光仪就不需要调整波长和光源。

（3）钠光光源的旋光仪，正常启用至少 20 min 发光才能稳定，测定时钠光灯尽量采用直流供电，使光亮稳定。如有极性开关，应经常于关机后改变极性，以延长钠光灯的使用寿命。LED 光源的旋光仪不需要预热。

（4）测定前，仪器调零时，必须重复按动复测开关，使检偏镜分别向左或向右偏离光学零位。通过观察左右复测的停点，可以检查仪器的重复性和稳定性。如误差超过规定，仪器应维修后再使用。全自动旋光仪不需要调零，直接测样品即可。

（5）将装有蒸馏水或空白溶剂的测定管，放入样品室，测定管中若混有气泡，应先使气泡浮于凸颈处，通光面两端的玻璃，应用软布擦干。测定时应尽量固定测定管放置的位置及方向，做好标记，以减少测定管及盖玻片应力的误差。

（6）同一旋光性物质，用不同溶剂或在不同 pH 测定时，由于缔合、溶剂化和解离的情况不同，而使旋光度产生变化，甚至改变旋光方向，因此必须使用规定的溶剂。

（7）浑浊或含有小颗粒的溶液不能测定，必须先将溶液离心或过滤，弃去初滤液测定。有些见光后旋光度改变很大的物质溶液，必须注意避光操作。有些放置时间对旋光度影响较大的，也必须在规定时间内测定读数。

（8）测定空白零点或测定供试液停点时，均应读取读数三次，取平均值。应在每次测定前，用空白溶剂校正零点，测定后，再用试剂核对零点有无变化，如发现零点变化很大，则应重新测定。

（9）测定结束时，应将测定管洗净晾干放回原处。仪器应避免灰尘放置于干燥处，样品室内可放少许干燥剂防潮。

附录 2-11　折射仪的原理与操作

一、折射仪的原理

折射仪可直接用来测定液体的折射率，定量地分析溶液的组成，鉴定液体的纯度。物质的摩尔折射度、摩尔质量、密度、极性分子的偶极矩等都与折射率相关，因此折射仪也是物质结构研究工作的重要工具。折射率的测量，所需样品量少，测量精密度高（折射率可精确到小数点后 4 位），重现性好。折射仪是教学和科研工作中常见的光学仪器，近年来，由于电子技术和电子计算机技术的发展，该仪器品种也在不断更新。

依据光学原理，当光线从某种透光介质射入密度不同的另一介质时，其行进方向即发生改变，这种现象称为折射或折光，入射角正弦与出射角正弦之比称为折射率或折光系数。折射率视介质的种类及浓度而异，亦随温度而变化，因此在同一温度下，根据待测样品折射率，可以鉴别不同物质或同一物质的不同浓度。

二、折射仪的操作步骤

折射仪的结构示意图见附图 2-3。

（1）打开盖板，滴入 2～3 滴蒸馏水或标准溶液在棱镜表面上，合上盖板。

（2）将折射仪置于光源下通过目镜观察。

（3）用蒸馏水或标准溶液作为样品，往目镜观察，并调节校准螺丝直至蓝色和白色区域交界线与零刻度线完全重合。

（4）用所要测量的溶液的样品溶液代替蒸馏水或调校液，然后重复步骤（1），接着进行步骤（2）和（3），读取蓝白分界线的刻度值，此刻度值即为该样品溶液浓度的准确测量值。

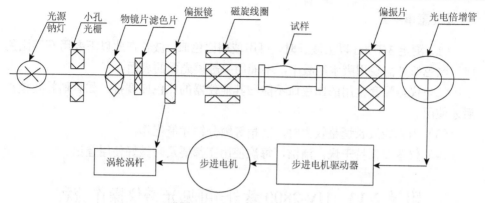

附图 2-3   折射仪结构示意图

【注意事项】

（1）使用时要注意保护棱镜，清洗时只能用擦镜纸而不能用滤纸等。加试样时不能将滴管口触及镜面。对于酸碱等腐蚀性液体不得使用折射仪。

（2）每次测定时，试样不可加得太多，一般只需加 2～3 滴即可。

（3）要注意保持仪器清洁，保护刻度盘。每次实验完毕，要在镜面上加几滴丙酮，并用擦镜纸擦干。最后用两层擦镜纸夹在两棱镜镜面之间，以免镜面损坏。全自动折射仪维护会更加简便，只要测试干净测定样品槽即可。

（4）读数时，有时在目镜中观察不到清晰的明暗分界线，而是畸形的，这是由于棱镜间未充满液体；若出现弧形光环，则可能是由于光线未经过棱镜而直接照射到聚光透镜上。全自动折射仪直接读数，避免了人为的测试误差。

（5）若待测试样折射率不在 1.3～1.7 内，则折射仪不能测定，也看不到明暗分界线。

附录 2-12   756MC 紫外-可见光分光光度计的操作说明

（1）检查样品室内有无除比色皿之外的杂物。

（2）打开电源开关。

（3）仪器自检，显示"220"后证明仪器正常。

（4）预热 30 min，待用。

（5）设定所需要的参数。按 gotoλ—数字键—Enter 键—设置波长。

（6）将待测样品池推入光路测量，按 ABSO/100T%，调零。

（7）移动试样槽中样品到测量位置，按 Start 键。

（8）读数或打印结果。

（9）关机。

【注意事项】

（1）测定 360 nm 以上波长时，可用玻璃比色皿，波长在此以下要用石英比色皿，比色皿外面要用吸水纸吸干，不能用手触摸光面的表面。

（2）仪器配套使用的比色皿不能与其他仪器的比色皿调换，如有增补要校正后才使用。

（3）当光线波长调整较大时，需稍等数分钟才能工作。

（4）仪器要保持干燥，清洁，每次使用完都要及时做好使用登记。

附录 2-13　UV-2800 紫外-可见光谱仪操作流程

（1）分别开启 UV-2800 及电脑电源。

（2）双击 UV-2800 软件图标，仪器初始化。

（3）仪器初始化完成后进行仪器的零校正及波长校正。

（4）建立方法。

①样品光谱扫描与测定。

点击菜单编辑，输入测定波长范围、扫描速度、基线类型、采样间隔、扫描方式（选单个或自动）；仪器参数：测定方式选吸收度、狭缝（一般为 2 nm）后，保存方法。

在样品室放入空白对照，点击光度计按键上的基线校正，确认。

基线校正完毕，取出样品侧的空白，换成被测样品。按开始键，出谱图后，点峰值检测，就可在检测表上看到扫描结果。

②光度测定（主要用于指定波长测定样品吸光度或浓度）。

点击菜单编辑，输入测定波长、重复次数，输入标准样品序列号及对应质量浓度，保存方法。

在样品室放入空白对照，点击自动调零。

点击检测图标，按标准品序列号先后顺序放入标品池，之后将样品放入样品，点击样品后直接显示样品质量浓度。

（5）样品测定完成后，点击右上角关闭程序，选择关灯。

（6）关电脑，关仪器电源，取出比色皿。

【注意事项】

（1）为了延长光源的使用寿命，在使用时应尽量减少开关次数，如 4 h 内需再次使用不得关灯，刚关闭的光源灯不要立即重新开启。

（2）扫描基线，空白即未加样品的溶液，必须与参比溶液一致。

（3）检测器工作时必须等待指示灯变为绿色，才可进行下一步操作。

（4）在换样品时，切记随时关闭机门，不可任机门大敞。

（5）扫描过程中切忌打开或试图打开机门。

（6）光度计的维护保养要做到"防尘、防潮、防振"。

附录 2-14 近红外光谱仪的原理与操作

一、近红外光谱仪的原理

近红外光（near infrared，NIR）是介于可见光（VIS）和中红外光（MIR）之间的电磁波，按美国材料与试验协会（ASTM）定义是指波长在 780～2526 nm 的电磁波，习惯上又将近红外区划分为近红外短波（780～1100 nm）和近红外长波（1100～2526 nm）两个区域。

二、近红外光谱仪的操作步骤

（1）将样品全部经 60 目旋风磨处理，待测。

（2）开机（要求在 18～24℃启动），最好预热 0.5 h。

（3）扫描背景，一般要求四次样品扫一次背景。在环境要求变化不大时可适当放宽要求。

（4）用烧杯量取待测样品约 75 mL（仅对粉末而言）放入样品杯，样品装填均匀，用压紧器（可做成铜块）压紧样品，要求底部没有裂缝。

（5）将样品杯放入样品室，开始扫描。

（6）扫描结束后，取出样品杯，清扫样品。

（7）重新装样，进行第二个样品的扫描。

（8）样品全部扫描结束后，分析结果。

【注意事项】

（1）测定时实验室的温度应在 15～30℃，相对湿度应在 65%以下，所用电源应配备有稳压装置和接地线。因要严格控制室内的相对湿度，所以红外实验室的面积不要太大，能放得下必需的仪器设备即可，但室内一定要有除湿装置。

（2）保持室内安静和清洁，不得在实验室内进行样品化学处理，实验完毕即取出实验的样品。

（3）根据样品的特性和状态制定相应的制样方法并制样。

（4）固体样品装样时一定要保持样品杯底部比较均匀严密。

（5）设备停止使用后，样品杯内要保持干燥清洁。

附录 2-15　LI-6400 便携式光合作用测定系统的操作

LI-6400（P 型）便携式光合作用测定系统的使用大致包括仪器连接、程序加载、仪器校正、数据测量、数据传输、关闭仪器等六个步骤。

1. 仪器连接

仪器的连接主要包括连接电缆与操作控制台之间、连接电缆与红外线 CO_2 气体分析仪（IRGA）叶室之间的连接，但这些步骤最好由对仪器比较熟悉的人员来完成，一般操作人员最好不随意拆卸和连接。一般操作人员要掌握叶室的闭合、蓄电池的安装、CO_2 缓冲系统的安装。

IRGA 叶室连接好后要轻压手柄将其关闭，并确定叶室密闭松紧合适，其方法是先通过调节螺丝使上下叶室刚刚接触到，然后再张开叶室，调紧螺丝半圈，最后再关上叶室，这样松紧正好，既不会过松而漏气，也不会过紧而影响叶室泡沫垫的使用寿命。

电池在安装前要保证有足够电量，否则要先进行充电。一般两块充满电的电池可供野外测量使用 3～5 h，具体使用时间与电池本身容量及使用过程有关。装电池时将电源输出口朝外，用另一端将电池仓上面的弹簧卡朝上顶，然后将电池朝里推，直到听到"咔"的一声即表示电池已安装到位，待两个电池全部装入电池仓后将电源输出口插入到操作控制台的接口中。

仪器带有 CO_2 注入系统，但有时测量时只需利用大气中的 CO_2 即可，因外界环境中的 CO_2 浓度易受到植物光合作用、呼吸作用、气体流动、操作者呼吸等影响，为了保证进入叶室的 CO_2 浓度的稳定性，一般需接入一个气体缓冲系统。气体缓冲系统可找一个较大的塑料瓶（如可乐瓶），在瓶盖上打两个小孔，小孔孔径与连接用的塑料管粗细相宜，然后将塑料管一端插入塑料瓶内，伸入底部，另一端接到操作台一侧（电池仓上端右侧）的进气口中，测量时将塑料瓶挂入高处，以减少环境变化的影响。

2. 程序加载

仪器连接好后就可开机加载 OPEN 程序。OPEN 程序是 LI-6400 的操作系统，类似于计算机的 WINDOWS 系统。通过这一程序，用户能够完成各种操作。OPEN 程序有不同的版本，各台机上装的版本不相同。

　　开机即打开电源开关后仪器即开始进行 OPEN 程序安装，这需要十几分钟，并且在程序安装过程中需用户进行以下两项选择，用户可用控制台表面的箭头键上下移动进行选择。

　　（1）配置文件的选择。此处的配置文件一定要正确选择，并且应与 IRGA 分析器头部所安装的叶室类型一致。厂家默认配置（Factory Default）是 2 cm×3 cm 标准叶室，即利用太阳光源，不能对叶室中的光强进行控制。通常可选自定义的 2 cm×3 cm 叶室（2×3 opaque LED），虽然这一配置与厂家默认配置的叶室面积一致，但它增加了可使用人工光源的功能。

　　（2）给 IRGA 供电前确认叶室是否连接好。当显示"Is the chamber/IRGA connected?（Y/N）"时选择"Y"。

　　上述两个选择结束后，OPEN 程序便可自行加载结束，最后进入 OPEN 程序主界面。OPEN 主界面显示了 OPEN 程序的版本、用户硬盘的使用空间、仪器的电压、当前的时间等信息，另外，还有"Welcome Menu"（欢迎菜单）、"Config Menu"（配置菜单）、"Calib Menu"（校准菜单）、"New Msmnts"（新测量菜单）和"Utility Menu"（实用菜单）5 个一级菜单，这 5 个菜单分别与功能键 F1、F2、F3、F4、F5 对应，即可按屏幕下方的 F1、F2、F3、F4、F5 键来选择一级菜单再进入下一级菜单。

　　"Welcome Menu"中常用的有最后一个选项"Quit OPEN-IRGAs OFF"，即将主程序和红外线 CO_2 气体分析仪都关闭，是进行关机的操作。"Config Menu"中是一些设定的配置，一般不轻易更改。"Calib Menu"和"New Msmnts"是最常用的两个菜单。"Utility Menu"最常用的有"File Exchange Mode"，即文件交流模式，通过这一命令可以实现光合仪与计算机之间的数据交流；还有一个"Sleep Mode"，即睡眠模式，在较长一段时间内不需要测量但又不想关机的情况下可以置于这一模式下节省电。

3. 仪器校正

　　因为周围环境条件的变化，仪器的零点将发生变化，所以使用前必须要校正，否则数据就不可靠。仪器校正时需要在 OPEN 程序主界面下选择 F3 进入"Calib Menu"。进入校准菜单后显示屏上显示出 7 个二级菜单，其中第 1 项"FLOW Meter Zero"（流量计调零）、第 2 项"IRGA Zero"（红外线 CO_2 气体分析仪调零，即对 CO_2、H_2O 零点进行校正）是每次开机后都必须进行的操作，其他校准则不需要每次都进行。

　　（1）"FLOW Meter Zero"——流量校正。该过程是完全自动的，选择"FLOW Meter Zero"后，流量计将关闭，10 s 后流量信号应该在 1 mV 以内。如果数值过大或过小，则通过 Adjust↓键或 Adjust↑键来调整，当流量信号在 1 mV 范围内波动时，就选择 OK（F5），再选择 Esc 返回校正主菜单。

（2）"IRGA Zero"——CO_2 和 H_2O 零点校正。选择 "IRGA Zero" 菜单后，仪器会提醒用户注意校正 CO_2 和 H_2O 零点时必须关闭叶室并且保持叶室中不能夹入叶片，而且利用新鲜的碱石灰和干燥剂。这时有两步操作须进行，一是确保叶室关闭并且里面是空的，即没有夹东西；二是将水分干燥管和碱石灰管上方控制 H_2O 和 CO_2 进入量的调节螺母指向 SCRUB，要旋紧，即全滤除状态。

当确认这些操作已进行后选择 "Y" 进入下一界面。

校正时一般先校正 CO_2 零点，后校正 H_2O 零点，接着再进行同时调零。调零方法如下。

CO_2 零点校正：等待 CO_2-R 或 CO_2-S 基本稳定（最大波动幅度在 0.1 μmol/mol 范围内）后按 F1（Auto CO_2），过一段时间后 CO_2-R 和 CO_2-S 接近于 "0"，两者之差应在 ±0.1 μmol/mol 范围内，调零即完成，若波动幅度大于这一范围，需再次按 F1 进行 CO_2 零点校正。

H_2O 零点校正：等待 H_2O-R 或 H_2O-S 稳定（最大波动幅度在 0.01 mmol/mol 范围内），且至少等待一刻钟，然后，按 F2（Auto H_2O），过一段时间后，H_2O-R 或 H_2O-S 均在 "0" 附近，两者差值在 ±0.01 mmol/mol 范围内，调零即完成。

CO_2 和 H_2O 同时调零：如果希望对 CO_2 和 H_2O 同时进行校正，则按 F3（Auto All），直到 CO_2 和 H_2O 的数值在相应范围内即可，倘一次不行可进行第二次校正。

注意，若 CO_2 和 H_2O 校正时数值一直无法调到规定的范围内，则必须检查碱石灰管和水分干燥管上方的调节螺母是否关紧，即是否处于全滤除状态，还要检查叶室是否关紧且是否有杂物夹在中间。

CO_2 和 H_2O 零点校正后按 F5（Quit）返回 "Calib Menu"。

4. 数据测量

数据测量在 OPEN 主界面的 F4（New Msmnts）下。进行实验数据测量前，应该将 H_2O 和 CO_2 控制旋钮调至 BYPASS（如果使用 CO_2 注入系统则 CO_2 控制旋钮应该调至 SCRUB）。下面以利用 LED 红蓝光源、使用自然界空气中 CO_2 浓度测定叶片光合作用为例来说明测量过程。

（1）打开水气通道。①将 H_2O 控制旋钮调至 BYPASS 状态，打开就可以，不一定要到全旁路状态。②将 CO_2 控制旋钮调至 BYPASS，要调到底，即让空气中的 CO_2 顺畅地进入仪器中，使进入叶室中的 CO_2 浓度与外界 CO_2 浓度基本一致。

（2）进入新测量菜单。在 OPEN 程序主界面下选择 F4 进入 "New Msmnts"。进入 "New Msmnts" 后，可看到屏幕上面有三行数据，分别用 a、b、c（在数值左侧）表示，数值上面有参数名称及单位（有些没有单位），如 a 行出现 CO_2-R

（参比室 CO_2 浓度）的数值（因为未用钢瓶注入 CO_2，所以此读数为环境大气浓度，一般在 360~420 μmol/mol，如数值偏小，则要看一下碱石灰管上方的调节螺母是否处于全旁路位置）。还有许多行数据因屏幕太小而没有显示出来，可按 d、e、f、g 等键进行翻页来查看。

进入"New Msmnts"后，屏幕最下方出现的是操作指令行，左侧标有阿拉伯数字 1，同样，还有一些操作指令未列出，可按键盘中的 2、3、4、5 等键来翻页进行查看。

（3）光强控制。在第 2 行操作命令中选 F5，进入下一页面后选择控制参数并设定其大小，通常控制量子流量密度即光强。操作方法：选择相应的控制参数然后回车（Enter），输入要控制参数大小的目的值（如 1500）。

（4）建立文件名和增加记录号。在"New Msmnts"中选择 F1（Open Log File），即打开或新建一个保存测量数据的文件；在下一页面中选择一个已有的或输入一个保存测量数据的目的文件名，如 JY001；当提示"Enter/Edit Remarks"时增加标记，以便于数据的分析，如 0101，注意，每测量一张新的叶片时，都要增加一个标记，以标明样品的编号，否则仪器自动地记为上一次的标记，这样不便于以后的数据分析。

（5）夹样品。首先按一下手柄打开叶室，将叶片展平铺好后再按一下手柄夹入叶片。注意，如叶片较大时，要让叶片盖住叶室，这样测量面积就是（3×2）cm²。夹叶片的动作要轻，且夹住叶片后不能再拉动叶片，尤其是像水稻这样边缘带锯齿的叶片，否则易磨损叶室泡沫垫。测量时还需注意选取样品的典型性，如测量叶脉较明显的叶片的光合作用时，最好不要将主脉对准叶室。

（6）保存测量数据。进行到这一程序时，"New Msmnts"下屏幕上面三行就显示出了测量数据，当 c 行的 Photo 值趋于稳定时（一般变化幅度<0.5，并能持续 15 s 以上），就可以用第一行操作命令中的"Log"（F1）键来保存测量数据，"Log"（F1）键下方有一个数字，它显示的是文件中记录号的数量。如果记录数据后发现数据又大幅变化，则可以等稳定后再按一次"Log"（F1）键重新记录一个数据来更新原来的数据，这两次读数都在同一记录号下，且都会保留而不会后者覆盖前者。

（7）新叶片测量及叶面积更改。继续测量另一张叶片时，先要在第一行命令中选择"Add Remark"（F4）来增加一个记录号（如 0102），然后重复（5）~（6）步即可，但当测量禾本科植物等狭长的叶片，即长度远大于 3 cm，而宽度达不到 2 cm 时，就需要进行叶面积调整。方法如下：测量叶片宽度，然后计算夹入叶室的面积（3×1.1）cm²，然后在"New Msmnts"页面中先按键盘中的"3"键，调出第三行操作指令，然后选 F1（Area = 6.00），并输入实测的叶面积。

（8）退出测量。当完成一个实验时，用户需关闭温度、光强控制。选择第一行命令中的"Close File"（F3）来关闭保存测量数据的文件，否则数据易丢失。如需要开始新的实验，可以重新命名一个文件后进行测量。选择第 2 行命令中的 F5 来关闭电源。

这时，测量已经结束，在等待将数据传输到计算机的过程中，可以进入"Sleep Mode"以节省电，并将仪器置于有计算机的房间内。

5. 数据传输

在计算机房，首先按任意键让仪器从睡眠状态回到正常状态，然后进行下列操作以将仪器中的数据复制到电脑中：①用电缆将仪器和装有 WinFX 软件的计算机连接好；②在仪器 OPEN 程序主界面下选择 F5 进入"Utility Menu"；③在"Utility Menu"中选择"File Exchange Mode"；④在电脑中打开 WinFX 程序，选择与仪器连接的接口（com 1 或 com 2）；⑤在左边框内选择计算机内将要存放数据的文件夹；⑥在右边框内选择要光合仪内储存的需转移的文件；⑦选择左移箭头即可将光合仪内储存的数据传输到电脑内。

6. 关闭仪器

当仪器使用结束后，需关闭仪器，这一功能在 OPEN 程序主界面下的"Welcome Menu"中，按 F1 进入，进入后，有 4 项选择，选择第 4 项"Quit OPEN—IRGAS OFF"（关闭主程序，关闭 IRGAS 电源），然后就可以关闭电源开关从而最终关机。

另外，有时在不测定时，并不需要立即关机，如在野外测量结束后需回到实验室内以将文件导入电脑，在这一过程中可以暂不关闭仪器，免得数据传输时又需再次花费大量时间开机，而这一过程中为了省电，可以将仪器置于睡眠模式，这一功能在 OPEN 程序主界面下选择 F5 进入"Utility Menu"，然后选择"Sleep Mode"，按回车键确认即可。

附录 2-16　YZQ-100E 多叶室动态光合仪及其使用

一、YZQ-100E 多叶室动态光合仪

1. 功能

多个半自动开合叶室 24 h 无人值守可同步连续测量动态光合数据、动态呼吸商、动态蒸腾数据、动态蒸腾耗水状况、动态胞间 CO_2 浓度、动态气孔导度、

动态叶片温度与叶室温度差、土壤温度、土壤水分、氧气含量。每个叶室均有独立植物光谱智能调控光源。可进行人工光调控实验,如光-光合响应曲线测试。仪器还给出环境因子参数如:二氧化碳浓度、相对湿度、空气温度、叶片温度、大气压力、土壤温度、土壤水分等。仪器其他性能参数及功能还有:2G(SD卡)存储空间,可存储 65 528 组数据(约连续工作 1 个月数据量);数据以 Excel 格式数据输出;中文菜单显示,操作简单、可设定叶室数量、测量间隔时间、流量、用户名等;超低功耗,10 A 锂电池可连续工作 8 h;等等。附图 2-4 为仪器工作状态。

附图 2-4　多叶室动态光合仪工作状态图

2. 结构

多叶室动态光合仪结构主要由叶室阵列和主机控制器组成。叶室阵列由若干个叶室组成,每个叶室内有搅拌风扇,叶室上部有电机带动可以自动开合,测量的时候关闭,不进行测量的时候打开,下面是封闭的。主机内有气泵、电磁阀、CO_2 分析器、水分析器,测量时长、传感器采样、控制泵阀执行等由主机控制器按预设定程序完成,主机还完成数据的存储。

3. 测量原理

(1)未经过叶片的 CO_2、H_2O 测量过程。半开放式叶室将叶片夹好,当完全夹满后,叶面积 A 是已知的,叶室整个腔体的容积 V 已知,主机控制器控制启动气泵,并将电磁阀切换到参考气通道(就是没有经过叶片的通道),经过一段时间 t_0,此时 CO_2 传感器给出结果 C_0、水分传感器给出的结果是 RH_0,所测数值由主机采集、存储,以备计算。

(2)经过叶片的 CO_2、H_2O 测量过程。当未经过叶片的 H_2O 测量结束后,主机控制器控制启动气泵,并将电磁阀切换到样本气通道(就是经过叶片的通道),

经过一段时间 t_1，此时 CO_2 传感器给出结果 C_1、水分传感器给出的结果是 RH_1，所测数值由主机采集、存储。

（3）计算。由上述步骤（1）和（2）可以计算得到光合速率 $P = V \times (C_0 - C_1)/[A(t_0 + t_1)]$，蒸腾速率 $E = V \times (RH_1 - RH_0)/[A(t_0 + t_1)]$。数值由主机妥善存储，同时存储的参数还有当前的日期、时间、光强等，因为是连续监测，所以时间参数非常重要。

（4）第一个叶室测量完毕，主机又切换到第二个叶室，同样进行上述步骤（1）、（2）、（3），完成第二个叶室的测量，直到将所有的叶室阵列第一轮测量完毕。又回到第一个叶室上继续第二轮测量，每天都可如此 24 h 工作。这就是整个半开放式、连续光合、蒸腾测量过程。

经过上述测量，可清楚获知最后 1 d 内不同时刻的光合速率、蒸腾速率，光合作用、蒸腾作用的积累总量亦可容易知悉。

二、操作说明

该系统的操作包括：主机与叶室连接、开机预热、系统设置、测量系统和数据操作等步骤。

1. 主机与叶室连接

（1）将叶夹传感器的气管和传感器线缆编号分别对应连接到主机的后面板的接口编号上。

（2）参考气管一端连接到主机的参考气上，另一端连接到缓冲瓶上。参考气源尽量稳定，缓冲瓶最好体积稍微大一些（最好 5 L 以上），这样缓冲效果较好，缓冲瓶放到远离人的地方。这样能够保证测量精度。

（3）拔气管方法。一定要将气管接口的黑色塑料（或者叶室上面的白色圆片）按下才可以拔出，如果不按下气管接口的黑色塑料（或者叶室上面的白色圆片）会很难拔出，千万不要强制拔出，这样会损坏接口，接口损坏了就会漏气。

（4）电源连接。主机供电是 220 V、50 Hz 电源，用随机附带的线缆将一端连接在主机上，另一端连接在 220 V 电源插座上。

（5）进行数据传输的时候，将 USB 通信线缆一端连接到计算机上，另一端连接在主机前面板的 USB 接口上，相关软件安装与设置见下文。

（6）叶室下面有螺丝孔，将叶室传感器安装到随机附带的三脚架上，准备好植物样本，等待测量。

2. 开机预热

（1）开机操作。按下主机后面板的红色开机按钮即可开机（主机有显示屏显示），面板上的"开机"键和前面板的按钮是备用键（无用），已经被屏蔽，当主机开机后显示器提示进入仪器预热状态。

（2）说明。预热是给主机内部的 CO_2 分析器和相应的传感器进行预热，为了保证仪器的正常使用和数据的稳定性，在进入测量状态前必须进行预热，且不少于 10 min。仪器内部只是提示 2 min，进入主界面的状态如果不进行测量，仪器仍然是处于预热状态。

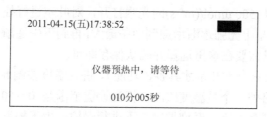

3. 菜单操作和功能描述

当进入主界面后，可以看到整个主界面一级菜单分为系统设置、测量系统、数据操作三个部分，可以通过键盘的上下键（▲▼）来选择系统设置、测量系统、数据操作，哪个被选中后就会被激活，这时可以通过按"确认"键进入下一级菜单，按"取消"键返回上一级菜单，下面分别描述相应的操作和能够完成的功能。

左右键（►◄）是配合数字键来编辑其他数字和字母时候用的。编辑字母，一个键上有三个字母需要最后那个字母的时候，需要连续按三次第三个字母才出现。

1）系统设置

当仪器处于系统设置的界面下，可以看到有部件控制、系统时间、仪器标定三个部分，下面分别描述相应的操作和能够完成的功能。

（1）部件控制。部件控制内部有三个选项，按"确认"键进入部件控制界面。

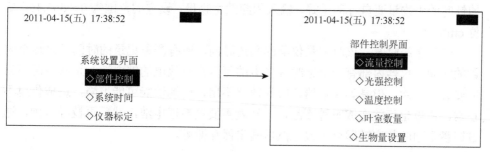

①流量控制。此流量与蒸腾速率紧密相关，作用一是打破边界层阻抗，作用二是参与光合速率、蒸腾速率的计算。流量设置范围是 0.4~1.0 L/min，默认设置为 0.7 L/min，设置好流量后，仪器会自行来调整流量。将随机附带的短路管接到主机后面的每个叶室的进口（黑嘴）和出口（蓝嘴）上，按"确认"键开始自动流量调节，因为要对每路进行调节，请耐心等待。

②光强控制。进入光强控制界面有 2 个选项，一个是恒定光设置，另外一个是模拟自然光设置。恒定光设置范围是 0~2500 $\mu mol/(m^2 \cdot s)$，如果每个叶室均设置为 0 $\mu mol/(m^2 \cdot s)$，则是关闭了光强控制，不进行控光，此时光量子传感器测量的是外界自然光的强度；如果每个叶室设置了 500 $\mu mol/(m^2 \cdot s)$，那么进入测量界面的时候光源就以 500 $\mu mol/(m^2 \cdot s)$ 的光强打开，对叶室进行控光。另外一个选项就是模拟自然光（早上光强逐渐增加到中午最大，再到下午逐渐减小到夜间关闭），如果需要该功能只需要在这里选择并确认保存即可。

③温度控制（只有大叶室才具备该功能）。进入温度控制界面有 2 个选项，一个是恒定温度，另外一个是温度跟随。恒温设置范围是 0~50℃，如果每个叶室均设置为 0℃，则是关闭了温度控制，不进行温控；由于控温温度是与外界温度相关联的，最低温度只能设置为外界温度减 10℃。跟随温度是跟随外界温度来对叶室内的温度进行控制。

④叶室数量。主机最多可以附带 4 个叶室，如果没有多个样本，也可以设置 1 个叶室进行工作，主机操作控制叶室是从叶室 1 开始逐个进行控制的。如果连接的是小叶室那此处就选择小叶室（选择方法是：在该界面下按左右键来从叶室数量到叶室大小之间切换，当某个选项被选中再按上下键进行选择，选择完毕后按"确认"键保存即可）。

⑤生物量设置。生物量的意义是要测量的样品的量是多少或用什么单位来衡量，因为这和最后要得到的光合值的单位有关。标准叶室系统默认 56 cm^2，呼吸室默认是 75 cm^2（土壤面积），因为透光窗口面积为 56 cm^2（75 cm^2）。如果完全覆盖了整个窗口，那面积默认为 56 cm^2（75 cm^2），如果样品没有充满叶室，需自行测量叶面积，最后修正测量的光合值等其他因子。如果是针叶叶室，夹放的针叶的生物量要自行测量好，输入相应的生物量。设定的范围为 0~655.35，单位 cm^2。

（2）系统时间。该时间是仪器的系统时间，所有测量记录的时间都是这个时钟的时间，仪器内部有一个给时钟供电的可多次充放电的锂电池，正常情况下只需要设置一次，但是如果仪器长时间放置不用，电池性能可能下降，造成供电不正常，所以也可能造成时钟不准，这样就需要更换锂电池，然后再校准时钟，通过键盘上面的数字键即可更改，然后确定保存即可。

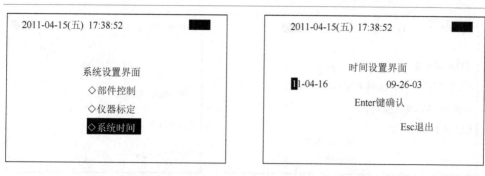

运用左右键可移动光标，输入仪器面板上的相应数字键进行设置，设置完毕按"确认"键保存设置同时自动返回上一级菜单。

（3）仪器标定。如果长时间不用，在测量前要进行标定，仪器标定内部有两个功能，其一是CO_2调零，调零的具体操作是将碱石灰管或氮气接入"进口"。

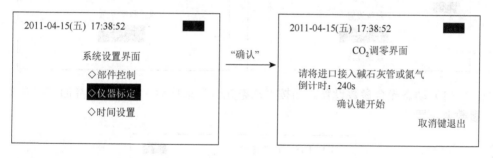

按"确认"键进行自动调节。

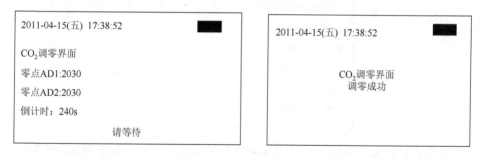

调节完毕后仪器会自动进入第二个功能，仪器灵敏度调节。灵敏度调节需要用户提供标准CO_2浓度，首先将标准CO_2浓度接入"进口"，如果没有标准浓度，请提供一个外界稳定的浓度如 380 ppm。将标准CO_2浓度录入仪器后按"确认"键进行自动调节即可。

```
2011-04-15(五) 17:38:52          ▆▆▆

CO₂调满界面
请将参考气1接口接入标准浓度的CO₂气体
请输入标准浓度值:█200ppm

倒计时:240s
                    确认键开始
                    取消键退出
```

```
2011-04-15(五) 17:38:52          ▆▆▆

            CO₂调满界面

        满点AD1: 2030

        满点AD2: 2030

        倒计时: 240s
```

2) 测量系统

测量系统下面只有一项动态光合测量模式,下面详细介绍其功能。

(1) 动态光合参数设置。当按"动态光合"选项后,进入该主界面下有几个参数要设置。

```
2011-04-15(五) 17:38:52              ▆▆▆
            动态光合设置界面
文件名: DTGHA0001

稳定时长: 120s

测量时长: 090-090s

重复次数: 999

步进长度: 060

匹配个数: 012
```

①文件名:文件名由 5 个字母和 4 个数字组成,文件名系统根据功能给出了默认文件名,用户也可以自定义,但是数字要定义,因为还要根据给出的数字进行重复次数的累加,否则会乱码!

②稳定时长:是气路预处理过程,因为开始夹放叶片之前的气路内部的气体可能是高浓度或者低浓度的气体,所以需要将气自行冲换掉,每次测量之前都要进行气路稳定。设定的范围为:0~999,单位 s,默认 120 s。

③测量时长:从叶室到主机内部的传感器有一定气路长度,这就要求必须将之前通过传感器的气体浓度冲洗干净,并且用新浓度的气体进入传感器后,才能

对当前的气体进行采样，所以就需要预留一定的稳定时间以为采样测量做准备。设定的范围为：0~999，单位 s，系统默认 090~090 s。前面 90 s 是匹配时候的时间长度，后面 90 s 是测量需要的时间长度，如果是土壤呼吸则后面这个 90 s 要改为 360 s。

④重复次数：用户根据需要设定所进行的测量次数，仪器根据设置的测量次数进行重复测量，设定的范围为：0~999。如果这里设置 3，则总共进行 4 轮测量。如果是连续 24 h 测量，这里要设置 999，重复次数将不受限，直到存储器满为止。

⑤步进长度：就是每次叶室抬起的高度，设定的范围为：0~999，如果设置为 0，则是始终关闭，或者需要手动抬起或者手动落下。默认 100。

⑥匹配个数：仪器内部采用双气路（双分析器）结构，两个分析器在运行的时候会有一定的差异，这需要自行匹配，将两个分析器的系统误差降至最低。设定的范围为：0~999。如果设置为 0，则不进行匹配。默认 16，就是每 16 次（如果叶室数量设置的是 4，则进行 4 轮测量，共 16 次）就自动匹配一次，匹配时间是 90 s，匹配完毕自动进入测量。

参数设置完毕后就可按"确认"键进入测量状态，在测量之前仪器会自动将控制操作中设置的参数调用过来进行相应的功能操作，调用完毕后仪器会自动进行测量，直到设置的重复次数完毕或中途退出。

（2）设置实例。

①叶片光合测量。

自动开合模式：系统设置下面的部件控制里面的叶室数量选择为 4。温度控制设置 4 个叶室均为恒温 0℃，如果需要控光则设置光强，如果不需要控光则光强设置为 0。生物量均为 56 cm^2。测量系统下面的文件名设置为 DTGHA0001，稳定时长设置为 120 s，测量时长设置为 090~090 s，重复次数为 999 次，步进长度为 100，匹配个数为 016。仪器第一次测量需要手动调节叶室上面的步进电机上下按钮至叶片夹紧状态，不宜过紧（不伤害叶片为宜）也不宜过松（不能大量漏气）。进入测量系统后稳定时长等于 120 s，然后匹配 90 s，匹配完毕进入叶室 1 的样本气 90 s，这样叶室 1 测量就完毕。接下来仪器会自动将叶室 1 上盖抬起 100 步（使叶室 1 处于半开放状态，不至于高温胁迫）。文件名增加 1 即到了 DTGH0002，这时测量叶室 2，叶室 2 的样本气同样测量 90 s。这样操作直到叶室 4 测量完毕，这样 4 个叶室的第一轮光合测量就完毕了，接下来又回到了叶室 1 至叶室 4 的第二轮，直到第四轮测量结束又开始匹配，匹配完毕又继续测量。直到手动停止或者意外断电或仪器的数据存储空间满（仪器最多可以存储 65 528 个文件名的数据，所以一般不会存储满，建议及时传输分析所测数据，传输完毕后删除数据），才终止测量。如果是意外断电并不可怕，仪器再次通电后还会自动启动测量。

控温模式：系统设置下面的部件控制里面的叶室数量选择为 4。温度控制设置 4 个叶室均为恒温 28℃，或者根据需求设置不同温度也可，如果不需要控光则光强设置为 0。生物量均为 56 cm²。测量系统下面的文件名设置为 DTGHA0001，稳定时长设置为 120 s，测量时长设置为 090～090 s，重复次数为 999 次，步进长度为 0，匹配个数为 016。仪器第一次测量需要手动调节叶室上面的步进电机上下按钮至叶片夹紧状态，不宜过紧（不伤害叶片为宜）也不宜过松（不能大量漏气）。进入测量系统后稳定时长等于 120 s，然后匹配 90 s，匹配完毕进入叶室 1 的样本气 90 s，这样叶室 1 测量就完毕。注意这时为了更好地控制叶室内温度，仪器不会抬起叶室上盖。文件名增加 1 即到了 DTGH0002，这时测量叶室 2，叶室 2 的样本气同样测量 90 s。这样操作直到叶室 4 测量完毕，这样 4 个叶室的第一轮光合测量就完毕了，接下来又回到了叶室 1 至叶室 4 的第二轮，直到第四轮测量结束又开始匹配，匹配完毕又继续测量。直到手动停止或者意外断电或者仪器的数据存储空间满（仪器最多可以存储 65 528 个文件名的数据，所以一般不会存储满，最好及时传输分析所测数据，传输完毕后删除数据），才终止测量。如果是意外断电也不可怕，仪器再次通电后还会自动启动测量。

控光模式：系统设置下面的部件控制里面的叶室数量选择为 4。温度控制设置 4 个叶室均为恒温 0℃，每个光强设置为 500 μmol/(m²·s)（每个叶室也可以设置不同光强）或者选择模拟自然光。生物量均为 56 cm²。测量系统下面的文件名设置为 DTGHA0001，稳定时长设置为 120 s，测量时长设置为 090～090 s，重复次数为 999 次，步进长度为 60，匹配个数为 016。仪器第一次测量需要手动调节叶室上面的步进电机上下按钮至叶片夹紧状态，不宜过紧（不伤害叶片为宜）也不宜过松（不能大量漏气）。进入测量系统后稳定时长等于 120 s，然后匹配 90 s，匹配完毕进入叶室 1 的样本气 90 s，这样叶室 1 测量就完毕。接下来仪器会自动将叶室 1 上盖抬起 60 步（使叶室 1 处于半开放状态，不至于高温胁迫）。文件名增加 1 即到了 DTGH0002，这时测量叶室 2，叶室 2 的样本气同样测量 90 s，直到叶室 4 测量完毕，这样 4 个叶室的第一轮光合测量就完毕了，接下来又回到了叶室 1 至叶室 4 的第二轮，直到第四轮测量结束又开始匹配，匹配完毕又继续测量。直到手动停止或者意外断电或者仪器的数据存储空间满（仪器最多可以存储 65 528 个文件名的数据，所以一般不会存储满，宜及时传输分析有关数据，传输完毕后删除数据），才终止测量。如果是意外断电也不可怕，仪器再次通电后还会自动启动测量。

②土壤呼吸测量。

自动开合模式：系统设置下面的部件控制里面的叶室（呼吸室）数量选择为 4。温度控制设置 4 个叶室（呼吸室）均为恒温 0℃，光强设置为 0。生物量均为 75 cm²。测量系统下面的文件名设置为 DTHXA0001，稳定时长设置为 120 s，测量时长设置为 120～360 s，重复次数为 999 次，步进长度为 100，匹配个数为 0。仪器第一次测量需要手动调节呼吸室上面的步进电机上下按钮至上盖扣紧状态，不宜过松（不能漏气）。进入测量系统后稳定时长等于 120 s，进入叶室 1 的初始气测量 120 s，然后结束气 360 s，这样叶室 1 测量就完毕。接下来仪器会自动将叶室 1 上盖抬起 100 步（使叶室 1 处于开放状态，不至于高温胁迫）。文件名增加 1 即到了 DTGH0002，这时转到测量叶室 2，叶室 2 的初始气测量 120 s，样本气 360 s，直到叶室 4 测量完毕，这样 4 个叶室的第一轮呼吸测量完毕，接下来又回到叶室 1 至叶室 4 的第二轮。直到手动停止或者意外断电或者仪器的数据存储空间满（仪器最多可以存储 65 528 个文件名的数据，所以一般不会存储满，建议及时传输分析数据，传输完毕后删除数据），才终止测量。如果是意外断电，仪器通电后会自动启动测量。

（3）测量。动态光合参数设置完成之后，仪器进行测量的先前准备工作即告完成，按"确定"键仪器即进入测量界面。测量从叶室 1 开始，到叶室 4 结束（如果是设置了 4 个叶室），在测量界面下可以看到相关传感器的数据在屏幕上显示。如果参数设置不需要修改，仪器开机后自动会进入测量界面进行测量。也就是断电后自行来电仪器会自动继续原来的参数进行测量。只有手动退出或者数据满才被迫终止测量。

提示：在测量的过程中可以按上下键来切换屏幕观测相关参数，光合等参数在第二屏进行样本气测量时才显示。

3）数据操作

当仪器处于数据操作的界面下，可以看到有数据浏览、数据传输、数据删除三个部分，下面分别描述相应的操作和能够完成的功能。

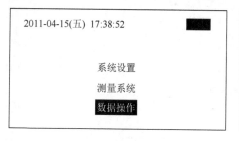 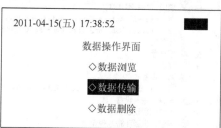

（1）数据浏览。数据浏览即浏览测量过的历史记录，进入该界面下有文件名、光强、光合、蒸腾。屏幕最下方可以看到总组数和当前组数。可以通过上下键（▲▼）来翻阅浏览。

（2）数据传输。需要将仪器进入到数据传输界面后（出现"正在准备"的字样和数据的组数），再操作计算机上面的软件进行数据传输。计算机软件和具体的传输操作过程见"应用软件的使用说明"。

（3）数据删除。数据删除即删除所有存储的测量数据，删除时候要慎重，是否已经进行将数据传走。

4. 应用软件的使用说明

1）U口驱动安装和软件设置操作

（1）用 USB 线一端接到计算机上，另一端接到计算机上。

（2）然后请打开光盘，如果安装在 XP 系统上，将使用 Driver_Win2kXP 系统驱动（XP Driver Installer.exe），如果安装在 WIN7 系统上，将使用 WIN7 系统驱动（PL2303_Prolific_DriverInstaller_v1210.exe），安装到要插 USB 线的计算机上面。

（3）安装完毕后，右击"我的电脑"图标，点"管理"选项进入计算机管理界面，在左侧栏中单击"设备管理器"可以看到右侧的窗口中有"端口"一项，单击前面的"+"，可以看到"USB-to-Serial Comm Port（COM6）"，只有看到这一步，才说明驱动程序安装成功。否则需重新安装驱动程序（安装驱动程序前一定要将线连在计算机上，可以不用连接主机，等待驱动程序安装好了，再连接主机即可传输数据）。

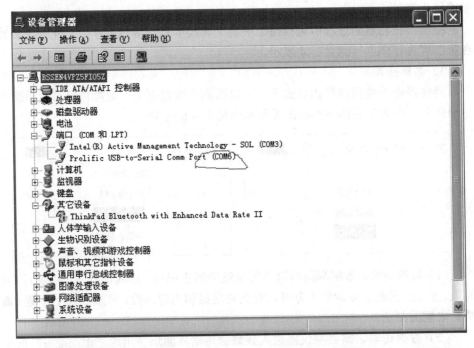

2）COM 数字可以人为修改

如果这个数字很大，光合仪将会不支持，需要将这个数字改小，但是不要冲突（即这个端口号已被占用），方法是：右键"USB-to-Serial Comm Port（COM6）"点"属性"，弹出属性对话框，点"端口设置"选项卡，点"高级"，在左下角可以看到：COM 端口号，在右边的下拉选项栏里选择没有被占用的小的端口号（如COM4）。

　　驱动是否安装成功检验方法：如果安装成功，主机在开机状态下，用 USB 线缆与计算机连接后，主机会自动重新启动，如果能够自动重新启动，说明驱动安装成功，否则驱动没有安装成功。

　　3）数据传输软件安装和设置操作

　　（1）将随机光盘插入光驱，打开文件夹，找到 YZQ-100E21.exe 安装文件，双击 YZQ-100E21.exe 根据提示进行安装。

　　（2）点击视窗的"开始"后选择"程序"，点击"YZQ-100E 多叶室动态光合仪/YZQ-100E21"启动软件。

　　（3）打开软件点击"设置/端口设置"选项，可看到有串口后面有一个文本框，上面安装的驱动程序在计算机上体现出来是"comX"，在这里就填"X"，选择完毕点击"确认"。

　　（4）操作仪器进入"数据操作"下面的"数据传输"选项，仪器提示"正在准备"时。可以看到仪器上有多少组数据，防止数据量过大电脑运行很慢，建议分批传输（建议每次传输数据小于 5000 组为佳）。在传输软件的最下端可以看到起始框和结束框。分别填写数字，然后点击"读数据"按钮进行数据传输。仪器提示"正在传输"同时软件状态栏显示传输进度，软件提示"传输完毕"则数据传输完毕。

例如：仪器上显示有 2008 组数据，第一次可以在起始框中输入 1，在结束框中数据 1000，点击"读数据"按钮，这样前面的 1000 组就传输出来了，保存好后再进行后面的 1008 组数据的传输，这时起始框就应该输入 1001，结束框应该输入 2008，点击"读数据"按钮，这样后面的 1008 组也就传输出来了，保存好数据。当然也可以一次性传输出来，起始框输入 1，结束框输入 2008，点击"读数据"按钮，这样一次性将 2008 组数据传输出来，只不过保存数据的时候，数据量大电脑运行慢，以至于会死机。所以建议分批次传输，这样既快又好。

（5）是否正在进行传输？数据传输软件的窗口底下显示有数据组数，软件会提示传输完毕，传输完毕后点击"确认"。数据就会出现在软件的窗口上面。

4）数据保存

数据传输完毕后，用户可以看到所有的数据都在表格内，点击"文件"菜单下的"保存数据"，弹出保存路径填写相应的文件名如"BOOK1.CSV"文件，点击"保存"。

5）数据删除

数据保存完毕后可以将仪器内部的数据删除，操作仪器进入"数据操作"下面的"数据删除"选项，按"确认"键后提示是否删除，按确认删除即可。

【注意事项】

（1）使用清洁的参考气源，一般情况下用纯净水桶或者更大的容器来充当缓冲瓶，可起到清洁、保护和缓冲的作用，缓冲瓶一定不能进水以及沙子等污染物。

（2）主机没有防水功能，在使用的过程中需避免雨淋。

（3）防止水通过气管进入到仪器损坏分析器，如因此项操作不当引起的仪器损坏需承担责任。

（4）如果是野外连续测量，应采取部分防护措施防止太阳直接照射主机，以防仪器内部的温度骤然升高，造成仪器测量数据不稳定。

（5）由于是精密测量仪器，使用时轻拿轻放，防止摔伤摔坏，避免给实验带来不便。

（6）不要自行拆卸仪器，否则后果自负。

（7）所有线缆接插要在断电（关机）的情况下进行。

（8）仪器供电为 220 V 50 Hz，必须按照这个指标提供。

（9）样本测量前最好擦拭干净，不能将土、灰、泥、毛发、水等带入叶室。

附录 2-17　WinRHIZO 根系分析系统操作步骤

一、根系扫描与分析

1. 根系扫描

（1）打开电脑和扫描仪。

（2）将样品放入样品盘中正面朝上展平（若要底色，在盘上盖上彩板）。

（3）插上 U 盾（俗称"小狗"），双击电脑桌面上 WinRHIZOPro2009 的图标。

（4）在选择来源文档框中选定"EPSON Expression"。

（5）点击主菜单中"Date/Date save option"选择要保存的数据类型。

（6）点击"Image"下拉菜单中的"Acquisition parameters"进行扫描图形参数测定（选择"Image type"中"grey"）。

（7）点击左上角的扫描仪图标进行扫描获取图片。

（8）选择"WinRHIZO"菜单栏中的"Measurements"，设定图像分析内容（形态学分析/link 分析/拓扑学分析/发育分析/碎形分析）。

（9）用主视窗菜单左上方选择图形按钮选择要分析的根系范围。

（10）选定根范围后在弹出的对话框"Identification"中输入图形保存名称。

（11）点击"Create one"存取待分析的图片资料。

（12）点击"Data/Close profile"完成保存。

（13）操作后关闭电脑，拔掉 U 盾。

2. 根系分析

打开电脑→点击根系扫描时已获取的图片→点击"WinRHIZO"的"Analysis/Measurements"选择要分析的数据类型（形态学分析/link 分析/拓扑学分析/发育分析/碎形分析）→点击最右面三个按钮中的最下面一个，然后在所要分析的图片上用鼠标选定所要分析的区域，就会完成基本分析，按照提示步骤输入文件名和保存路径即可→点击"Data/Close profile"完成保存。

二、叶片扫描与分析

1. 叶片扫描

（1）打开电脑和扫描仪。

（2）插上 U 盾，双击电脑桌面上 WinRHIZOPro2009 的图标。

（3）在选择来源文档框中选定"EPSON Expression"。

（4）点击主菜单中"Date/Date save option"选择要保存的数据类型。

（5）点击"Image"下拉菜单中的"Acquisition parameters"进行扫描图形参数测定（选择"Image type"中"color"）。

（6）点击左上角的扫描仪图标进行扫描获取图片。

（7）点击"Analysis/pixel classification method/Based on color"。

（8）点击"color/new class"再点击图上相应的位置选择颜色所属类型。

（9）用主视窗菜单左上方选择图形按钮选择要分析的叶片范围。

（10）选定根范围后在弹出的对话框 Identification 中输入图形保存名称。

（11）点击"Create one"存取待分析的图片资料。

（12）点击"Data/Close profile"完成保存。

（13）操作后关闭电脑，拔掉 U 盾。

2. 叶片色彩分析（叶面积）

打开电脑和扫描仪→点击文件夹中的 WinRHIZO 图标→选择扫描仪获取图片→点击"Data/Data save option"选择要保存的数据类型→点击"Image/Acquisition parameters"选择获取参数（选择"Image type"中"color"）→点击左上角扫描仪状图片从扫描仪上获取图片→点击"Analysis/pixel classification method/Based on color"→点击"color/new class"然后再点击图上相应的位置选择该位置上的颜色所属类型（可以是背景或叶片），反复重复此步骤直到所有的颜色类型全部选择完毕→点击左面获取图片的图标下方左侧三个按钮中的最下面一个，然后在所要分析的图片上用鼠标选定所要分析的区域，就会完成基本分析，按照提示步骤输入文件名和保存路径即可→点击"Data/Close profile"完成保存。

注：分析步骤中如果有与扫描时重复的，则可直接调出图片分析。

附录 2-18　纤维测定仪的原理与操作

植物纤维是植物细胞壁的主要组成成分，它是碳水化合物中的一类非淀粉多糖，主要来源于植物的细胞壁，包括纤维素、半纤维素、木质素及果胶、菊粉等成分。应用上，常分为以下几种。中性洗涤纤维包含纤维素、木质素、半纤维素和不溶性灰分（SiO_2、角质蛋白和蜡质），是植物细胞壁的组成成分；酸性洗涤纤维包括纤维素、木质素和酸不溶灰分；粗纤维包括纤维素、木质素和部分半纤维素等。

纤维是植物、食品、饲料中重要的组成成分之一，对人类健康、动物营养吸收及应用等具有重要意义。纤维含量对产品加工质量等有直接影响。

一、纤维测定仪的原理

纤维测定仪是依据目前常用的酸碱消煮法消煮样品，并进行重量测定来得到试样的粗纤维含量的仪器。粗纤维不是一个确切的化学实体，只是在公认强制规定的条件下测出的概略成分，其中以纤维素为主，还有少量半纤维素和木质素。

二、粗纤维测定仪操作步骤

（1）取经过前处理的样品 3～5 g，样品放入已称量过的干燥过滤坩埚。

（2）开机，预热酸溶液、碱溶液、纯水。

（3）把带样品的坩埚放入仪器，缓慢下压制动连杆，使消解管压紧坩埚。

（4）加酸→加热→抽滤→加水→抽滤（若抽滤时样品过紧，则反冲后再抽滤）。

（5）加碱→加热→抽滤→加水→抽滤。

（6）加入乙醇或乙醚，抽滤。

（7）将坩埚放入烘箱，在 130℃±2℃下烘干 2 h，取出后在干燥器中冷却至室温，称重后得数值 m_1。将称重后的坩埚再放入 500℃±25℃的高温炉内灼烧 1 h，取出后置于干燥器中冷却至室温后得到数值 m_2。

（8）据 m_1 和 m_2 计算粗纤维含量。

【注意事项】

（1）称量过程一定要准确（关好天平挡门），不要用手拿坩埚，用夹子拿取。每次用完仪器后，应用滤纸将抽滤底座内的水吸干。

（2）坩埚在 500℃的高温炉内灼烧 1 h 后，不要马上取出坩埚，小心炉内温度与炉外温度的温差太大使坩埚炸裂。

（3）操作提升手柄时，注意要小心缓慢提升，与此同时要注意上下玻璃口对正，防止操作不当而造成仪器损坏。

（4）仪器清洗最好不要用洗衣粉、洗洁净之类的溶剂，最好选用热水进行清洗，如果确实清洗不净，则可用少量的溶剂进行清洗。

（5）使用完毕仪器之后，最好将烧瓶内酸、碱倒出，再在瓶中加自来水。将坩埚装上，将水加入坩埚内，然后抽掉，以清洗管路。

（6）在得到测试结果后，为了清除坩埚砂芯中的样品残留物，应将坩埚放入30%～50%浓度的盐酸溶液中浸泡几个小时，然后取出用水清洗后烘干，以备下一次使用。

（7）操作时候请注意安全，加酸、碱时带厚的乳胶手套和布手套，防止酸、碱碰到手上。

（8）取出坩埚的时候，戴上布手套，小心烫伤。

附录 2-19　安捷伦 GC7890A 气相色谱仪操作规程

1. 开机

（1）打开气源（按照检测需要选择所需的气源）。

（2）打开计算机，打开 GC7890A 电源开关，双击桌面的"仪器 1 联机"图标。

2. 编采集方法

（1）调出"DEF_GC"方法。

（2）另存为自己的方法。

（3）编辑完整方法：

①从"方法"菜单中选择"编辑完整方法…"；

②设置方法信息：在"方法注释"中输入方法的信息；

③设置进样器；

④设置各采集参数。

（4）在"运行时选项表"中选中"数据采集"。再次保存方法。

3. 序列进样

（1）从"序列"菜单中分别选择"序列参数""序列表"进行设置，最后点击"序列另存为"。

（2）等基线平稳后，从"运行控制"菜单中选择"运行序列"即可采集数据。

4. 数据分析方法编辑

（1）从"视图"菜单中，点击"数据分析"进入数据分析画面。

（2）从"文件"菜单中选择"调用信号…"选项，选中数据文件名，点击"确定"，数据即被调出。可进行谱图优化、积分参数优化、校正浓度标准曲线。从"方法"选择"方法另存为"自己的方法。

5. 分析未知样品

仪器测试运行完毕后，即可调出样品数据，调出相应的数据分析方法，打印报告结果。

6. 关机

（1）关闭检测器，降温各热源（柱温，进样口温度，检测器温度），关闭气体。
（2）待各处温度降下来后（低于 50℃），退出工作站，退出应用程序。
（3）用 Shut down 关闭计算机。关 GC7890A 电源，最后关载气。

【注意事项】

（1）气体要求：高纯 H_2（99.999%），干燥无油压缩空气，高纯 N_2（99.999%）。
（2）不用的柱子取下后要两头堵死，不能开口进入空气。
（3）更换检测器后，注意要相应地接好相关的气路，配置好相应检测器。
（4）经常用检漏液对各气路进行检漏，特别是氢气。

附录 2-20　WATERS 1525 分析/半制备高效液相色谱仪操作流程

（1）开启由 Breeze 系统软件控制的所有设备：柱温箱、检测器、高压泵输液泵。
（2）检测器预热后，开启 Breeze 系统计算机，启动 Breeze 应用程序。
（3）点击"方法设定"按钮，设定柱温、流速、检测波长等参数。
（4）用水以 0.3～0.5 mL/min 的流速冲洗色谱柱 30～60 min，再用流动相以 0.3～0.5 mL/min 的流速平衡色谱柱 30～60 min。
（5）点击"基线检测"按钮，待基线平直后，进样开始测定。
（6）除另有规定外，对照品溶液及供试品溶液均作双样，各连续进样两针，四针检测结果的相对标准偏差（RSD）不得超过 1.5%；贵重对照品配制的对照溶液，可作单样，但需平行连续进样至少 5 针，RSD%不得超过 1.5%。
（7）检测完毕，依次用流动相 30～60 min、水 120 min、甲醇 120 min 以 0.2～0.5 mL/min 的流速冲柱。
（8）冲柱结束，逐渐降低流速至 0，待系统压力降至 100 psi（1 psi = 6.895× 10^3 Pa）以下，关闭检测器、高压输液泵、柱温箱，退出 Breeze 系统，关闭电源。
（9）用水和甲醇分别冲洗进样口 3 次，清洁仪器外部，盖上防尘罩，做好使用登记。

【注意事项】

（1）为了延长检测器光源的使用寿命，在使用时应尽量减少开关次数，如 4 h 内需再次使用不得关灯，刚关闭的光源灯不要立即重新开启。

（2）样品成分进样后必须全部能从柱上洗脱，凡含有不能洗脱的成分样品绝不能进样。

（3）样品必须经 0.25 μm 过滤膜过滤，所有流动相必须是色谱纯级别。

（4）使用 C18 硅胶柱时流动相的 pH 为 2~8，否则不能用作 C18 硅胶柱的流动相。

附录 2-21　Biologic 低压液相使用步骤

一、准备工作与仪器预查

（1）将输液管路终端浸入各选用的溶液中。

（2）确认手动进样阀位于逆时针转到底的位置。

（3）检查层析系统信号线和流通管路等各部分线路，准备开机。

二、开机

（1）插上系统各部分电源插头，开启组分收集器开关，然后开启层析系统主机左下方电源开关，再打开电脑监视器的电源开关，进入 Windows 系统。

（2）鼠标双击 Windows 桌面的 LP Data 图标，点击软件界面的"Record"按钮，开始记录仪器的紫外和电导信号。

（3）连接层析柱接头，按主机控制面板"Purge"按钮，排出管路中的残留溶液和气泡。

（4）设定操作流速，在流动状态下连接层析柱。以一定流速平衡层析柱，基线调零，然后按"Purge"按钮回到泵控制界面。

三、运行

（1）按主机面板的"Run"按钮，仪器将倒数 10 s 后自动运行。

（2）运行时电脑软件自动接收信号，并记录运行过程的数据。

（3）运行结束后，点击软件界面工具栏的"Save"按钮，将运行过程的数据保存到电脑硬盘的指定位置。

四、关机

（1）过夜停用维护：用过滤脱气的水或低盐溶液冲洗 A、B 泵及其管道；再用针筒各抽取 5 mL 水或低盐溶液打入手动进样环冲洗进样环。

（2）长期停用维护：清洗保存层析柱，然后拆下层析柱，连接系统柱头和柱尾的接头，用过滤脱气的 20%乙醇或 0.05%的叠氮钠溶液冲洗整个系统、阀门及其管道。

（3）鼠标点击软件右上方"关闭"按钮，退出程序。

（4）关闭组分收集器电源，关闭主机左下方电源，拔掉各组件电源插头。

【注意事项】

（1）注意确保气泡不进入管路和层析柱。

（2）所有使用的水、缓冲液和样品在使用前均必须以 0.22 μm 或 0.45 μm 微孔滤膜过滤，并脱气，以确保溶液和样品中无微颗粒和溶解气体；由进样环进样的少量样品（≤5 mL）可以以 10 000 r/min 离心 5 min 后，吸取上清液直接使用。

（3）如果选择从手动进样环进样，则必须在仪器运行前用注射器将样品从手动进样环打入样品环。运行后的 10 s 内将进样阀顺时针转到底，以便泵将进样环的样品打入层析柱，进样结束后由编辑的警报表发出警报时，再将进样阀逆时针转到底，按"RUN Status"功能键，结束警报声音，继续运行方法。

附录 2-22　电位滴定仪的原理与操作

一、电位滴定仪的原理

电位滴定法是根据滴定过程中指示电极电位的变化来确定滴定终点的一种滴定分析方法。滴定时，在被测溶液中插入一支指示电极和一支参比电极，组成工作电池。随着滴定剂的加入，溶液中被测离子浓度不断发生变化，因而指示电极的电位也相应发生变化。在化学计量点附近，被测离子浓度发生突跃，指示电极电位也产生了突跃，因此只要测量出工作电池电动势的变化，就可以确定滴定终点的位置。

滴定是一种化学定量分析方法：

（1）把样品中的待测成分溶解在一种恰当的溶剂中。

（2）在受控模式下添加第二种化学物质，即已知浓度的滴定剂，直到和待测成分定量反应完全。

（3）根据滴定剂的消耗量、浓度和样品的重量，就可以计算出待测成分的含量。

二、电位滴定仪的操作

（1）将 pH 电极从浸泡在饱和 KCl 溶液里面拿出用蒸馏水清洗并且擦干净。

（2）将吸液管插入蒸馏水中，将滴定管插入废液瓶中。

（3）打开主机电源和搅拌器电源，并启动工作程序。

（4）在工作程序界面上点击"参数"进行参数的设置，对于滴定情况自行安排设置。

（5）在操作页面上点击"发送"按钮，输入体积（20～50 mL）按"发送"使管道充满液体。

（6）看是否有气泡出现，如有拿气泡针插入定量管中吸出气体。

（7）将吸液管插入标液中，将滴定管插入待测液中，同时将待测液置于磁力搅拌器上并放下搅拌子。重复上述步骤（5）。

（8）将已经洗好的 pH 电极插入待测液中，使电极头浸没液体中。

（9）等电极电位基本稳定时，在操作界面上启动测量程序。

（10）此时仪器一边滴定一边在屏幕上绘制曲线，滴定结束后仪器自动求出终点体积，终点电位和待测液体的浓度。

（11）测量结束拿出电极清洗再放回饱和 KCl 液体中待用，关闭滴定仪和电脑电源，结束操作。

【注意事项】

（1）仪器的输入端（电极插座）必须保持干燥、清洁。仪器不用时，将短路插头插入插座，防止灰尘及水汽侵入。

（2）测量时，电极的引入导线应保持静止，否则会引起测量不稳定。

（3）用缓冲溶液标定仪器时，要保证缓冲溶液的可靠性，不能配错缓冲溶液，否则将导致测量不准。

（4）取下电极套后，应避免电极的敏感玻璃泡与硬物接触，因为任何破损或擦毛都将使电极失效。

（5）复合电极应经常注意外参比溶液的消耗，用饱和 KCl 溶液作为补充液，可以从电极上端小孔加入。

（6）电极应避免长期浸在蒸馏水、蛋白质溶液和酸性氟化物溶液中。

（7）电极应避免与有机硅油接触。

（8）滴定前最好先用滴液将电磁阀橡皮管冲洗数次。

（9）到达终点后，不可以按"滴定开始"按钮，否则仪器又将开始滴定。

（10）与橡皮管起作用的高锰酸钾等溶液，请勿使用。

附录 2-23 全自动凯氏定氮仪操作规程

一、全自动凯氏定氮仪的操作界面

全自动凯氏定氮仪的操作界面如附图 2-5 所示。

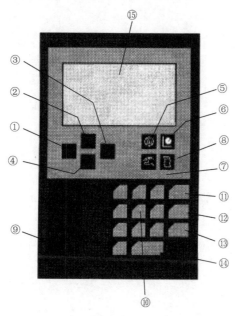

①左箭头；②上箭头；③右箭头；④下箭头；⑤分析模式键；⑥安装模式键；⑦手动模式键；⑧报告模式键；⑨开关；⑩数字键；⑪退后键；⑫正负键；⑬暂停键；⑭回车键；⑮显示窗口

附图 2-5 全自动凯氏定氮仪的操作界面

二、全自动凯氏定氮仪的操作说明

1. 分析模式

按照所选择的程序方法自动进行样品分析，必要的结果计算数据，如重量、蛋白质系数、空白值和结果输出方式在分析前已被键入。插入消化管和关闭安全门后分析开始。

在"program"中按"setup"进行程序编辑和新建，滚动选择，通过左、右键选择预设方案，确定后按回车键。凯氏法和直接滴定法可以在滚动框中通过左、右键选择，按回车键确认。选择好程序，安装消化管，关好安全门后仪器开始工作。每次使用完都要清洗：加水 80 mL，按回车键确认，加蒸汽清洗 2 次，每次 5 min。

2. 手动模式

用于分析前系统功能与条件的检测。它主要是在安装时和更换试剂后用泵排除空气时使用。建议分析前冲洗滴定器并在管路中泵入新鲜的吸收液。